每天读点心理学

中国纺织出版社

内 容 提 要

随着现代社会社交生活的广泛发展，人们对于心理学知识的渴求也逐渐增多，多懂点心理学知识，在人际交往中就能拥有更多的主动权和便利性。

本书即是从心理学基本知识讲起，循序渐进地介绍了各种心理学技巧在实际生活中的应用，教会读者了解真实的自己，看清真实的世界，活出精彩的人生。

图书在版编目（CIP）数据

每天读点心理学 / 王敏，霍云翔编著. -- 北京：中国纺织出版社，2016.10（2022.6重印）
ISBN 978-7-5180-2307-3

Ⅰ. ①每… Ⅱ. ①王… ②霍… Ⅲ. ①心理学—通俗读物 Ⅳ. ①B84-49

中国版本图书馆CIP数据核字(2016)第018541号

责任编辑：闫　星　　　责任印制：储志伟

中国纺织出版社出版发行
地址：北京市朝阳区百子湾东里A407号楼　邮政编码：100124
邮购电话：010—67004422　传真：010—87155801
http：//www.c-textilep.com
E-mail：faxing@c-textilep.com
三河市延风印装有限公司印刷　各地新华书店经销
2016年6月第1版　2022年6月第3次印刷
开本：710×1000　1/16　印张：21.5
字数：250千字　定价：59.80元

凡购本书，如有缺页、倒页、脱页，由本社图书营销中心调换

前言

心理学，是研究心理现象的科学，主要是揭示心理现象发生、发展的客观规律，用以指导人们的实践活动。而心理，则是对心理现象、心理活动的简称。一个人在清醒状态下，随时都可以体验到某些心理，人们对它并不陌生，比如哭泣、微笑、恐惧等。可以说心理学在生活中无处不在，与人们生活息息相关。

有人说心理学太艰涩，非常理论化，甚至是很难看懂的东西。不过，在生活中总有一些我们无法察知的心理学在潜移默化地影响着，只是他们尚未读懂其中的奥秘：为什么人在大街上遇到很熟悉的朋友，却忽然忘记了对方的名字？为什么失恋的人总是想办法联系前任？为什么有些成年男子对母亲却非常依赖？为什么有的人喝酒之后喜欢打电话？为什么有的人热衷于给别人做媒？为什么有的人疯狂购物……尽管这些行为是很普通的，但我们却不明白其中的真正奥秘。如果我们想要回答这么多为什么，那不妨每天学一点心理学。

一位即将辞世的老人，为了盼望儿子回来，见儿子最后一面，他甚至可以凭着最后一口微弱的气息，直到听到儿子在病房外的脚步声。这是为何？这源于心理学中的目标效应，与儿子见最后一面，这一个目标造成的心理作用甚至可以推迟死亡。这个日常生活中普通的现象，只揭开了心理学奥秘冰山一角。在生活中，还有无数类似这样的现象，正等着我们去探秘。

德国著名心理学奠基人约翰·弗里德里希·赫尔巴特说：“每个人都应了解心理学基础，因为人类活动的全部可能性的概要均在心理学中从因到果地陈述了。”的确，对于每个人来说，心理学常识是最基本的知识，有助于个人潜能的发掘、人际关系的和谐以及身心健康的维护。著名心理学家威廉·詹姆斯教授，经过认真研究发现了人的心理活动规律以及人生成功的必要条件，并提出了许多发人深省的观点。深谙心理学，是一个人发展与完善自我和获得幸福人生的基本原则和简明方法。

本书汇聚了生活中的一些心理现象，以浅显易懂的语言解释了这些行为背后的心理原因，辅助生动的案例以及精确的分析，将告诉你心理分析对生活的实用价值，堪称实用的心理学教程。每天学点心理学，将使你受用一生。

编著者

2015年5月

目录

第1章

走进心理学——把你的幸福握在自己手中

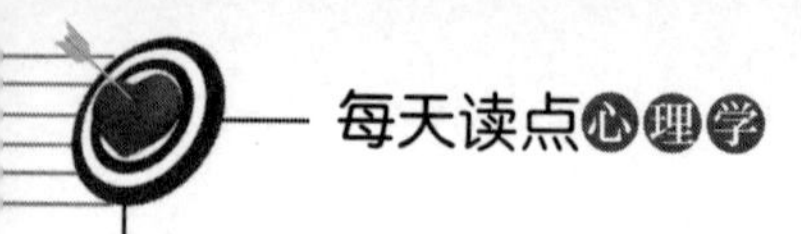

人类对心理学的探究从几千年前开始

人们对自己心理的认知早在几千年前就已开始，心理学的浩瀚也正是其魅力的源泉。

远在两千六百多年前的一天，古埃及的两个婴儿刚出生，就被抱离母亲的怀抱，交给一个远在边陲的牧人抚养。牧人把他们分别安置在两个隔离的房间内，生活环境温暖舒适，食物充足，但是，周围除了草原上奔马的嘶鸣和羊群的咩咩叫声之外，他不准任何人跟他们说一句话，更准确地说，是不让他们听到任何人类的语言……牧人为什么这么做呢？为什么要这样对待两个刚刚出生的婴儿呢？

在古埃及有这样一个传说：古埃及人一直认为自己是世界上最古老的民族。他们一直想证明这个事实。

到了公元前7世纪的后半叶，萨姆提克当上了埃及的国王。在萨姆提克统治期间，他不仅将亚述人驱逐出境，使埃及的艺术和建筑得以昌盛，为社会创造出极大的财富，而且把埃及建设成当时世界上最强大的帝国。早在孩提时期，萨姆提克就立下了两大宏愿：做埃及国王和证明埃及民族是世界上最古老的民族。现在他如愿以偿地当上了埃及国王，可以着手实现自己的第二个心愿了。

当时有人向萨姆提克提出了这样一个假设：如果孩子一出生就把他们隔离开来，使他们没机会向周围的人学习语言，那么，他们可能会本能地说出一种最原始的语言——人类与生俱有的语言。萨姆提克认同这个观点，他想以此证明，最古老的民族就是埃及。

萨姆提克开始着手行动，他命人抱来两个农夫的婴儿，并把他们交给一个远在边陲的牧人抚养。希腊历史学家希罗多德追溯了这个故事的真正起

源，它来自麦菲斯的赫菲斯托斯教堂的牧师之口。他说，萨姆提克的目的其实很简单，就是想知道这两个婴儿咿呀学语之后所说出的第一个单词是什么。

孩子们快两岁了，这一天，牧人照常打开房门，孩子们突然跑向他叫道："贝克斯……贝克斯……"牧人欣喜万分，这可是两年来孩子们除了哭和笑之外说出的第一个单词呀！牧羊人没有耽搁，立即将两个孩子送到了国王的宫廷。这时的萨姆提克正在主持朝政，两个孩子被带上来后，宫廷里群臣颔首，鸦雀无声，只有墙角的滴水时钟在叮咚作响。终于，萨姆提克也从孩子们的口里听到了"贝克斯"这个词。

萨姆提克反复思索这个词的意思，但还是一无所获，于是命令全国的语言学家都到宫廷里集合来破解这一人类语言之谜。语言学家的答案出来了——"贝克斯"在弗里吉亚语中是"面包"的意思。他非常失望，他认为这个实验证明弗里吉亚是一个比埃及更古老的民族。

从上文的故事中我们可以看到，人类很早就开始了对自身心理的探索和认识。虽然那时的推论还不完善，但已经开拓了心理实验的先河。

对于萨姆提克研究的问题，如今心理学家和科学家通过实验观察，发现世界上根本不存在天然的语言，这也不符合唯物论的"事物是联系的"这一观点。

心理课堂：

抛开事物之间的相互联系，不可能凭空产生语言或其他的东西。况且人是群体动物，一个从小就生活在与世隔绝状态下的人，根本不可能自己"说话"。萨姆提克的假设只是停留在一个猜想之中，但我们仍然对他肃然起敬，他的这次实验被称为人类历史上的第一次心理实验。

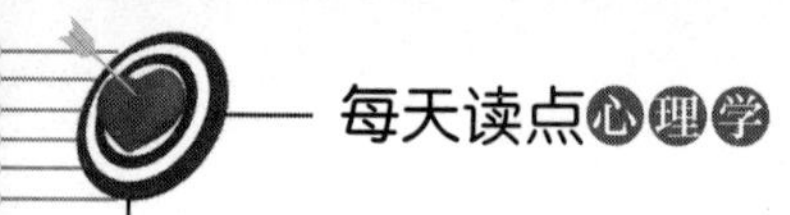

美好的心情可以战胜任何伤痛

不管生活多么困苦，太阳依然会升起，阳光依然会照耀大地。所以要相信不幸和痛苦迟早会过去，等待你的是美好的明天。

我们经常慨叹某个人创造了奇迹，将不可能变成了可能。人们在向他们投以羡慕的目光时，是否意识到，奇迹的诞生除了能力、意志、品质之外，心理力量也起了举足轻重的作用。在第二次世界大战期间，正在攻读精神病学博士的年轻小伙子维克多·弗兰克因为具有犹太血统而被德国纳粹分子关进了集中营里。

在纳粹集中营里，维克多·弗兰克每天都可以看见因为忍受不了暗无天日的生活和丧失人性的残酷折磨而发疯甚至是自杀的人。

维克多·弗兰克也很恐惧，但他尽量强迫自己不去看和想这些可怕的事情，而是努力地回忆着从前那充满阳光的快乐生活：想绿草如茵的医学院，想妈妈烘烤的曲奇，想美丽可爱的女友；除此之外，维克多·弗兰克还逼迫自己去刻意地幻想着将来走出纳粹集中营之后的生活，想象自己以后会遇到的各种幸运和奇迹，想象自己将来会创建一番非常了不起的事业……

就这样，维克多·弗兰克每时每刻都处于一片美好的回忆和幸福的幻想之中，不但变得无忧无虑，而且脸上还总是挂着灿烂的笑容。

终于，在德国纳粹分子战败之后，维克多·弗兰克脚步轻盈地走出了集中营，脸上不但没有丝毫的疲惫、痛苦以及恐惧，相反整个人都是精神抖擞的。

维克多·弗兰克的亲朋好友不敢相信，一个在纳粹分子的魔窟里关押并且饱受摧残的人竟然还能保持如此年轻快乐的心，纷纷赞叹地说：“维克多·弗兰克，你创造了一个伟大的奇迹呀！”

希望是一个人活着的动力，有希望人才有活下去的勇气。心理学上讲，人

体如同一个大的化工厂，你有什么样的心情，身体就进行什么样的化学合成。保持好的心情对身体健康是十分重要的。拥有一份好心情，经常想象生活的美好，想象未来人生的幸福，再大的伤痛都不会把你打倒。

心理课堂：

当一个人看不到生活里的阳光，会变得苍白无力，但是如果你相信生活的每个角落里将要有阳光洒下，备受苦难折磨时就能变得乐观。但是只有乐观还不够，还要学会坚强，学会如何用乐观去承受痛苦，并打倒痛苦。

就像心理学家所说的："每个人在遇到困难的时候都需要乐观、勇气和坚强。但是，生活的太阳不光是由这三样东西组成的，我们要不断寻找新的阳光，让自己的人生更加完美。"

心底充满阳光的人不会被挫折打倒

对于心里充满阳光的人来说，每一天都是阳光明媚的。

人的一生不会永远是晴天，暴风雨随时有可能到来，面对困境，我们要坚定自己向往美好的心，振臂高呼"让暴风雨来得更猛烈些吧！"要相信，暴风骤雨过后，天空会更蓝，彩虹会更美！

罗维尔·汤马斯的人生出现了高潮。首先，他主演了一部关于艾伦贝和劳伦斯在第一次世界大战中出征的著名影片。

而最好的是：影片用上了他和几名助手在几处战事前线拍摄的战争镜头，他们用影片记录了劳伦斯和他那支多彩多姿的阿拉伯军队，也记录了艾伦贝征服圣地的经过。影片中，他那个穿插在电影中的演讲——"巴勒斯坦的艾伦贝与阿拉伯的劳伦斯”，在伦敦和全世界都造成了轰动。

伦敦的歌剧决定延后六周，仅仅为了让他在卡文花园皇家歌剧院继续讲这些冒险故事，并放映他的影片。在伦敦得到巨大成功之后，罗维尔·汤马斯又成功地旅游了几个国家，然后他花了两年的时间，准备拍摄一部在印度和阿富汗生活的纪录片。

不幸的事情在这个时候发生了：经过一连串令人难以置信的霉运后，不可能的事情发生了——罗维尔·汤马斯发现自己破产了。

日子开始窘迫起来。汤马斯不得不到街口的小饭店去吃很便宜的食物。事实上，如果不是知名画家詹姆士·麦克贝借给汤马斯钱的话，他甚至连食物也吃不到。

庞大的债务、窘迫的生活一下子压在了罗维尔·汤马斯身上，虽然他极度失望，但他很自信，并不忧虑。他知道，如果他被霉运弄得垂头丧气的话，他在人们眼里就会一钱不值，尤其是他的债权人。

因此，每天早上出去办事之前，罗维尔·汤马斯都要买一朵花，插在衣襟上，然后昂首走上街。他积极勇敢，不让挫折把他击倒。对他来说，挫折是整个事情的一部分，是他要爬到高峰所必须经过的有益训练。

这是一个心底充满阳光的人，那朵鲜艳的花就象征他永远充满生机的人生。每个人都有面对生活中的阴霾的时候，如果你是天空的主宰，你是选择拨开乌云露出阳光还是躲在云后？不要选择做云后的旁观者，那会让你失去享受蓝天的权力。

心理课堂：

每个人都渴望自己的生活中能够多一点快乐，少一点痛苦，多一些顺利，少一些挫折，但是人生在世，谁也不能永远顺心如意。面对苦痛和挫折，保持一种恬淡平和的心境，在心里积蓄积极的力量，总有一天好运会再次光临。

年轻的心才是青春永驻的秘诀

心理对生理的影响不可忽视，我们在关注自己美丽容颜的同时，更要呵护内心的健康。职场上有这样一种说法，年轻时拿命换钱，年老时拿钱换命。这虽有调侃的意味，但也正说明了社会生存的压力。心理学家研究说，现在这一代年轻人的心理呈现两极化的状态。也就是说，有些年轻人心理过早成熟，而有些年轻人则心理不成熟，仍然像小孩子一样缺乏理想和抱负。

一位心理学家对这种现象的担忧更多的是在那些心理过于成熟的年轻人身上。他说，人的生理年龄和心理年龄是有着密切联系的。只有心理年轻，才能永远保持年轻；相反，如果一个人的心理年龄过早成熟，他同样会有过早进入生理衰老期的危险。

他举了这样一个例子：一天上午，他按习惯去打保龄球，刚换完衣服还没开始，隔壁球道上来了一位老人，也是独自一人。虽然这位老人看上去有点老态龙钟的样子，但手脚还挺利落，球打得有模有样的。

他上前打过招呼之后，就问对方有多大年纪，老人把三个手指头一捏，说已经七十岁了。看着老人笑呵呵的神态，他忽然明白了：老人锻炼身体，不在于他玩什么，也不在于他玩得怎么样，关键是他能出来玩，关键是他在玩球时候的那种心态。几局保龄球打下来，老人除了活动活动筋骨之外，更重要的是心情舒畅，得到了心理上的满足。一个人只有心理年轻了，人才能真正保持年轻。

最后，心理学家给出了这样几条保持心理年轻的建议：

1.脸上时常挂着笑容

情绪具有极强的感染力，当你以微笑面对别人的时候，你和别人的关系就会更为融洽。更重要的是，你每天都会有好的心情，这对你的容颜和心理是最好的滋养。

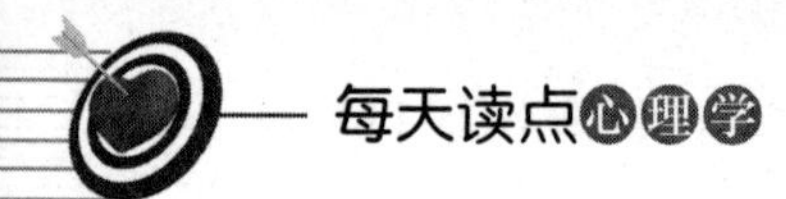

2.追求你内心的热情

选择对你有意义并且能让你快乐的事情去做。巴金曾说："没有人因为多活几年几岁而变老；人老只是由于他抛弃了理想，岁月使皮肤变皱，而失去热情却让灵魂出现皱纹。"热情与激情往往相连，它是推动追求的动力，是幸福的助燃器。

3.充足的睡眠

睡眠是让心理保持年轻的最好的药物，如果一个人整日因缺少睡眠而精神萎靡，那么其心理的状态也不会好。对于那些工作繁忙的人来说，虽然有时"熬通宵"是不可避免的，但每天7～9小时的睡眠是一笔必要的投资。这样，在工作的时候，你会更有效率，更有创造力，也会更开心。

心理课堂：

孩提时代那段无忧无虑的时光，是一生中最快乐的光景。很多成年人在寻找生活的快乐时，会感到茫然，在生活的压力下，很容易感到身心疲惫。

当他们静下心来，回眸那些天真烂漫、无忧无虑的孩子，或许就会得到启发：孩子的快乐和活力，不仅在于他们年轻，而且在于他们快乐的、没有被欲望侵占的心理。正因为孩童的心理没有被世俗的欲望所侵蚀，所以他们的心灵是纯洁无瑕的。不管周围的环境怎样，在他们的心中，总是充满着希望和快乐的阳光。

得不到的对你来说绝不是最好的

人很容易去羡慕别人，却对自己已经拥有的东西不在意，也不知道珍惜。人的心理难以捉摸，给予它多少，它都不会满足；即使拥有了很多，也会更加

在意那些没有得到的、不属于自己的东西。羡慕别人拥有的，感伤自己没有的，殊不知你在艳羡别人的时候，别人也正艳羡着你。

从积极心理学的角度来说，不满足并不是坏事——如果它能够成为你进取的动力的话。但千万不要盲目地羡慕别人而落入忧郁的陷阱之中。别人手里的糖未必比你的甜，真正的滋味只有他们自己最清楚。

从前，有一个年轻人，他要到另一个村庄去办事，途中要经过一座大山。

出发之前，家人嘱咐他：如果遇到野兽千万不要惊慌，只要爬到树上，野兽就奈何不了你了。

年轻人走到中途时，野兽果然出现了，一只猛虎飞奔而来，他连忙爬到树上。

老虎围着树干咆哮不已，拼命往上跳。年轻人本想抱紧树干，却因为惊慌过度，一不小心从树上跌了下来，刚好跌在猛虎背上。而老虎也受了惊吓，立即拔腿狂奔，他只得抱住虎身不放。

另外一个路人不知事情的缘由，看到这一场景，十分羡慕，赞叹不已："这个人骑着老虎多威风啊！简直就像神仙一般快活。"

骑在虎背上的年轻人真是苦不堪言："你看我威风快活，却不知我是骑虎难下，心里怕得要死！"

每个人的境遇不同，感受也截然不同。当你在心里对别人羡慕不已的时候，他的荣誉、幸福、成功等也许并没有你羡慕的那么好。正所谓，酸甜苦辣只有自己知道。

人似乎有一种非常奇怪的心理，总认为得不到的东西是最好的，别人嘴里的糖都比自己的甜！这种心理现象在现实生活中极为常见。

有一天，一对夫妇逛百货公司时，刚好遇上名牌女装特价促销，一群女士挤在一个摊位上选衣服。

太太拿着衣服在身上左比右比，还是下不了决心。"喂！你看这件好不好？"太太希望能从先生那里得到答案。

这时，她一抬头，见到对面有位小姐，手里拿的那件上衣的颜色要比自己手上的好看，款式也新颖一点。

"放下，快点放下……"太太眯起眼睛盯着那件衣服，心里开始默念。

说也奇怪，她的默念果真奏效，念着念着，那位小姐竟然就真的放下了。她马上伸手抓过那件衣服。

“今天运气可真好！”太太付了钱笑嘻嘻地对丈夫说，“这件衣服差点儿就被那位小姐给抢去了。”先生扬了扬眉毛笑道：“是啊！我想那位小姐心里想的和你一样，她现在正开心地抓着你原先拿的那一件呢！”

萧伯纳曾说：你可知道，人类总是高估自己所没有的东西的价值。人很容易去羡慕别人，对自己已拥有的东西却不在意。许多事情也总是在经历过以后才会懂得珍惜。一如感情，痛过了，才会懂得如何保护自己；傻过了，才会懂得适时坚持与放弃，在得到与失去中我们慢慢地认识自己。其实，生活并不需要这些无谓的执着，没有什么真的不能割舍。

心理课堂：

人的欲望心理总是使得他们念念不忘得不到的东西，于是便认定它才是最珍贵的。由于得不到，所以无限憧憬，穷其一生去追求。哪怕像飞蛾扑火，哪怕像空中楼阁，哪怕像懒汉仰头等待天上掉馅饼，哪怕像沙漠行者奔跑着扑向海市蜃楼。得不到它，你会怅然若失，会绝望，会撕心裂肺的痛。这种感觉会深刻地留在心里，挥之不去，时时困扰着你，影响你的生活。

别对没有来到的事情过分忧虑

心理学家告诉人们，很多恐惧感和担忧都是多余的，当事情未发生或未到来的时候，你的很多想法都是杞人忧天，不如让自己活在当下，活出每一刻的精彩。

有一位百万富翁，他拥有一家世界顶级的豪华酒店。每天上午11点，这位富翁都会坐在一辆耀眼的汽车里穿过纽约市的中心公园。

在穿过中心公园的时候，这位百万富翁发现了一件有趣的事：每天上午都有一位衣衫褴褛的人坐在公园的凳子上，死死盯着他开的那座酒店。百万富翁对这个人产生了极大的兴趣，有一天，他终于按捺不住自己的好奇心，让司机停下车，走到那个穷人的面前说："请原谅，我不明白你为什么每天上午都盯着我的酒店看。"

"先生，"那个穷人认真地说，"我没有钱，没有家，没有住宅，只得睡在这条长凳上，不过，每天晚上我都梦到住进了那座酒店，所以每天醒来之后我都会注视着那座豪华酒店，我多么希望自己能够真的住在那里啊，哪怕只有一晚！"

百万富翁觉得很有趣，于是就对那个人说："今天晚上我就让你如愿以偿。我为你在酒店订一间最好的房间，并支付一个月的房费。"

几天后，百万富翁路过穷人住的酒店套房，想顺便问一问他是否觉得很满意。然而，他发现那个人早已搬出了酒店，重新回到公园的凳子上了。

百万富翁来到公园，询问穷人为什么要这样做。穷人回答道："一旦我睡在凳子上，我就梦见我睡在那座豪华的酒店，我对它充满了无限遐想；可是一旦我睡在酒店里，我就梦见我又回到了冷冰冰的凳子上。这梦真是可怕极了，以致完全影响了我的睡眠！"

心理课堂：

在人的内心深处，对美好事物的追求是一种本性。也正是美好事物的不易获得，使得很多人在获得或者即将获得它的时候，更加忧心忡忡，甚至患得患失，以致生活毫无乐趣可言。生活中我们怀有美梦是件好事，那些美梦让我们在现实里仍会微笑、着迷，我们为此疯狂，沉醉在一种美妙的感觉当中。然而，当梦想背离现实，我们会因此开始慌张，然后开始不安，最后是猜疑，在前进和后退的踌躇之间失掉曾经拥有的果敢和魄力。

身体健康要从塑造轻盈的心灵开始

每天一睁开眼睛，家庭的琐事、职业上的难题、朋友间的交往、孩子的教育，千头万绪，都摆在了我们的面前。随着生活节奏的加快，一些人在成功与失败、悲伤与欣喜的交替中，内心容易失去平衡，心理问题就这么产生了。

要解决心理问题，需要我们正视心理问题。对于任何一个人来说，只要你身体上还有现代医学无法检测出来的不适，心理上还有解不开的死结，就不能说你是一个完全健康的人。

“亚健康”是近年世界卫生组织提出的一个新概念，特指身心处于健康与疾病之间的状态，又叫慢性疲劳综合征或“第三状态”。此时生理心理活力减低，适应能力下降，但又查不出有什么异常，所以又称之为“疾病前状态”或者是“次健康状态”。调查发现，这种似病非病的非健康状态70%的人都有过。

亚健康症状繁多，也多变化，主要有以下不适：浑身无力，体力下降，易疲劳，精力不足，出虚汗，性机能减退，小便清长，睡眠不佳，易激动，情绪不稳，头昏，思想不集中，头涨或有时头痛，视力下降，饥饿但食而无味，颈背僵硬、酸痛，咽喉异物感，晨恋床不愿起，心烦意乱，坐立不安，工作效率差，心悸、胸闷、紧张、压抑，在乎别人对自己的评价，常为小事生气，对生活无兴趣，记忆减退，对未来无信心，把事情往坏处想，常会不知所措等。

这些症状既是生理上的也是心理上的，生理上的“亚健康”必然带来心理上的“灰色状态”，心理上的“亚健康”同样会加速癌症和其他躯体疾病的发生和发展。近年医学调查发现，处于“亚健康”状态的患者年龄多在20~45岁，且女性占多数。

与男性相比，女人更容易受到情绪的影响。而当一个人因为不快或者愤

怒，大发脾气或者生闷气时，人体生理上就会产生一系列变化和反应。生气发怒，就是损害了人体中“气”的正常运行，造成了气血运转不畅，可谓牵一发而动全身，严重影响着人的健康。可以这样说，心理健康是我们获得健康身体和幸福生活的根本。

心理专家认为人的心理健康包括以下七个方面：

（1）智力正常。智力正常是人正常生活最基本的心理条件，是心理健康的首要标准。

（2）情绪健康。情绪是人对事物的态度的体验，是人的需要得到满足与否的反映。具有健康心理的人，能经常保持乐观、自信的心境，热爱生活，积极向上；同时，善于协调和控制自己的情绪，使自己的情绪保持相对稳定。

（3）意志健全。健康的意志有如下特点：目的明确合理，自觉性高；善于分析情况，意志果断；意志坚韧，有毅力，心理承受能力强；自制力好，既有实现目标的坚定性，又能克制干扰目标实现的愿望、动机、情绪和行为，不放纵任性。

（4）行为协调。具有健康心理的人，能有效地处理与周围现实的关系，能对社会现状有比较清晰的认识，观念、动机、行为能够跟上时代的发展，言行符合社会规范和要求，能对自己的行为负责，当自己的愿望与社会的要求相矛盾时，能及时地进行自我调整。

（5）人格完整。人格完整的主要标志是：人格结构的各要素完整统一；有正确的自我意识，以积极进取的信念、人生观作为人格的核心，并以此为中心把自己的需要、愿望、目标和行为统一起来。

（6）人际关系和谐。心理健康的人，能用尊重、平等、信任、友爱、宽容、谅解的积极态度与他人相处，既有广泛而稳定的人际关系，又有志同道合的知心朋友。

（7）心理特点符合年龄和角色特征。不同年龄阶段的人有不同的心理行为特征。心理健康者应有与同年龄多数人相一致的表现，否则应考虑是否有心理不健康的问题。另外，心理健康的人，心理行为还应与角色、身份相符合。

从理论上讲，一般的心理问题都可以自我调节，每个人都可以用多种形式自

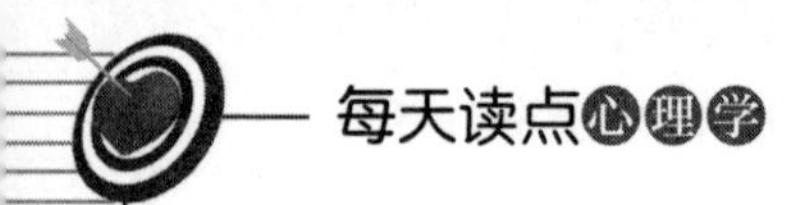

我放松，缓和自身的心理压力和排解心理障碍。面对“心病”，关键是你如何去认识它，并以正确的心态去对待它。虽然我们找心理医生看病还不能像看感冒发烧那样方便，但提高自己的心理素质，学会心理自我调节，学会心理适应，学会自助，每个人都可以在心理疾患发展的某些阶段成为自己的“心理医生”。

心理课堂：

如何来克服心理亚健康呢？

（1）进行生活习惯和行为的调整，使自己的作息时间有规律；

（2）进行情绪调整能力训练，做到能够认知自己以及对方的情绪，能够管理自己的情绪；

（3）进行松弛训练：把一只气球吹大，然后将所感到的压力事项写在气球上，再用针把气球戳破，人便随之觉得精神放松下来；

（4）进行职业心理调整，判断自己是否能够从职业中发现乐趣，如果不能，便要发展一项业余爱好，如打牌、下棋、摄影等；

（5）如果觉得自己有更为复杂的心理问题，便需鼓起勇气，尽快进行心理咨询，早日把自己从心理亚健康的处境里面抽离出来。

慈悲是心灵最好的医生

如果问你“生活中什么是最重要的？”你也许会回答“工作”，也许会回答“亲人”……可是你忘了内心深处的声音“快乐”，没有快乐，所有的一切对我们来说都毫无用处。快乐和金钱不一样，它不是一种可以赚得到的物质，它只是一种心态，一种感觉。

现代人物质丰富，衣食无忧，可是快乐的人并不是很多。因为人与人之间关系的冷漠，空虚忧郁时常充塞着我们的心怀。那么，拯救我们心灵的秘方究竟在哪里呢？

赫本是20世纪五六十年代的好莱坞影星，她有两项非常有趣的记录：①她结过7次婚；②她从没有看过心理医生。

一位叫史塔勒的医生对此产生了兴趣，因为他常在半夜接到一些著名主持人和影视明星的电话，要求他给予心理上的帮助。史塔勒作为心理学家，对于大多数人的问题都能迎刃而解，但对于有些人，他也一筹莫展。这些人多是些大腕，要么片酬在1000万美元以上，要么出场费达百万美元之巨，他们衣食无虑，崇拜者如云，是一群世界上最幸运的人。

史塔勒获知赫本的两大记录之后，好像在黑暗中发现了一抹曙光，决心深入研究一下。他想，说不定从她那儿就可以得到点突破。

他翻出20世纪60年代的报纸，找出有关赫本的所有报道。他发现赫本区别于其他影星的不仅仅是那两点，比如说，赫本曾息影八年，这在好莱坞的历史上是没有先例的。要知道，在当时，作为影星，息影一年等于洛克菲勒家族在田纳西州封存一口油井，那种损失是看得见、摸得着的。另外，史塔勒还发现赫本曾做过67次亲善大使，尤其是1956~1963年间，她几乎每月都到码头、监狱、黑人社区做义工。有一次，她甚至拒绝贝尔公司每小时5万美元的庆典邀请，去医院给一位小男孩做护理服务。总之，赫本非常乐于做无报酬的慈善工作。

史塔勒对这一发现非常重视，他认为这里面肯定蕴藏着心理学方面的某种东西。为了能得出一个圆满的答案，他推而广之，对其他乐于公益事业的名人、富翁进行研究。最后，他发现这些人很少有怪僻及其他不良记录，他们同赫本一样，几乎没有看过心理医生。

后来，他把他的发现应用到他的那一批特殊病人身上。好多人接受过医疗或忠告后，一扫过去的阴霾，变得乐观起来。有一段时间，好莱坞甚至掀起了一个争做联合国亲善大使的热潮——他们争着去非洲的索马里，去科索沃的难民营，因为他们在慈善行动中发现，世界上存在着这么一条公理：当一个人付出的劳动没有得到金钱和物质的回报时，则可以得到精神愉悦。

慈悲是世界上最高尚的事业。往大了说，它是取之于社会，回报于社会，维系着人与人之间的和谐。对于那些奉献了爱的个人来说，它是你心灵之中最充实的安慰。

只要你愿意，每天都可以有成千上万的机会让你行善。公路上随时会有车子，等着换入你的车道；电梯外随时会有人冲过来，想赶上这一趟；总会有人走路时不小心掉了东西，需要你帮他捡起来；你的孩子需要你对他们说："你是最特别的一个。"你的伴侣需要知道他拥有你的爱；你还可以花一两分钟，拨通电话告诉朋友你很珍惜他们；还有好多小猫、小狗渴望有人抱抱它们，搔搔它们的背，亲亲它们。

你可以插一朵小雏菊在某个陌生人的车窗玻璃上；你可以告诉那位在餐厅里为你服务的先生或小姐，他们的工作表现十分周到；甚至你动都不必动——只要随时对人保持善念和爱意，自然能生成正面的效应和影响；如果看到有人愁眉苦脸或孤单寂寞，你可以在心中为他们默想得到光和爱；想起在困境或伤痛中的友人时，用你心中爱的能源抚慰他们。

人的爱心，温暖了这个世界的同时也温暖了自己，你是付出者，同样也在这种付出中受益。

心理课堂：

何谓慈悲心呢？如果我们的善行使承受者心头增添一份负担，对他们并没有太多助益。振奋一个人的精神，使别人产生对生活的希望和目标时，就是给予别人最大慈悲心。所谓慈悲，有时只需给予别人一些赞同或鼓励而已。从别人的眼神中，你可以察觉出他是否真正需要你的帮助？年轻人失望时，显现出垂头丧气的样子；真正有慈悲心的人，总能找出垂头丧气和失望的人，再度使他们振奋起来。在给予别人物质上的援助时，不该声张；给予别人精神上的鼓励时，得全神贯注。

第2章

心理学解惑——拨开生活中的心理迷雾

别逃避，关注自己的心理问题

生活中会有各种各样的问题，尤其是心理问题，能够很明显地影响一个人的状态，无论是工作、生活还是感情上，都会出现内心情绪的波动，从而使一个人不能按照自己的设想完成相应的工作。面对着这样的心理问题，很多人选择了一种方式：逃避。然而，事实上，心理问题是不能逃避的，因为越逃避问题就会积累，从而在某一个时刻一起爆发，不可收拾。所以，应该关注自己，寻找解决问题的方法。

李倩是一名小学教师，今年25岁，正值风华正茂，但是因为她所在的班级学生年龄偏小，不少学生自觉性差，稍微一严厉管束就会有孩子哭哭啼啼，甚至一些家长不问青红皂白就责怪老师管理过于严格。另一方面，不少家长对学校和班主任期望过高，既要求提高孩子学习成绩，一旦孩子成绩下降就责怪李老师。同时，学生的安全问题也令李老师很担忧，每次放学过后，她都一直处在极度焦虑的状态，甚至下班回家，脑子里也在想这些问题，搞得茶饭不思。还有，李老师特别注意同年级其他班级的情况，一旦其他班级的孩子拿了奖，她心里就特别紧张。但是李倩没有找到合适的方式解决这些问题，而是选择了回避问题，这一切都使她的工作难以开展下去。

李倩老师的工作压力过大使她的状态受到了严重的影响，工作难以再开展下去，但是李老师选择了回避问题，这是不正确的。俗话说“躲得过初一，躲不过十五”，心理问题也是一样的道理，不解决问题，问题就会越来越严重，就更不利于工作的开展了。所以针对这些情况，李老师应该到相关的心理咨询机构进行咨询，从而解决自己心理上的问题。

在现代社会，生活节奏快，人们的精神压力、心理压力骤增，像李老师这样的情况并不在少数，很多人都是因为工作上的压力产生了焦虑的症状。面对

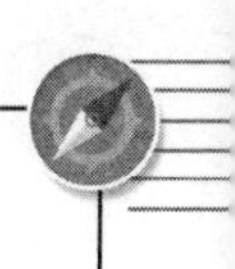

这样的情况，逃避不是办法，要从压力中挣脱出来，绕开认识中的误区，合理宣泄压力，以积极的态度面对挑战。

心理课堂：

逃避型人格有一种特点，那就是在面对问题和困难时不会积极寻找解决的办法，而是选择向后寻找退路，这种退缩往往伴随着自卑的心理。很多挑战不但不能激起他的斗志，反而会刺激他选择回避。产生逃避心理的原因一般有两种：一是由于自己缺乏自信。一个不自信的人，心理承受能力要比具有自信心的人脆弱得多。二是因为害怕惩罚。当一个人因为做错事而担心受到指责，而他本身又恰恰不愿意接受这种指责，往往就会找各种借口推卸责任，来逃避惩罚。然而，面对心理问题，逃避是无用的。有人比喻，心理问题就像“感冒”一样，几乎人人都会遇到。有资料显示，目前我国正常人群中有心理障碍的人的比例在20%左右。所以，要正视心理问题，要想办法解决心理问题，这样才能真正实现心理健康。

能解开你心结的人是你自己

一些心理问题是可以通过寻找相关的咨询机构或者专家来解决的，但最重要的一点就是，有心理问题的本人对问题有一个正确的认识，能够从内心去接受一些自己本不愿意接受的现实，这样这些机构和专家才能真正帮助你将问题解决，正所谓“解铃还须系铃人”，心结还是需要自己解开。

据明代《指月录》记载，金陵的一个寺庙里，有一位法灯和尚，他性情豪放，但终日无所事事，众和尚都看不起他。不过法眼和尚却很器重他。一天，法眼和尚向众和尚问道："老虎项上系着一个金铃，哪个人能把它解开来？"众僧皆回答不出。恰好法灯和尚走进来，法眼也用同样的问题问他，法灯和尚随即答道："系铃的人能够解开。"法眼和尚十分满意，对众和尚说："你们对他可不能小看。"后来，就用"解铃还须系铃人"这句话比喻谁造成的问题仍由谁去解决。

正如这个故事所讲的，给老虎解铃铛，只有知道如何系铃铛才知道怎么把铃铛按照原来的步骤解下来。同样的道理，当一个人遇到心理问题时，只是一味没有参考地想用什么办法去解决这个问题是较为徒劳的。因为清楚这个问题产生的原因往往是解决问题的最好方式，所以可以针对问题产生的过程寻找解决方案。很多有心理问题的人都试图用一些别的方法解决自己的问题，但是往往效果不佳，这是因为别人不能代替自己，只有自己最清楚问题的来源，就像别人不能替自己生存一样，治疗者只能起到疏导的辅助作用。所以解决心理问题就像解铃铛，还是需要系铃铛的那个人自己来解决。

人们遵循这个程序，不是想当然，因为心理这个事情有些顺其自然的因素，不能强迫心理活动。两千年前荀子就在《解蔽》篇中指出心（按今人观点应为脑这个器官）是身体的支配者，是精神智慧的主宰，它对身体的各个部分发出指令，而不接受命令。一个人的活动是分为心和脑的，脑子发出指令去做什么，但是心不一定会与其一致，也就是说不一定愿意去做，所以感性和理性往往会发生冲突。所以，虽然人可以控制自己的嘴巴去说什么或者不说什么，但是对意志的改变不是那么轻松的。

心理课堂：

两千年前管子就在《心术》中说不要代替马去奔跑，使马能够发挥它的能力；不要代替鸟去飞翔，使其羽翼得到锻炼，不至于衰败。心理治疗的道理应该是大同小异的，主要就是把阻碍心理问题的过程去除掉，帮助患者建立一种应对能力，最好能够激发患者的潜在能力，从而使这个人获得一种类似于重生

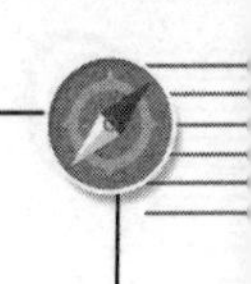

的感觉，在这个过程中其实他已经超脱了，获得了新的能力。“解铃还须系铃人”就是这个道理。

学会给自己的心灵松绑

压力大了就要放松，一个人就好比一座大坝，水太满了就要往外放，否则大坝就会崩溃。那么作为经常在职场上打拼的人来说，不懂得一两套放松的方式是不能在职场长期生存下去的。所以在自己压力大了的时候，要懂得给自己减压，使自己的内心时刻处在一个平稳的状态，一个有利于工作的状态。

张强是一家保险公司的客户经理，平时工作十分努力，业绩在公司中的排名也不错。随着生活水平的提高，人们对保险的认识也逐步加深，投保的人数越来越多，公司的业绩也开始了新一轮的大涨，但是张强所在的区域业务量总是上不去，这使得他感到十分苦恼。看着其他同事与客户签订一单一单的协议，业绩不断创新高，张强开始感到了巨大的压力，尤其是公司在集中开会后，没有在会上得到表扬，反而被渠道经理责怪了一番，这让张强心里很不是滋味，无形中又增加了自己的压力。张强干脆给自己放了几天假，约上朋友出去游玩，平时就听听轻音乐，思想上没有了负担之后，他重新投入到了工作中，结果取得了惊人的业绩。

张强的例子就是典型的工作压力过大导致状态出现滑坡的类型，这样的例子在我们的生活中屡见不鲜，快节奏的生活是这些问题的主要原因。人们为了更好的生活，都在努力着，所以难免会遇到压力。在遇到压力时，如果能扛得住当然好，但是如果感觉压力过大了，那么用适当的方法给自己减压是很必要的。

在减压方面，有很多常用的方法，遇到压力时不妨试一试。有的人喜欢用香薰疗法和音乐疗法，香薰能够使人的大脑清醒并能够镇定，这种方式可以从精神上使人感到轻松，将压力驱散到九霄云外，使人们能够重新精力充沛地投入到学习、工作中去。还有的人喜欢在压力比较大的时候选择到比较安静的地方待上一段时间，例如有的人会选择离开喧嚣的城市到那些僻静的郊区或者乡村，从而使自己完全脱离压力产生的环境，起到减压的作用。另外，还有的人喜欢在压力大的时候选择去洗一个热水澡，这样能使自己感到全身轻松，从而达到放松的效果。

心理课堂：

在很多时候，感觉我们的时间非常紧张，充满了压力，这样的生活经常会使我们陷入一种无序和混乱的状态，使我们难以平静，休闲和放松似乎变得越来越奢侈。其实这样的感觉不是正常的，是需要我们进行调节的，否则我们就会产生难以掌握生命的感觉。压力对人们产生了伤害，它会使人们的生活变得焦虑不安，人们的心情就会受到影响。坏心情会使人们的免疫系统受到影响，降低人们的免疫力，从而有害于身体健康。所以我们应该寻找一种合适的解压方式，面对压力时懂得放松自己，能够释放压力，使自己时刻都能找到平衡，发挥自己的能力，从而使人生目标顺利达成。

了解影响人心理健康的几个因素

人们的心理健康是不可忽视的一个方面，是和身体健康同等重要的，但是现在生活、工作的压力使人们承受的东西要比以前多很多，这样的心理压力给人们的心理健康造成了严重影响，进而使人们的身体也受到了影响。影响人心

理健康的因素是不容忽视的，要引起足够的重视，从而保证人们的身心健康。

1. 生活环境因素

生活中的物质条件差，又没有足够的资金去改变现状，从而使人们一直在向往一种更好的生活状态，这种心理落差时间长了便会成为一种影响人心理健康的因素。或者一个人曾经的生活非常舒适，但是遭遇了一些变故后变得十分糟糕，给其带来了极大的刺激，从而使心理上变得不稳定。其次，工作环境差，比如工作的时间持续很长，工作中遇到很多不顺利的事，不被领导信任，工作单调乏味，经济收入差，生活居住条件差等，都会影响人们的心情，使人产生焦虑、烦躁等紧张心理状态，这种状态持续的时间长了，人们的健康自然会受到影响。有的人会在心情不好的时候过量饮酒，大有借酒消愁之势，或者大量抽烟，或者暴饮暴食，这些不良的生活习惯的形成不仅不能解决心理上的问题，而且还会给人的身体造成不良影响，不利于人们的身心健康。

2. 突发事件因素

生活中有很多事情是不能提前预测的，在发生时总是让人防不胜防，这些突发事件往往会让人们的心理受到一定的冲击，这些突然的变化往往是人们精神失常从而产生心理问题的重要原因。这类事情有很多，例如家人突然病故，感情上遭遇挫折难以自拔，婚姻遇到问题导致失败，自然灾害带来的巨大损失等，这些都会给人们的精神带来巨大的冲击和刺激。这时人们必须学会调整，否则精神压力过大会使人们的心理失调，处于崩溃的边缘。因此，如果在一段时间内发生的不幸事件太多或事件较严重、突然，个体的身心健康就很容易受到影响。

3. 文化教育因素

教育因素主要有两个方面，一个是来自家庭的，一个是来自学校的。早期的教育主要是在家里进行的，这个时期的教育对一个人早期的心理发展有着至关重要的作用。如果一个人的早期家庭教育过于单调贫乏，那么这个人的潜能就不会被挖掘出来，就会影响他未来的发展。如果孩子在早期教育中能够得到良好的开发，受到好的照顾，就有可能成为同龄人中的佼佼者。另外，儿童与父母的关系，父母的教养态度、方式，家庭的类型等也会对个体以后的心理健康产生影响。

心理课堂：

当遭遇压力时，不要灰心，找到解压的方法才是应该去做的。其实，解压的方法有很多，从肢体的训练到静坐冥想，几乎有上千百种。但是这些方法与技巧，却只有非常少数的人能做到，其主要原因主要是人们在遇到压力时很难保持清醒，从而想不起这些解压的方法或者选择回避。所以平时一定要重视给心理健康造成影响的因素，同时要敢于去面对，不回避面对难题的痛苦，努力寻找解决问题的方法，这样就能获得精神上的成长。

快节奏生活需要更健康的减压方式

压力大了不利于工作和生活，那么这时选择一种合适的减压方式就成了人们关注的主要问题。很多人生活非常随性，这种人有一个特点就是，做自己喜欢做的就是减压。也许这样做他自己感到舒服，但是身体健康却受到了影响。例如，有的人在感觉压力大时会不停地抽烟，不一会烟头就堆满了烟灰缸；有的人会在压力大时独自饮酒，想借酒浇愁，结果喝得酩酊大醉；还有的人喜欢做一些能够转移注意力的事情，比如晚上看通宵电影或者打通宵游戏等。虽然这些方法能够让这些人从心理上缓解了压力，但是第二天的工作经常会被耽误，因为他们的身体会感到不适，即使没有明显的不适症状，身体也受到了很大的损害，因此都是不提倡的。减压是正确的选择，但是正确的减压方式同样不能少。

周伟是一家商贸公司的业务员，由于业绩不好，上司又总是责怪他，他每天都过着一种担惊受怕，又感到十分不满的生活，生活和工作压力让他经常失眠。在重压之下，有朋友建议他多听轻松的音乐或者去跳跳舞，从而达到减压的效果。之后周伟每天回家后就打开电脑，放一曲欢快的音乐，然后自己一个人在屋里跳着舞，他顿时感觉心里的压力减少了。当他累了，坐在电脑前休息的时候，突然发现自己能够冷静下来，思考着如何应对工作上的事。通过总结，他找到了一个好方法，结果工作上也有劲头了，不久便扭转了颓势，获得了领导的认可。

周伟的减压方式可谓健康有效，他的减压方式不仅有效将压力去除，而且使自己的工作业绩扶摇直上，令人可喜。周伟的健康减压正是现代提倡的减压方式。另外，一个人在压力大的时候，脑子也是不清醒的，这不利于一个人工作的继续开展。所以当压力减轻时，一个人的思路往往会被打开，就像周伟，压力小的时候，自己能够思考，并找到问题的解决办法，这是非常重要的。

近些年，随着网络的不断发展和完善，出现了一种特别的减压方式，那就是登录专门的“发泄网站”进行发泄。这些网站提供了网民可以发泄甚至骂人的地方。在这里，人们可以用文字的方式将自己不满的地方写出来，然后会受到网友的关注，有感兴趣的网友就会与你交流。一些话只要能够说出来，心里就会感觉舒服得多，因此获得了减压的效果。其实倾诉本身就是一种发泄，因为淤积在心中的事情多了，人自然就会感到压力重重喘不过气来。通过倾诉的方式把这些无形的“重物”从心中搬运出来，自己自然会感到轻松，因为每个人心中的空间都是有限的。

心理课堂：

今天的生活节奏已经飞快，人们在工作中会遭遇激烈的竞争，生存的压力不期而至，特别是今天的职场，想要生存，是很有难度的。再加上房价等生活压力，一个人每天都处在高压之下，无法喘气，时时刻刻都在想着怎么挣钱，怎么生活得舒服一些。这样的生活已经让自己疲惫，那么减压成了不二的选择，因为既然可以轻松一些活着，为什么要和自己过不去呢？所以如果你是压力一族，还是想想怎么减压吧。这里要注意的就是，不要为了一时的痛快，让减压坏了自己的身体，身体是革命的本钱，所以一定要注意科学减压，既能放松又能有利于身体健康，这样才能真正享受生活。

让快乐充满生活中的每一天

一个人忙碌是很正常的，但是一直处在一种高压的状态，精神一直紧绷就不正常了。我们说生活节奏快、压力大、职场竞争激烈等等因素的确可以造成很大的压力，但是很多时候我们忽略了一个环节，那就是为自己的生活合理规划。很多人之所以会有巨大的压力恰恰是因为自己的规划不合理，结果工作效率低，质量差，受到上司的批评或者得不到公司的认可，这样一来压力自然就找上门了。所以我们应对自己的生活和工作进行一个合理的规划和安排，这样可以使自己的工作更加有序，从而把压力平均分配，成功将压力转化为动力。

小张从事写作工作，平时很享受在文字的海洋里徜徉，但是有时候手头上的稿件繁多，交稿时间又比较紧，再加上生活中的一些其他事情，时常让他感觉压力重重。小张在压力大的时候就没有灵感，所以很烦心。后来经朋友建议，他把自己的写作时间和要处理的其他事情写在一张纸上，什么时候做什么事，显得很有条理。这样一来，他每做完一件自己规划好的事情就会有一种成就感，心情大好，从而使自己有更充足的精力去做接下来的事情。

小张的科学合理规划让自己的工作和生活良好地融合在一起，大的压力被分成小的动力，每天都给自己一点动力，让自己总是能够看到希望，这样工作起来总是会有一个好的心情，星期天也不过如此。很多人在工作上喜欢一下把眼前的事情做完，想着做完了就可以轻轻松松地做自己的事了，殊不知在自己

工作到一半或者接近尾声的时候，另一件工作接踵而至，应接不暇的工作让你无心恋战，压力不请自来。所以作为一个聪明人，要懂得分配自己的时间和精力，把工作规划一下，不要盲目地做事，不要自己给自己找压力。

心理课堂：

有的人觉得应该给自己一个大的人生规划，这当然没有错，但是，眼前的事情应先做好。其实，小的规划做好，才能真正把自己的人生规划好，人生规划不仅是一个实现你终生目标的时间表，也是一个实现那些影响你日常生活的无数更小目标的时间表。所以要着眼现实，脚踏实地。科学规划不仅能使你在有限的时间内集中注意力去做一件事，而且它还是一种很好的减压方式，因为只有将工作顺利完成才能真正将压力化解。所以在遇到难题时不要急，一时解决不了就分成几部分解决，让自己一直保持一种良好的状态。幸福的人通常是这样一类的人，他们的职业规划往往与自己的生活方式紧密相连、目标一致。例如，一个很有组织意识和能力，又有着文字天赋和给他人建议能力的人，通常都会从事编辑、教师等职业，这样的职业让他们能够发挥自己的特长，从而获得满足和幸福感。那么我们做工作也要根据自己的兴趣和喜好来安排时间，从而更加高效优质地完成任务。

很多时候，人们之所以不能将压力转化为动力，就是因为压力过大，一时无法扭转。所以我们可以通过科学规划生活和工作来将压力分割成小段，小压力再转化为动力就容易得多了。这样一来，不仅不会让工作枯燥，不会让生活无趣，而且会让自己有一个好的心情做事，每天都像星期天。

第3章

心理学效应——探寻内心深处的秘密

鸟笼效应——不如把烦恼丢掉

1907年，詹姆斯结束教学生涯，从哈佛大学退休，同时退休的还有他的好友——物理学家卡尔森。

有一天，两人突发奇想，打了个赌。詹姆斯说：“我一定会让你不久就养上一只鸟的。”卡尔森不以为然：“我不信！因为我从来就没有想过要养一只鸟。”

没过几天，恰逢卡尔森生日，詹姆斯送上了礼物——一个精致的鸟笼。

卡尔森笑了：“我只当它是一件漂亮的工艺品。你就别费劲了。”从此以后，只要客人来访，看见书桌旁那只空荡荡的鸟笼，他们都会无一例外地问：“教授，你养的鸟什么时候死了？”卡尔森只好一次次地向客人解释：“我从来就没有养过鸟。”然而，这种回答每每换来的却是客人困惑而有些不信任的目光。无奈之下，卡尔森教授只好买了一只鸟，詹姆斯的“鸟笼效应”奏效了。

通过这个案例，我们看到“鸟笼效应”的一个很有意思的规律：如果一个人买了一个空的鸟笼放在自己家的客厅里，过不了多久，他一般会有两种选择，丢掉这个鸟笼或者买一只鸟回来养。

原因是：空空的鸟笼挂在客厅里，不仅显得别扭，而且也极不美观。即使主人不在意，每次来访的客人都会很惊讶地问他这个空鸟笼是怎么回事，或者把怪异的目光投向空鸟笼。时间一长，他不愿意忍受每次都要进行解释的麻烦，就会丢掉鸟笼或者买只鸟回来相配。

心理学家对这一现象解释说，这是因为买一只鸟比解释为什么有一只空鸟笼要简便得多。即使没有人来问，或者不需要加以解释，长时间放置一个空的鸟笼也会对人的心理造成一定的压力，时间一长，“鸟笼效应”也会使其主动

去买来一只鸟与笼子相配。

心理课堂：

“鸟笼效应”是一种潜在的对心理的影响。佛经云：人最难摆脱的是无谓的烦恼。许多人不正是先在自己的心里挂上一只笼子或是张开一只袋囊，然后再不由自主地往里面填满一些东西吗？在心理学领域，“鸟笼效应”也被称为“空花瓶效应”。如一个女孩子的男朋友送了她一束花，她很高兴，特意让妈妈从家里带来一只水晶花瓶，结果为了不让这个花瓶空着，她的男朋友就必须隔几天就送花给她。

近几年，人们对住房的刚性需求加大，房子成了稀缺资源。一个人一旦买了房子就想去装修，于是麻烦就开始了，整体布局，房间的主色调，每件物品的搭配，家具的选择，每个选择都受前一因素的影响或制约。人们会为了藏书去做个书柜，做了书柜就要配一个凳子，配了凳子可能还需要配一个落地窗，这样看书才高雅，配了落地窗，又发现房子太小，必须把房间给打通……

“鸟笼效应”就这样发生在装修房子的过程中，如果把握不好自己的心理，不能保持一颗平常心，恐怕在这个过程中会遇到诸多的烦恼。

马太效应——善于借助强者力量成就自己

在心理学领域，“马太效应”被学者广泛关注。这一术语是由美国科学史研究者罗伯特·莫顿提出的。1968年，通过研究，他发现了这样一种社会心理现象：相对于那些不知名的研究者，声名显赫的科学家通常获得更高的声望，即使他们的成就是相似的。同样，在同一个项目上，声誉通常给予那些已经出名的研究者。例如，一个奖项几乎总是授予最资深的研究者，即使所有工作都是一个研究者完成的。随后，这一现象就作为“马太效应”，被越来越多的心理学家研究。

罗伯特·莫顿归纳“马太效应”为：任何个体、群体或地区，一旦在某一个方面（如金钱、名誉、地位等）获得成功和进步，就会产生一种积累优势，就会有更多的机会取得更大的成功和进步。

根据资料记载，“马太效应”的名字来自于圣经《新约·马太福音》中的一则寓言。

《圣经》中“马太福音”的第25章有这么几句话：“凡有的，还要加给他叫他多余；没有的，连他所有的也要夺过来。”因此，美国科学史研究者莫顿用这句话概括了他研究的社会心理现象。

从表面上看，“马太效应”使贫者越贫，富者越富。概括来说，它是指好的愈好、坏的愈坏、多的愈多、少的愈少的一种现象。

心理学家分析说，“马太效应”揭示了一个不断成长的个人需求原理，关系到个人的成功和生活的幸福，因此它是个人成功的一个重要法则。

“马太效应”在社会中是广泛存在，尤其是在经济领域内：强者恒强，弱者恒弱，也影响着社会的分层。

有这样一个“空手套白狼”的故事，是对“马太效应”在当今社会中的一个很好的诠释：

在美国一个村庄里，有这样一个老头，他决心让儿子成为一个不平凡的人。经过一番思考后，他找到了美国当时的首富石油大王洛克菲勒，对他说：“尊敬的洛克菲勒先生，我想给你的女儿找个对象。”

洛克菲勒说：“对不起，我没有时间考虑这件事情。”

老头说：“如果我给你女儿找的对象，也就是你未来的女婿是世界银行的副总裁，可以吗？”洛克菲勒同意了。

然后，老头又找到了世界银行总裁，对他说：“尊敬的总裁先生，你应该马上任命一个副总裁！”总裁先生说：“不可能，这里有这么多副总裁，我为什么还要任命一个副总裁呢，还必须马上？”

这个人说："如果你任命的这个副总裁是洛克菲勒的女婿呢？"世界银行总裁听后便爽快地答应了。

"马太效应"在我们的日常生活中经常有所体现。如在学校教育中，一个品学兼优的好学生，会由于考试成绩的优异，受到学校领导的称赞，班主任更是经常表扬，同学们会羡慕他，回到家中也备受宠爱。如果能善加引导，在"马太效应"的作用下，他的学习成绩在某一段时间内仍然会稳步攀升，同时也会获得更多的称赞。

心理课堂：

但社会心理学家分析认为，"马太效应" 是个既有消极作用又有积极作用的社会心理现象。

其积极作用是："马太效应"所产生的"荣誉追加"和"荣誉终身"等现象，对那些落后的学生、平庸的员工，也就是那些无名者是巨大的吸引，会促使他们进一步全力奋斗，以此来推动自身的发展。

其消极作用是：一个学生如果没能正确看待自己取得的成绩，一个员工因自己受到了领导的重视和奖励就过分沾沾自喜，结果往往使其中一些人肯定会因为自己的不规矩言行而受到别人的嫉妒或排挤，也会因没有清醒的自我认识和理智态度而居功自傲，在人生的道路上跌跟头。

超限效应——做自己能力范围之内的事

在生活中，你是否有这样的体会：在课堂上，或者在听讲座时，如果对某个你还算感兴趣的问题，教师宣布"针对这个问题，我们有3点要讲"的时候，你会认真听，甚至会试图记下这3点；然而，当教师宣布“针对这个问题，我们有10点要讲”的时候，你便顿时失去了听下去的兴趣！在工作中，同事今天麻烦你帮忙做一件事，你欣然接受，不觉得有什么。而后他接二连三地要求你帮助他解决问题，你也许碍于面子，不会推脱。但如果他一天之内，连续要求你做几件事情，你是否就会烦躁，甚至会翻脸呢？

之所以出现这些现象，是因为“超限效应”的影响。心理学家解释：人接受任务、信息、刺激时，存在一个主观的容量，超过这个容量，人就不愿意认真对待这些任务了。

在心理学领域，大家广泛借用美国著名作家马克·吐温的一件轶事来解释超限效应：

有一次，马克·吐温在教堂听牧师演讲。最初，他觉得牧师讲得很好，使人感动，准备捐款。过了10分钟，牧师还没有讲完，他有些不耐烦了，决定只捐一些零钱。又过了10分钟，牧师还没有讲完，于是他决定，1分钱也不捐。到牧师终于结束了冗长的演讲，开始募捐时，马克·吐温由于气愤，不仅未捐钱，还从盘子里偷了2元钱。这种刺激过多、过强和作用时间过久而引起极不耐烦或反抗的心理现象，被称之为“超限效应”。

在家庭教育中，一些家长错误的教育方法，正是“超限效应”的具体表现。父母都望子成龙、望女成凤，当孩子不用心而没考好时，父母会一次、两次、三次，甚至四次、五次重复对一件事作同样的批评，使孩子从内疚不安到不耐烦，最后感到讨厌，最终也就有了逆反心理。孩子被“逼急”了，就会出现“我偏要这样”的反抗心理和行为。之所以会这样，是因为家长的批评超过了一个度，没有适可而止。

心理课堂：

“超限效应”给我们的启示是，做事时要把握好一个量和度，做过了头，刺激过多、过强或作用时间过久，往往会引起对方心理极不耐烦或逆反，这样会事与愿违。而中国传统的中庸哲学所讲的就是中正、中和可以有效地对抗超

限效应的发生。

在生活中也存在着这样的现象，比如看电视剧时，中间经常会穿插一些广告。对于广告设计人员来说，一个创意很好的广告，第一次被人看到的时候，令人赏心悦目；第二次被人看到的时候，会让人用心注意到他宣传的产品和服务。但如果这样好的广告要在短时间内大密度轰炸的时候，就会令人产生厌恶感。所以，专业人士在做广告宣传时需要有一定的密度，需要从多角度刺激消费者的感官，但要适可而止。

破窗理论——小心，别因小失大

如果第一扇窗户被打破后不及时修好，就很可能会带来无法弥补的损失。

美国斯坦福大学心理学家詹巴斗突发奇想，曾进行了一项很有启发性的实验。

他找了两辆外观一模一样的汽车，把其中一辆摆在一个中产阶级社区，而另一辆摆在相对杂乱的一个社区。他把后一辆车的车牌摘掉，并且把顶打开。结果不到一天，这辆车就被人偷走了。而前一辆车摆了一个星期也安然无事。后来，詹巴斗用锤子把那辆车的玻璃砸了个大洞，结果仅仅几个小时后车就不见了。

后来，美国政治学家威尔逊和犯罪学家凯琳受到这个实验的启示，提出了一个现在我们所说的“破窗理论”：如果有人打破了一个建筑物的窗户玻璃，而这扇窗户又得不到及时维修，别人就可能受到某些暗示性的纵容去打烂更多的窗户玻璃。久而久之，这些破窗户就给人造成一种无序的感觉。

“破窗理论”是人心理的一种潜在的效应。每个人在心里都有一个准则，也有一个大家公认的行为准则。如果这个公认的行为准则遭到破坏，却没有得到相应的反应，那么个人行为的堤坝也会出现漏洞，久而久之，就会走入溃堤的境地。

“破窗理论”在犯罪行为中的体现较为直接，其主要应用在管理上。一位管理学家讲过这样一个故事：

现今企业之间激烈的竞争不仅要求产品要质量一流，而且需要不断提升核心竞争力，制度化建设成为一种卓有成效的措施。但是，现实的情况往往是制度多，有效的执行少。长此以往，企业的发展会很尴尬。对公司员工中发生的小奸小恶行为，管理者要引起充分的重视，适当的时候要小题大做，这样才能防止有人效仿，积重难返。

有一家规模不大的公司，在发展了几十年后，逐渐走入困境。究其原因，主要是公司的老板没有管理理念，很少炒员工鱿鱼。

这一天，资深车工王凯在切割台上工作了一会儿，就把切割刀前的防护挡板卸下放在一旁。没有防护挡板，虽然埋下了安全隐患，但收取加工零件会更方便、快捷一些，这样王凯就可以赶在中午休息之前完成三分之二的工作。

当上午的工作快结束时，车间巡视的主管看到了王凯的做法。主管雷霆大怒，令他立即将防护板装上后，又站在那里大声训斥他半天，并声称要作废王凯一整天的工作。

糟糕的事情还在后面，第二天刚上班，王凯就被通知去见老板。老板说：“身为老员工，你应该比任何人都明白安全对于公司意味着什么。你今天少完成了零件，少实现了利润，公司可以换个人换个时间把它们补起来，可你一旦发生事故、失去健康乃至生命，那是公司永远都补偿不了的……”

离开公司那天，王凯流泪了，工作了几年时间，有过风光，也有过不尽如人意的地方，但公司从没有人对他说不行。可这一次不同，王凯知道，这次碰到的是公司灵魂的东西。

“千里之堤，溃于蚁穴”，这是前人留下来的古训。王凯之所以被炒鱿鱼，是因为公司的老板明白了那些看起来是个别的、轻微的，但触犯了公司核心价值的“小的过错”，很有必要坚持严格管理。不及时修好第一扇被打碎玻璃的窗户，就可能会带来无法弥补的损失。

从心理学的角度分析，“破窗理论”的本质是主张建立一种防范和修复“破窗”的机制，亡羊补牢，并严厉惩治“破窗”者。只有这样，才能防微杜渐，维持秩序和保护集体的行为准则。

心理课堂：

心理学家分析，“破窗理论”的直接受益者是公共，是集体，而不是管理者或哪个人。

在18世纪的纽约，脏乱差现象严重。1994年，新任警察局长布拉顿从地铁的车厢开始治理。

车厢干净了，站台跟着也变干净了；站台干净了，阶梯也随之整洁了。随后街道也干净了，然后旁边的街道也干净了，后来整个社区干净了，最后整个纽约变了样，变整洁漂亮了。也就是说，在公共场合，如果每个人都举止优雅、谈吐文明、遵守公德，往往能够营造出文明而富有教养的氛围。

千万不要因为我们个人的粗鲁、野蛮和低俗行为而形成“破窗效应”，进而给公共场所带来无序和失去规范的感觉，更糟糕的是让自己的心理受到这种效应的影响，做出一些有违自己行为准则的事情来。

鲶鱼效应——竞争使人拥有更强的生存能力

竞争和生存危机对人的心理和个人发展有重要影响，只有在压力和挑战下，人才不会松懈，才不会在安逸中走向灭亡。

在挪威，很多人都酷爱食用沙丁鱼，那里的渔夫在海上捕到沙丁鱼后，如果能让它活着抵港，卖价就会比死鱼高好几倍。但是，由于沙丁鱼生性懒惰，不爱运动，返航的路途又很长，因此捕捞到的沙丁鱼往往一回到码头就死了，即使有些活的，也奄奄一息。

但奇怪的是，有一位渔民的沙丁鱼总是活的，而且很生猛，所以他赚的钱也比别人的多。该渔民严守成功秘密，直到他死后，人们打开他的鱼槽，才发现只不过是多了一条鲶鱼。

原来当鲶鱼装入鱼槽后，由于环境陌生，就会四处游动，而沙丁鱼发现这一异己分子后，也会紧张起来，加速游动，如此一来，沙丁鱼便活着回到港口。这就是所谓的“鲶鱼效应”。运用这一效应，通过个体的“中途介入”，对群体起到刺激竞争的作用，它符合人才管理的运行机制。

心理学家研究这种现象，总结出：鲶鱼是一种生性好动的鱼类，并没有什么十分特别的地方。然而自从有渔夫将它用作保证长途运输沙丁鱼成活的工具后，鲶鱼的作用便日益受到重视。

沙丁鱼，生性喜欢安静，追求平稳，对面临的危险没有清醒的认识，只是一味地安逸于现有的日子。渔夫聪明地运用鲶鱼的好动来保证沙丁鱼活着的数目，在这个过程中，他也获得了最大的利益。

“鲶鱼效应”在自然界普遍存在。科学家曾观察过大自然中的鹿群，他们发现，如果一个鹿群的活动区域里没有狼等天敌，它们缺少危机感，不再奔跑，身体素质就会下降，这个鹿群的整体繁衍就会大受影响。

联系人类的生活和工作，我们发现，那些缺乏竞争的组织，其生命力远远不如在激烈竞争中磨炼出来的组织。因此，心理学家告诫我们，如果你的组织内部缺乏活力，效率低下，那么不妨引入一些“鲶鱼”来，让它搅浑平静的水面，让“沙丁鱼”们都动起来。

心理课堂：

通过对“鲶鱼效应”的分析，我们知道竞争和生存危机对人的心理和个人发展有重要影响，只有在压力和挑战下，人才不会松懈，才不会在安逸中走向灭亡。也只有在压力和挑战下，人才能居安思危，不停地奋斗以立足于这个社会而

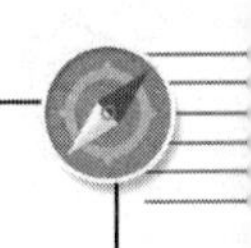

不被淘汰。也只有这样，人们才能充满活力，整个人类社会才能青春永驻。

鲶鱼型人才是出于获得生存空间的需要而出现的，而并非是一开始就有如此良好的动机。对于鲶鱼型人才来说，自我实现始终是最根本的。对于“沙丁鱼”来说，在于缺乏忧患意识。沙丁鱼型员工的忧患意识太少，一味地想追求稳定，但现实的生存状况不允许其有片刻的安宁。“沙丁鱼”如果不想窒息而亡，就应该也必须活跃起来，积极寻找新的出路。

安慰剂效应——要始终心怀希望

人们在认识现实、理解事物时，总会很明显地掺杂很多个人因素，包括期望、经验和信念等。

“安慰剂效应”于1955年由毕阙博士提出，也被称作“受试者期望效应”。

在医学领域，“安慰剂效应”是指在不让病人知情的情况下服用完全没有药效的假药，但却得到了和真药一样甚至更好的疗效。这种似是而非的现象在医学和心理学研究中都并不罕见。由此，不少医生在对病人进行治疗时，不得不将这种“安慰剂效应”考虑进去。

约翰·杜斯是美国一位著名的牙医，也是“安慰剂效应”的研究者。在其27年行医生涯中，就常常遇到这种情况：一些牙痛患者在来到杜斯的诊所后便说：“我一进这里就感觉轻松多了。”其实他们并未说假话，可能他们觉得马上会有人来处理他们的牙病了，从而情绪便放松了下来；也可能像参加了宗教仪式一样，当他们接触到医生的手时，病痛便得以缓解了……总之，这都是“安慰剂效应”产生的心理暗示的作用。

一位心理学家在讲座中叙述了这样一个故事：一队战士在阿尔卑斯山的

风雪中迷路了，却凭借一张地图冷静下来，扎营熬过了风雪，确定了自己的方位，两天后回到营地。当他们讲述着这张非凡的地图的时候，他们的领导却发现，这是一张比利牛斯山的地图。

一张与地形无关的地图帮助人们度过困境，是比较典型的“安慰剂效应”。也就是说，人们以为自己有所依靠，其实什么依靠也没有。就像吃下完全没有疗效的安慰剂一样，有时候却能使人觉得自己真的吃了有疗效的药一样好转起来。“安慰剂效应”的产生前提是：相信则灵。

安慰剂是一个启动力，它使人们感觉有帮助，在这个感觉下，调动自己的头脑积极思考，随后产生主观努力行为。

在现实生活中，“安慰剂效应”也经常出现。例如，一群久居城市，从来没有到过乡村的城里人到野外郊游，到达山腰时，他们为眼前清澈的泉水、碧绿的草地和迷人的风景所深深吸引。休息时，其中一个人很高兴地接过同伴递过来的水壶喝了一口水，情不自禁地感叹：山里的水真甜，城里的水跟这儿真是没法比。水壶的主人听罢笑了起来，他说，壶里的水是城市里最普通的水，是出发前从家里的自来水管接的。

心理课堂：

有人这样解释“安慰剂效应”：采用药物治疗疾病时，在病人毫不知情的情况下，医师开给病人的药剂，虽名为治疗他的疾病，实则只是毫无生理作用的代用品，但病人服用后却仍然发生治疗上的效果。无疑，这是积极的心理暗示在起着潜移默化的作用。安慰剂之所以产生疗效，主要是由于病人相信治疗者的权威和药物所产生的积极作用，由此激发身体机能，首先在精神状态上发生较大的改变。

“安慰剂效应”是心理暗示作用的一个表现。很多疑难杂症或不治之症，靠着“安慰剂效应”所带来的积极作用，使得病人增强了战胜病魔的决心，改善了精神状态，延长了寿命，甚至有个别人奇迹般地获得了康复。

拉图尔定律——名字背后隐藏着文化意义

在人的心理作用下，起名时人的联想能力加强，一些容易造成不雅谐音的名字，最好有意回避。

一位心理学家就苏珊·拉图尔提出的“一个好品名可能无助于劣质产品的销售，但是一个坏品名则会使好产品滞销”这句话给学生进行了深入讲析。

不管是人或者物，名字只是一个代号，但起名却是一种复杂的心理活动。英国著名的戏剧家莎士比亚曾经说过，玫瑰不管取什么名字都是香的。

实际上并不尽然。中国有句古话，“人靠衣妆马靠鞍”。一个好的品名，对创造一个名牌来说，绝不是无足轻重的。

英国的whisky（威士忌）和法国的brandy（白兰地）都是我们较为熟悉的世界名酒，但据一项调查统计，它们在香港市场的命运迥然不同，白兰地的年销售量高达350万瓶，比威士忌高出近20倍。为什么同为名酒，销售量却相差悬殊呢？

心理学家分析后说，问题出在中文译名上。“威士忌”的名字使人理解为连“威风的绅士都忌”，何况吾等凡人，于是避之唯恐不及；而“白兰地”一名使人立即产生一种美好的联想，白兰盛开之地，极其富有诗情画意。

面对一个名字，一般人很少去深思熟虑，只凭第一感觉知道自己的感知，甚至有些人还会望文生义。

中国品牌“娃哈哈”的成功，多少也沾了名字的光。在娃哈哈集团的品牌中，“娃哈哈”、“非常”都很有创意，在品牌名称上，似乎就已先胜一筹。“娃哈哈”名称启迪于那首知名儿歌：“我们的祖国像花园，花园里花朵真鲜艳……娃哈哈，娃哈哈，每个人脸上笑开颜。”“娃哈哈”这一名称容易传播，大众化，极具亲和力。大众、亲和、健康、欢乐是其内涵。

心理课堂：

人名同商品名一样，都会影响形象的建立。在人的心理作用下，起名时人的联想能力加强，一些容易造成不雅谐音的名字，最好有意回避，如李功绩（李公鸡）、韩渊（喊冤）、范婉（饭碗）、谢立婷（药名：泻痢停）、邓佳贝（更加笨）、吕永书（永远输）、沈晶炳（神经病）、陶华韵（桃花运）、杨伟（阳痿）等。

在起名时，还应顾及世俗崇拜心理、排行名次心理、数字心理、绰号心理、审美心理，力求使名字能表示期盼、祝愿、要求、思乡情感、兴趣、爱好等心理活动。

习得性无助——别被常规弄得无所适从

一个人经历了挫折和失败后，面对问题时产生的无能为力的心理状态和行为就是“习得性无助效应”。

1967年，有两个心理学家做了一个实验。实验对象是一只饥饿的小狗，实验地点是安装有两块木板的实验室。

第一天，实验人员将木板设置成按A板可得到肉丸子，按B板会被电击。小狗很偶然地按动了A板，结果得到了一个肉丸子；又很偶然地按动了B板，结果被电击了一下。多次尝试之后，小狗终于知道了只有按A板才可以得到吃的。

第二天，A和B两块板的功能调换了。小狗刚开始当然是不断地按A板，可是每次都被电击，于是它尝试按一下B板，居然得到了肉丸子。多次尝试之后，它终于懂得了只有按B板才可以得到吃的。

第三天的情况又发生了变化，无论按A板还是B板，都会被电击，不再有肉丸子。小狗在很努力地尝试了若干次后，终于学“乖”了，趴在地上不肯按

任何一块木板。

第四天，两块木板的功能又被调整过了——随便按哪一块板都能得到吃的。但当饥饿的小狗再次进入实验室后，实验者等了又等，学“乖”了的小狗却不再做任何尝试了，甚至把肉丸子放到它的脚边，它都懒得去碰。

心理学家将这个实验的结果称之为“习得性无助效应”。这个效应最早由奥弗米尔和西里格曼发现，后来在动物和人类研究中被广泛探讨。“无助”指的是小狗什么都不愿意尝试的状态，但这种无助不是天生的，而是后天习得的。实验告诉我们这样一个道理：如果你像第三天那样，对小狗所做的任何尝试均报以电击，而没有任何肉丸子的话，小狗就不知道什么才是被鼓励的行为，因而变得无所适从，并从根本上失去自信。

“习得性无助感”在一些精神匮乏、意志不坚定的人身上经常体现。而且，这种“习得性无助感”具有迁移性，它对人的心理是一种深层次的影响。

在一个情境中形成的“习得性无助感”会潜藏在意识中，一旦在另一种境遇中遇到挫折和打击，这种“习得性无助”的状态就再次冒出来。例如，在学校里，那些长期处于后几名的学生，在多次遭受失败和挫折后很容易厌学，他们觉得自己怎么努力，结果都是一样，并因此产生“习得性无助感”，并把这种“习得性无助感”迁移到其他的学习活动中。又如一个学生的化学成绩糟糕，他可能会把对化学学习的无助感迁移到数学上，从而对学习数学具有畏惧感，信心降低，导致数学成绩下降，进而产生厌学情绪。最终，这种“习得性无助”的感觉会扩散到生活的各个领域中，一个失败者的雏形开始显现。

克服“习得性无助”的状态成为心理学家研究的一个重要课题。对于存在习得性无助状态的学生来说，最好让学生在学习、做题过程中逐步建立起对学习的信心。比如选择一些比较容易的题目，鼓励他们去尝试。当他们做出题目以后就会有一种成就感，就会增加学习的信心和兴趣。

心理课堂：

心理学家提出了一种心理训练方法——“形象控制训练法”，来对抗

“习得性无助”状态。例如：那些存在“习得性无助”状态的人已经在头脑里建立了自己无能为力的消极的自我形象，要想改变这种状态，就要帮助他们在头脑中建立积极的自我形象来代替消极的自我形象。可采用以下几种做法：

（1）尝试坐到舒服的椅子或者沙发上，闭上眼睛，放松心情，做几次深呼吸。

（2）在身体和心理放松之后，逐渐回忆自己以前的一次成功经历。

（3）引导他们想象自己学好某一学科后的美好情景，比如自己快速解出数学难题的逼真情景，自己被领导夸奖后的喜悦感等。

（4）反复做这样的良好自我形象的想象练习，想象得越逼真越好。

（5）当心理状态调整好之后，再让他在这种良好的自我形象下自己选择做一些较容易的事情，然后逐步增加事情的难度，进一步增加他的信心。

人如果产生了“习得性无助”，就陷入了一种深深的绝望和悲哀中。因此，我们在学习和生活中应把自己的眼光放得再开阔一点，看到事件背后的真正决定因素，不要使自己陷入绝望。同时更要积极引导自己的心理，培养成就感，塑造自己成功者的形象。

罗森塔尔效应——每个人都需肯定的鼓励

哈佛大学的罗森塔尔博士在心理学领域小有名气，1960年，他曾在加州一所学校做过一个著名的实验。

这一年新学期刚开始，校长对两位教师说：“根据过去三四年来的教学表现，我认为你们是本校最好的教师。为了奖励你们，今年学校特地挑选了一些极为聪明的学生给你们教。记住，这些学生的智商比同龄的孩子都要高。”校长再三叮咛：“要像平常一样教他们，不要让孩子或家长知道他们是被特意挑

选出来的。”

这两位教师非常高兴，更加努力地教学。

我们来看一下结果：一年之后，这两个班级的学生成绩是全校中最优秀的，甚至比其他班学生的分数高出好几倍。

知道结果后，校长不好意思地告诉这两位教师真相：他们所教的这些学生智商并不比别的学生高。这两位教师哪里会料到事情是这样的，只得庆幸是自己教得好了。

随后，校长又告诉他们另一个真相：他们两个也不是本校最好的教师，而是在教师中随机选出来的。

在这个实验中，校长撒了谎，这两个班的学生实际上并非是最有发展前途的，只是他本人是权威，他的话也有权威性，以致所有人都相信。这个谎言首先对老师产生了暗示，老师又将自己的心理活动通过语言和行为传递给学生，使学生变得自尊、自爱、自信、自强。给予别人肯定是一种心理的“强化剂”，夸奖的作用也是给予积极的心理暗示。

罗森塔尔的实验提醒我们：自尊心和自信心是人的精神支柱，被别人肯定会激发人潜在的强大力量。

一位心理学系学生在阐述罗森塔尔效应时，引用了这样一个小故事：

卡耐基在很小的时候，母亲就去世了。在他9岁的时候，父亲又娶了一个女人。继母刚进家门的那天，父亲指着卡耐基向她介绍说：“以后你可千万要提防他，他可是全镇公认的最坏的孩子，说不定哪天你就会被这个倒霉蛋害得头疼不已。”

卡耐基本来就打算不接受这个继母，在他心中，一直觉得继母这个名词会给他带来霉运。但继母的举动却出乎卡耐基的意料，她微笑着走到卡耐基面前，摸着卡耐基的头，然后笑着责怪丈夫：“你怎么能这么说呢？你看，他怎么会是全镇最坏的男孩呢？他应该是全镇最聪明、最快乐的孩子才对。”

继母的话深深地打动了卡耐基，从来没有人对他说过这种话啊，即使母亲在世时也没有。就凭着继母这一句话，他和继母开始建立友谊。也就是这一句话，成为激励他的一种动力，使他日后成为一位成功学大师。

著名的心理学家杰丝·雷尔评论说：“称赞对温暖人类的灵魂而言，就像阳光一样，没有它，我们就无法成长开花。但是大多数人，只是善于躲避别人的冷言冷语，吝于把赞许的温暖阳光给予别人。”

有人调侃地把罗森塔尔效应总结为：“说你行，你就行，不行也行；说你不行，你就不行，行也不行。”换句话说，别人的肯定、夸赞是人心理的催化剂，不仅能增强他做事的信心，而且可以调动他最大的积极性和展现最多的智慧来处理事情，以求获得最美满的结果。

心理课堂：

罗森塔尔效应同样给当前的教育以很大的启示。由家长和老师给予的肯定和鼓励，带来的积极的心理暗示是孩子梦想成真的基石。在孩子和学生的眼中，父母和老师通常是最具权威的人，他们的鼓励和期许是最有分量的。爱因斯坦是20世纪最伟大的科学家，但他三岁才会说话，在校成绩较差，有的老师说他“笨头笨脑”，10岁时因学业不好而被开除。

对于这样一个孩子，他的父母给予了多少鼓励才使他有如此辉煌的成就。由此可见，当孩子感受到父母的期望时，就会萌发或增强好学的愿望、向上的志向、勤奋的动力。父母要告诉孩子，他们是世界上最聪明的人，并将良好的积极的期望随时传递给孩子，让孩子对自己增强自信心，对自己的前途充满希望。

第4章

微表情心理学——读懂一张脸，了解一类人

人类到底有多少种表情

一个人的表情主要有三种方式：面部表情、语言声调表情和身体姿态表情。在这三种方式之中，面部是最有效的表情器官，其发展在根本上来源于价值关系的发展。人类面部表情的丰富性来源于人类价值关系的多样性和复杂性。或许我们不知道，每个人的脸部都能够传输信息，它本身就是媒介，一个人的面部表情主要表现为眼、眉、嘴、鼻、面部肌肉的变化。

那么，表情到底是怎么形成的呢？

它通常是指人们通过姿势、态度等表达感情、情意。人们之所以有丰富的表情，那是因为人们有着丰富的表情肌。表情肌是头肌的一类，大多起自颅骨的不同部位，止于面部皮肤，主要分布于面部孔裂周围，如眼裂和口裂周围，有闭合或开大上述孔裂的作用，同时牵动面部皮肤，显示喜怒哀乐等各种表情。在生活中，由于日常交际的需要，人们拥有了丰富的表情。

下面，我们列举出几种常见的表情器官，这其中的表情，你是否可以辨别呢？

1.眼睛

它是心灵的窗户，可以最直接、最完整、最深刻、最丰富地展现出一个人的精神状态和内心活动，可以冲破习俗的约束，进行心灵之间的交流。无疑，眼睛是情感的第一个自发表达者，通过眼睛，可以看出一个人是欢乐还是悲伤，是烦闷还是高兴，是讨厌还是欣喜。同时，我们还可以从眼睛中判断出一个人是否在说谎，是诚恳还是虚伪。比如，正视他人，这表示其内心是坦诚的；眼神躲躲闪闪，这表示其很心虚。

眼睛的瞳孔可以反映一个人的心理变化：当人们看到自己喜欢的东西时，瞳孔会不自觉地放大；而看到自己厌恶的东西时，瞳孔则会缩小。

2.眉毛

别看眉毛好像没什么表情，其实它也隐藏着不少的秘密。眉毛之间的肌肉皱纹可以表达人的情感变化。比如，柳眉竖立表示这个人在生气，横眉冷对则表示有敌意，挤眉弄眼表示戏谑，低眉顺眼表示顺从，扬眉表示心中的畅快，眉头舒展表示一切问题都解决了，眉梢有喜表示愉悦的心情。

3.嘴巴

嘴部的表情主要体现在口型变化上。比如，伤心时嘴角会下撇，高兴时嘴角会提升，委屈时会撅起嘴巴，惊讶时会张口结舌，生气时会咬牙切齿，强忍痛苦时会咬住下唇。

4.鼻子

鼻子也有表情显现的，比如心情烦闷时会耸起鼻子，轻蔑时会嗤之以鼻，生气时会鼻孔会扩大，鼻翕抖动，紧张时鼻孔会不自觉地收缩，屏息敛气。

5.面部

面部表情是最为丰富的，比如肌肉松弛表示心情愉快、轻松，肌肉紧张则表示内心痛苦。

心理课堂：

当我们在“阅读”一张脸时，不经意会发现隐藏在表情里的非常多的信息，其中还包括了脸部的基本结构和肌肉特性：你所看见的这张脸是长且棱角分明，还是又圆又胖？一般情况下，当我们在生活中看到一张陌生的面孔之后，往往会翻开自己的名片夹，在之前认识的人中寻找出他们相同的地方。与此同时，我们会根据对方的眼镜、妆容、文身或穿孔等人为装饰做出自己的判断。

常见神态表情里的情绪密码

一个人只要头脑还保持清醒，那他就会持续接收和处理各种来自外界的信息。比如让人欢喜的事情、让人烦闷的事情等，这些可以刺激到内心情绪的事情发生之后，除了引起我们本能的反应之外，还有可能引起不同层次的情绪反应。相应地，遇到欢喜的事情会高兴，遇到烦心的事情会悲伤。与此同时，我们外在的面部以及身体姿势，就会呈现出各种各样的神态表情。

通过大量的实验表明，人脸的不同部位具有不同的表达情绪的作用。比如，眼睛对表达忧伤情绪很重要，口部对表达快乐与厌恶情绪很重要，眼睛、嘴巴和前额等对表达愤怒情绪很重要。人们之所以会呈现出不同的表情，那是源于其内心的情绪不同。当一个表情呈现出来之后，我们就可以判断出当事人正处于何种情绪。

1973年，美国心理学家拜亚曾经做过这样一项实验。他让一些人表现愤怒、恐怖、诱惑、无动于衷、幸福、悲伤等6种情绪表现方式，再将录制后的录像带放映给许多人看，请观众猜何种表情代表何种情绪。其最后结果是，观看录像带的这些人，对这6种表情，猜对者平均不到2种。由此可见，表演者即便有意摆出愤怒的表情，也会让观众以为是悲伤的情绪。

在人类的心理活动中，表情是最能反映情绪表面化的动作。简单地说，表情是情绪的外在写照，是传递情绪变化信息的显示器。

大部分的人将常见表情分为7种，这7种表情都表达了不同的情绪。

1.高兴

人们在高兴时的表情表现为：嘴角上扬，面颊上抬起皱纹，眼睑收缩，眼睛尾部会形成“鱼尾纹”。

2.伤心

人们在伤心时的面部表情呈现为：眉毛收紧，嘴角下拉，下巴抬起或收紧。

3.恐惧

人们在恐惧时的表情呈现为：嘴巴和眼睛张开，眉毛上扬，鼻孔张大。

4.愤怒

人们在愤怒时的表情呈现为：眉毛下垂，前额紧皱，眼睑和嘴唇紧张。

5.厌恶

人们在厌恶时的表情呈现为：嗤之以鼻，上嘴唇上抬，眉毛下垂，眯眼。

6.惊讶

人们在惊讶时的表情呈现为：下颚下垂，嘴唇和嘴巴放松，眼睛张大，眼睑和眉毛微抬。

7.轻蔑

人们在轻蔑时的表情呈现为：嘴角一侧抬起，作讥笑或得意笑状。

心理课堂：

当我们在遭受外界刺激的时候，第一反应是惊讶，然后，我们会产生两个方向的情绪：积极方向的情绪是不同程度的愉悦，消极方向的情绪则会依据刺激程度的不同，而衍生出厌恶、愤怒、恐惧、悲伤。作为微表情的前辈学者保罗·埃克曼教授，他提出："人类拥有6种跨种族、跨文明、跨地域的通用情绪和表情：喜悦、悲伤、愤怒、厌恶、惊讶和恐惧。"虽然，情绪和表情这两者从表面上是不同的，但两者却是互相联系的。情绪用于处理外界带来的不同刺激，表情则是人类的另外一种交流方式。不过，这些情绪和它们所驱动产生的表情之间，有着天然的联系。假如我们可以通过外在的表情进行剖析，分析出面部表情背后的情绪，那我们就可以知道他人内心的真实想法。

微表情所呈现的复杂的心理活动

在生活中，一些普通和常见的表情，是大多数人都会快速识别的，而且可以通过这些表情判断出当事者的心理活动。通常情况下，年龄不超过3岁的婴儿，根本没有办法识别所有的基本表情，不过，对于那些心智正常的少年，以及年龄更大的人，他们对于生活中普通的表情通常不会存在识别上的障碍。但是，表情，它既是简单的，同时也是复杂的。说它简单，在于一个人的脸上只会露出喜悦、悲伤、愤怒、厌恶、惊讶和恐惧这6种表情，很容易辨别；说它复杂，在于表情背后的意义，可能只是一个简单的表情，所透露出来的意义却是不同的，甚至，在表情之间，一些细微表情的插入，也会给我们的识别工作带来障碍。

其中，微表情就属于复杂的表情。有时候，我们觉得某些表情看上去很眼熟，但却难以准确地判断出当事者的心境，虽然会有所察觉，但不够清晰、不确定。况且，若是遭遇那些自控能力超强的高手所露出来的表情，不管是面无表情还是逼真的表情，都容易迷惑我们，不容易识别。

1966年，海格和萨克斯率先发现微表情，认为它与自我防御机制有关，表达了被压抑的情绪。但在当时，他们的研究并未引起重视。1969年，一个偶然的机会，艾可曼和福里森也独立地发现了微表情。他们受一位精神病学家的委托，对一段录像进行检测。在这段录像中，抑郁症患者玛丽似乎并无异常表现，显得很乐观，笑得很多，表面上没有任何企图自杀的迹象。艾可曼和福里森在对该录像进行慢速播放并逐帧检查时发现，玛丽在回答医生提出的关于未来计划的问题时出现了一个强烈的痛苦的表情。在整段视频中，这个表情只占据了两帧画面，持续时间仅为1/12秒。对这样一闪即逝的表情，他们称之为微表情。

原来，微表情既可以包含普通表情的全部肌肉动作，也可能只包含其中的一部分。微表情通常会在人们想撒谎时出现，流露出想压抑与隐藏的真实情感，这是一种自发性的表情动作，但因其复杂性，给我们识别真实心理活动带来了一些障碍。

心理课堂：

由于表情的复杂性，我们需要能够拆开并熟悉表情细微变化所属的表情特征之外，还需要稍微多一些分辨表情真假的能力。通常情况下，情绪引发的真情为真，思维控制的表情为假。复杂的表情，通常是真假混合为一体的，这样的表情带有表演的痕迹。当我们在考虑需要露出一个伪装的表情，通常会需要通过想来完成，不过，在思考之前，有一个十分短暂的瞬间，这时身体会做出相应的反应和变化，其中包括脸上的肌肉运动。在这个过程中，难免会露出一点真情绪，不过，很快思考之后，虚假的表情就会呈现出来，即便表演得很高明，但难免会有痕迹，这就是复杂表情的发展过程。

喜悦微表情——笑容是最复杂的表情

虽然，我们将喜悦的表情定义为“笑”，但是，当我们遇到各种不同的喜事时所呈现的表情是大不一样的，这是因为喜悦的程度往往是不一样的。有可能我们遇到的是一件愉快的事情，也有可能是天大的喜讯，当这些不同的喜事出现的时候，体现在身体上的表情是不同的。

人们在开心时会不由自主地笑，笑是人的一种平和心态以及善良的内心表现，同时也是一个人体内安多芬分泌物增高的时候。当外界的一种笑料变成信号，通过人的感官传入大脑皮层，大脑皮层接到信号，就会立即指挥全身肌肉或一部分肌肉动作起来，于是出现了笑。有的是嫣然一笑，笑容可掬，这是一种轻微的脸部肌肉动作；有的则是爽朗的笑，这样不仅脸部肌肉动作，而且发声器官也动作起来；有的是捧腹大笑，这时会手舞足蹈，甚至全身肌肉、骨骼都动员了起来。

下面，心理学家就列举遇到各种喜事的不同喜悦表情：

1.生活小喜

生活中经常会出现一些小喜，诸如早上起来发现空气很清新，到了公司发现今天的工作很容易，下班时接到了朋友的邀请电话，等等。这些小喜事虽然难以给我们的心情带来很大的波动，但足以让我们露出微笑。这差不多算是最自然的微笑，当我们想到这些美好的事情，便会不自觉地露出笑容。

2.人生大喜

人生大喜也就是对于一个人一生而言的大事，诸如他乡遇故知，金榜题名时，洞房花烛夜。因为这些事情对于我们一生而言，都是一件大喜事，对于这样的喜事，不仅仅会笑，简直是喜极而泣，也就是说高兴到了流泪的程度，也可以用手舞足蹈来形容。这时的表情是复杂的，因为内心的喜悦之情是无法用语言来描述的，因此其表情有可能会走向极端，比如大哭，这表示着期待已久的事情终于成真了，所以情绪与表情才会呈现如此复杂的情形。

3.意外之喜

所谓的意外之喜，也就是我们意料之外的喜事，诸如捡到了钱，中了大奖，等等。既然是意外之喜，那定能给我们的情绪造成极大的波动，尤其是中了大奖。当这个人无意中得知自己中了大奖，一定先会是惊讶、不相信，继而是狂喜。如果一个人心理承受能力相对薄弱，那估计精神会暂时失常，导致理智不清。狂喜的表情是可以想象的，大笑，整个身体都会露出笑的表情，连走路都带着欢悦的情绪。

有人说，笑容是最复杂的表情，这是一种很复杂的生理运动。微笑可以适用于各种社交交往情境，甚至可以在没有相应情绪的情况下，轻松地做出礼节性的微笑表情。对于这样的情况，捕捉、过滤和分析笑容，也是不容易的。生

活中，我们经常会看见大笑的表情，大笑时整个脸部都发生了明显的变化，甚至这样的表情超过了其他的表情，就好像痛哭一样。

不管是大笑还是微笑，都是由两组肌肉主导而成的。第一组是笑容专用肌肉——颧大肌，颧大肌十分专业，其作用是将嘴角向两侧拉伸、向上提起，主导促成了整个下半脸的全部笑容形态，其他肌肉的运动就开始配合这个主导动作。第二组是眼轮匝肌，这个器官在许多表情中都会起作用，比如厌恶、愤怒等。在大笑中，眼轮匝肌是不可缺少的，假如笑容中仅仅有嘴部的动作，而没有眼部的动作，那整个笑容看起来就是虚假的笑容，类似于皮笑肉不笑。

那么，在大笑中，如何可以看出对方是否全身心投入呢？

1.眼睛的变化

当强烈的愉悦情绪一旦产生，就会触发眼轮匝肌的强烈收缩。这时在强烈收缩的作用下，笑容中最明显的变化就是下眼睑会凸出、变短，向上提升并遮盖部分虹膜下缘。与此同时，由于上下眼睑的互相积压，鱼尾纹就会在眼角外侧出现。因为脸颊的隆起和提升，脸颊和下眼睑之间形成笑容特有的表情。

最关键的一处在于，大笑时眼睛的闭合大多数是从下往上的，下眼睑绷紧并向上闭合为主导，下眼睑的下压动作十分小。而这样的形态只会出现在笑容中，在其他表情的眼睑闭合中，都是上眼睑的动作为主导。

2.嘴和脸颊的变化

在大笑时下半脸主导肌肉是颧大肌，强烈的收缩会将嘴角向两侧耳朵的方向拉伸，这让上唇提升并拉长，这时提口角肌、提上唇肌等其他与上唇相连的肌肉也会收缩，不过，这些动作并不会起到主导作用，而是在颧大肌的动作下配合运动。上嘴唇在这些肌肉的影响下，几乎提升到最高位置，将上齿全部露出，甚至还会露出部分上齿牙龈。

大笑时下颚下垂，使嘴巴张开。这与惊讶和恐惧表情不一样的是，大笑时的下巴不会下拉，而且还会向颈部移动后贴。这时下嘴唇会被大幅拉伸，表面变得平滑，上唇的提升在颧大肌、提口角肌、提上唇肌和上唇鼻翼提肌的一起作用下，其提升程度充足，鼻翼两侧因挤压出来的“沟”也特别长。但是，如果是虚假的笑容，其嘴部的动作就不会有这样程度的表情显现。

心理课堂：

为什么说笑是喜悦的表情，那是因为笑的本质是精神愉快。在生活中，笑的形式可以说是多种多样，千姿百态，无时不有，无处不有。而且，笑是反映内心的一种面部表情，满脸春风，笑逐颜开，笑得合不上嘴，等等，这都是人们呈现出来的不同的喜悦表情。

愤怒微表情——及时感知他人的内心怒火

在人类的成长过程中，愤怒这种情绪出现得比较早。据说，出生3个月的婴儿就会有愤怒的表现，其原因在于限制婴儿探索外界环境。比如，当我们约束婴儿身体的活动，强制婴儿睡觉，限制他的活动范围，不给他玩具，等等，这些都可以引起婴儿的愤怒。当我们面对一个出生不到3个月的婴儿，我们依然可以感知到其内在的愤怒情绪，通过其愤怒的表情，诸如哭闹、手足舞动等，我们就可以判断出他在发脾气。当然，在成年人身上，愤怒依赖于人已形成的道德准则，这差不多算是道德范畴。由于愤怒的强度和表现与人的修养有着密切的关系，因此，这给我们判断对方是否处于愤怒情绪带来了极大的难度。因为在这样的情况下，即便是一个面无表情的人，也可能内心燃烧着熊熊大火。对此，我们需要察言观色，及时抓住对方愤怒的微表情，以此感知到对方燃烧起来的愤怒火苗。

清朝时，一位新上任的县令，初次去拜见上司，想不出该说什么话。沉默了一会，忽然问道："大人尊姓？"这位上司很吃惊，勉强说了姓某。县令低头想了很久，说："大人的姓，百家姓中所没有。"上司更加惊异，说："我是旗人，贵县不知道吗？"县令又站起来，说："大人在哪一旗？"上司说：

“正红旗。”县令说：“正黄旗最好，大人怎么不在正黄旗呢？”上司勃然大怒，问：“贵县是哪一省的人？”县令说：“广西。”上司说：“广东最好，你为什么不在广东？”县令吃了一惊，这才发现上司满脸怒气，赶快走了出去。不久，这位县令便被借故免职了。

看完这个故事，我们不仅为那位愚蠢的县令捏一把汗。在整个对话过程中，我们是可以感知到上司愤怒情绪的，诸如“吃惊”、“勉强说出了姓某”、“更加惊异”，直至最后的“勃然大怒”。其实，愤怒情绪的产生到爆发，这是一个由浅到深的过程。在前面的几次对话中，如果县令懂得察言观色，及时地感知到上司的怒火，那他也不至于落到免职这样的下场。

通常一个人愤怒的情绪的外显表情是以下几种：

1.脸色的变化

当一个人处于愤怒情绪中，但因情境逼迫，又不好当场发作，他会强忍着这种愤怒情绪。这时因内心情绪的强行积压，难免会给其脸色带来影响。当一个人在强忍怒火的时候，其脸色是紫色的，我们常说“脸都涨成了猪肝色”，实际上就是这个道理。

2.声调的变化

当一个人情绪处于正常情况时，他的声音不高不低，就好像一条平静流淌着的河流一样。但如果他遇到了一件非常愤怒的事情，那他的声调可能会突然拔高一个调子，就是声音突然大了起来。当然，也有人在越是生气时，声调越是平和沉静，这时我们就需要从其他微表情入手了。

3.姿态表情

一个人在愤怒时，通常还会伴随着一系列姿态表情，比如一个人生气时先是呵斥几声，然后脸红脖子粗，继而拍桌子叫板，这是大多数人在生气时的拿手好戏。因此，当我们发现某人姿态表情有异样的时候，就需要注意了，有可能对方正在愤怒中。

愤怒，指的是当愿望不能实现或为达到目的的行动受到挫折时引起的一种紧张而不愉快的情绪。当来自外界的负面刺激的力度升级，超越了厌恶情绪的极限，让当事人感到威胁的时候，就会激发出内心深处的愤怒情绪。愤怒情绪的特征是有攻击性，愤怒者会试图去除或消灭刺激源。同时，愤怒时的表情大概是这样子的：上眼睑提升，下眼睑紧绷，眼睛瞪得越大表明内心愤怒情绪越强，愤怒时通常还配有眉毛的下压。

那么，怒火燃烧的根源在哪里呢是——威胁。

1.抽象的威胁

当然，并不是单纯的形态上的威胁，诸如口头警告，有人拿着武器恐吓等，更多的是抽象的，也就是当事人主观认为可能会造成伤害的情景。愤怒者会对刺激源能否形成威胁进行评估，假如认为威胁经过自身努力可以消除，那么就可能心生愤怒；假如没有消除的念头和信念——恐惧，那就只会厌恶。

2.驾驶的愤怒

所谓驾驶的愤怒，也就是事故会造成定损，这会直接影响后面一段时间正常生活的安排。

3.自由受限

当一个人的自由受到限制之后，他就会心生愤怒，比如青少年被父母强行锁在房间温习功课。本来青少年可能会想和朋友出去玩，但父母这一举措却将自己美好的愿望破坏了，因此他会感觉到异常愤怒。

4.利益斗争

人们因为利益斗争，也会感到很生气。当然，利益本身只是表象，利益受损所代表的未来威胁才是核心问题。

5.自己被否定

当自己被直接否定，被人说："你太差了！"诸如这样的话，也可以引发愤怒的情绪。或遭人轻视、轻蔑、不屑，以及基于轻视所表现出来的挑衅、不尊重等多种形式。

总而言之，我们可以将愤怒的刺激源总结为对所关心之事的威胁，而且这样的源头可以追溯到原始时代对生存和繁衍的威胁。这是科学的解释。在日常生活中，我们应该及时找到自己愤怒的根源。想必我们都明白这样一个道理：阻碍大火向四处蔓延的唯一有效方法是，彻底消灭火源。在这个世界上，并没有无缘无故的气，它始终是源于一个点。心理学家认为，一个人心中的怨气

是一点点郁积起来的，或许，在刚开始，我们的心情只是稍微有点不愉快，但是，如果这时候再遇到一系列令人头疼的事情，这样的情绪就会升温，火势开始迅速蔓延，最终所形成的结果无异于“火山爆发”。对此，找到“怒火源”真的十分重要。

心理课堂：

在日常交际中，需要我们具备一双火眼金睛，不仅如此，还需要我们心细如发。当我们看到对方的神色有异，或是捕捉到其特别的微表情，就应该加以揣测，及时地想好回应的方式。否则，对方已经在生气了，我们还丝毫不知情，这样就给我们的交际带来很大的不便。

惊讶微表情——对不可思议事情的应激反应

惊讶，也就是惊奇、惊异的意思。惊讶，它应该是先从眼睛开始的，因为只有眼睛看到了某些意外的场景，我们才会露出惊讶的表情。因此，在“惊讶”这个表情中，我们可以感受到对方目光中的不可思议。

假如没有特别意外的场景出现，我们眼里是不会露出惊讶表情的；假如生活中的那些事情是按照正常秩序发展的，我们也不会惊讶。可以让我们露出惊讶表情的，那定是意想不到的事情，就是我们想破脑袋也想不出来的事情。这样的事情被我们称之为意外的刺激。一旦大脑接受到这种信息，那我们本来正常的目光会变得不可思议，与此同时，我们还会摇动自己的头部，以此配合“不可能”、“不可思议”的表情。当我们在一个人眼睛中看到了不可思议的目光，那就可以断定，这个刺激源是他没有想到的，引起了他的警觉，这样的刺激源是有分析价值的。

小月是公司的总经理，从大学毕业到现在，她一直就职于这家公司，从一个普通的小职员坐到了公司总经理的位置，这对于小月而言，本身是很不容易的。相比较那些依靠关系进公司来的公子小姐们，她更珍惜自己现在的成绩。

然而，在公司周一的例会上，她却意外地遇到了一个人。在开会之前，董事长就把小月叫到了办公室："今天我们公司来了一位新同事，未来你和他就是咱们公司的左臂右膀，我希望你们能好好相处，争取把公司做好做大。"小月点点头，不过，她没有想到，这位即将到来的同事就是自己昔日的好友——娜娜。当董事长将娜娜介绍到自己面前，小月眼睛睁得很大，目光里满是惊喜，没想到毕业这么多年以后还会再见昔日的朋友。而娜娜的目光里也满是不可思议，她没想到，昔日那个自己看不起的"农村丫头"竟然成为公司的总经理。伴随着不可思议的目光，娜娜不自觉地摇摇头。不过，两人惊讶的目光只是一闪即逝，随后便是一个示意的微笑。

在两人碰面的那一刹那，彼此目光中都满是不可思议，但两人目光中的含义却是不同的。小月所惊讶的是，竟然在多年以后还能见到自己昔日的朋友，那是一种惊讶和喜悦的复杂情绪；而娜娜觉得不可思议的是，自己曾经看不起的"农村丫头"竟然成为了公司总经理，这是纯粹的惊讶情绪。

惊讶情绪所产生的刺激源十分简单，也就是当事人所关心的意外变化。由惊讶和喜悦所组成的复杂表情——惊喜，简而言之，也就是意外之喜。我们先来剖析惊讶情绪的表情呈现：额肌充分收缩，双眉大幅度提升，通常情况下，年龄大的人，其前额会产生水平的皱纹，而年纪较轻的人，前额可能平坦，没有皱纹；上睑提肌收缩，在额肌收缩的共同作用下，使得上眼睑大幅度提升，眼睛睁大，露出虹膜上缘的眼白部分；嘴巴不自觉地张开，配合一次快速吸气，只有下唇在下颚的带动下自然向下轻微张开，嘴唇表面皮肤不会变紧，不向两侧拉伸，这就是惊讶的表情呈现。

至于喜悦的表情，我们在前面已经详细描述过了。结合惊讶和喜悦情绪的表情呈现，我们可以得出惊喜情绪的表情呈现：上眼睑的上提和虹膜上缘的充分露出，证明了惊讶情绪的存在，同时面露笑容，表示对于意外之喜的喜悦之

情。如果用文字解释，那就是：在不足一秒的快速惊讶之后，发现刺激源是积极的，且力度很大，可以让人产生强烈的满足和愉悦，这就是惊喜。实际上，惊喜的表情关键在于眉梢和嘴巴：眉梢上扬，表示内心的喜悦；嘴巴轻微张开，表示惊讶。

晚上八点，小雯无聊地摆弄着手机，有一句没一句地跟远在老家的男朋友聊天。男朋友发来信息：“你在干吗？”小雯没好气地回了一句：“无聊啊。”发完了信息，索性躺在床上微闭着眼睛。

这时传来了一阵敲门声，小雯打着哈欠：“谁呀？”门外没有回答，但放在一边的手机却响了起来，小雯拿起手机，一看是男朋友，他打电话干什么呢？接了电话，只听男朋友说：“宝贝，开门。”小雯一个箭步跑过去，拉开房门，发现满脸疲惫的男朋友站在门外，小雯嘴巴微张着，眼里满是惊讶：你怎么会在这里呢？男朋友双手递上玫瑰花，说了一声：“亲爱的，情人节快乐！”小雯笑了，眉梢上扬，嘴角露出一丝微笑，一把搂住了男朋友的脖子。

在这个案例中，小雯惊喜的表情一览无余：嘴巴微张、眼里满是惊讶、眉梢上扬、嘴角露出一丝微笑。本来，看到男朋友站在门外，小雯首先是惊讶：远在老家的男朋友怎么会在这里呢？然后，看到男朋友递过来的玫瑰花，才知道男朋友不远千里来看自己，只是为了陪自己过一个情人节。在那瞬间，她内心有一种喜悦的幸福感在悄悄弥漫开，也因此才会露出这样的表情。

心理课堂：

当一个人的内心涌动着惊讶的情绪，那最先呈现出来的应该是其眼神。不可思议的目光、扩张的瞳孔，都使得整个表情看起来更生动、更形象。眼神所传递出来的信息是复杂的，同时也是最直接的，因为清澈的眼睛是不欺骗人的。因此，如果我们想判断对方是否正处于惊讶的情绪中，那首先应该观察其眼神，是否放射出不可思议的目光，继而再判断他是否处于惊讶之中。

恐惧微表情——对不安内心无意识的压抑

恐惧，也就是惊慌害怕，惶惶不安。从心理学的角度而言，恐惧是一种有意识企图摆脱、逃避某种情景而无能为力的情绪体验。它主要表现为生理组织剧烈收缩，身体能量急剧释放。通俗地说，恐惧是因受到威胁而产生并伴随着逃避愿望的情绪反应。

早在一百多年前，著名的生物进化论学家达尔文发现，哺乳动物的恐惧表情与人类的恐惧表情几乎是一样的。在恐惧的瞬间表现为：眉梢上扬、瞳孔扩大、眼光发直、嘴巴张大，无意识地惊声尖叫或呼吸暂停、憋气、脸色苍白、表情呆若木鸡。更大的恐惧之后，人们会伴有肌肉的紧张发硬、不由自主地震颤、毛发竖立、全身起鸡皮疙瘩、毛孔张开、冷汗直流。同时，内脏器官功能亢进、肾上腺素分泌、血压升高、思维变慢或停滞，这就是我们常说的“吓傻”了。一些身体较弱的人还会出现短暂的昏厥，其心理机制是对恐惧情景的一种快速逃避反应，晕过去了，什么都不清楚了，恐惧感也就不存在了。有时候，人们在恐惧之后还会出现选择性遗忘，这是对恐惧体验的一种无意识压抑，只有在催眠状态下才能唤起这之前对于恐惧的回忆。

那么，诱使人们内心产生恐惧的事物到底有哪些呢？

1.怕生

对陌生的恐惧并不是只有孩子才会产生的恐惧心理，即便是一个成年人，在与陌生人接触的时候，他也存在一定的恐惧心理。他会担心陌生人的欺骗，甚至害怕对方给自己带来不利。

2.恐物

有的人会对特定的物品表现出恐惧，有的人对巨大的东西表现出恐惧，

有的人却对老鼠这样小的动物产生恐惧。甚至，有的人在坐电梯时也会心生恐惧，他们担心电梯在运行的过程中会突然降下来，或自己被困在电梯里，当然，这是一种对未来发生事情的担忧。

3.突发事件

当我们经历或目睹某些突发事件，会给我们的心理带来强烈的震动。这种恐惧往往是深刻而持久的，十分强烈的刺激甚至可以伴随我们一生。经历突发事件后，人们在一段时间内表现得十分胆小，睡眠中可能会被突然惊醒，醒后依然恐惧不已。

4.对鬼神与影视镜头的恐惧

当我们听别人讲一些神鬼妖怪的故事时，也会使我们产生恐惧，假如对方在讲鬼怪故事时加上表情动作的渲染，那我们会更加害怕。

心理学家认为，每个人在潜意识中都会或多或少地存在着未解决的恐惧冲突，比如对衰老和死亡的恐惧，对危险的恐惧，对失控或精神错乱的恐惧，对自我暴露的恐惧，对失去或改变的恐惧，等等。这些未解决的恐惧感会或多或少地影响我们内心情绪的和谐，且逐一呈现在面部表情中。恐惧情绪其实是由愤怒情绪发展而来的。通常而言，愤怒的情绪会让人产生反抗威胁，刺激源的力度尽管够大，不过在当事人的主观评估里，是可以通过战斗来改变或消除的。不过，一旦刺激源的力度超过了当事人的心理承受能力，愤怒将会转换为恐惧情绪。可以让人产生恐惧情绪的刺激源，同样会对当事人产生威胁，不过这种威胁更多的是针对生存，而且具有压倒性。

当然，只有在面对生死危机的时候，人类才会出现饱满的恐惧表情，其中包括三项最基本的典型特征：眉头向中间聚拢、上扬，眼睛睁大，张开嘴。其实，这样的表情呈现与饱满的愤怒表情十分相似，同样都是皱眉、睁大眼睛、张开嘴。从表面上看，这两种表情的特征差不多是一致的。

下面是饱满恐惧表情的肌肉运动和形态特征：

（1）皱眉肌收缩，双眉向中间皱紧，形成纵向皱眉纹。

（2）额肌中间收缩，向上提升两侧眉头，在额前形成倒U形皱纹。

（3）上睑提肌收缩，试图提升上眼睑，不过，因为眼轮匝肌和皱眉肌的反向运动受到抑制，在上眼睑的皮肤上形成对角线褶皱。假如没有受到抑制，可以分析出虹膜上缘会全部露出。

（4）提上唇肌和上唇鼻翼提肌共同收缩，提升上唇，露出上齿。

（5）颈阔肌收缩，将嘴角向两侧拉开，使嘴的水平宽度比正常状态更大。

（6）降下唇肌收缩，将下唇向下拉低，露出部分下齿。

最后，我们特别强调的是在饱满的恐惧表情中，其与愤怒表情的差异：双眉下压并紧皱，但如果仔细观察，会发现恐惧表情的眉头是上扬的，并在前额中形成倒U形细纹；虽然两者都是将上眼睑尽力提升，不过，由于眉毛用力方向的区别，导致上眼睑皮肤上挤压形成的褶皱角度不同；在嘴部表情上，虽然两者都是张开嘴，甚至有可能都是大喊发声，不过，如果仔细观察嘴张开的宽度和高度，两者会有细微的差别。恐惧表情中的口型，是没办法发出犀利且具有威胁性的声音。而且，因口型不同，引发的鼻唇沟形状也是完全不同的。

心理课堂：

当然，人们的大多数恐惧情绪是后天获得的，恐惧反应的特点是对发生的威胁表现出高度的警觉。假如威胁一直存在，人们目光凝视含有危险的事物，随着危险的不断增加，可能发展为不容易控制的惊慌状态。当恐惧感极具强烈时，还会出现激动不安、哭、笑、思维和行为失去控制，甚至出现休克的情况。在恐惧时，通常的生理反应是心跳猛烈、口渴、出汗和神经质发抖等。

厌恶微表情——对不喜欢的事物本能的排斥反应

厌恶，它本身是一种反感的情绪，不单单是味觉、嗅觉、触觉，或许想象、耳闻、目睹都会导致厌恶感，而且人的外表、行为甚至思想都会导致同样的结果。在生活中，有的人外表会让人看起来很不舒服，心里会觉得恶心，忍不住作呕吐状。而每个人厌恶感产生的根源是不一样的，比如有的人讨厌看到畸形、残疾人或十分丑陋的人；有的人无法忍受看到受伤的人和他们暴露在外的伤口；有的人则讨厌看到血和外科手术；有的人会憎恶某些人的行为，比如虐待或折磨动物；有的人讨厌那些嗜好变态行为的人；有的人讨厌某些宗教或某些人所倡导的低级、卑劣的行为。对此，有心理学家给厌恶下了这样的定义：厌恶归根到底是肮脏或者恶心的东西给人造成的一种口腔感觉。

那么，厌恶情绪到底是怎么形成的呢？

相关的心理学家认为，一个人通常会在4～8岁之间形成厌恶的情绪，也就是说，在这个年龄段，厌恶才独立出来成为人的一种情绪。4～8岁的孩子会因为觉得东西不好吃而不吃，不过，他们并不太懂得厌恶，比如心理学家让孩子和成年人去触摸和品尝小狗粪便状的巧克力，在这个年龄段以下的孩子就不会想到有多恶心，而大多数的成年人会拒绝这样做。一样的道理，假如我们将一只消毒过的蚱蜢放到牛奶和果汁里，那4岁以下的孩子是不会拒绝把这杯牛奶或果汁喝下去的。

在这里，我们额外补充一些关于厌恶的知识。虽然，恶心的东西会让我们感到厌恶，但同时它也有一种吸引力，一种魅力，因此，我们可以解释为什么自己总愿意看到血淋淋的事故现场，不舍得转移视线，喜欢看恐惧片。就我们自身而言，自己的鼻涕、排泄物都是肮脏而恶心的东西，不过我们仍然会好奇。大多时候，我们会对那些所谓的恶心的东西充满好奇心，只是自己常常不愿意承认罢了。

厌恶情绪的表情呈现是：眯紧眼睛，表示自己不愿意看；皱起鼻子，表示自己不愿意闻；嘴角向后咧，有时候还会伴随吐舌头的动作，这表示自己不愿意吃。厌恶情绪的根源，也就是对腐烂食物的排斥，这是因为当人们吃过腐烂食物之后，引起了身体的强烈不适，呕吐、生病甚至死亡。因此，一旦人们看到、闻到和品尝到腐烂食物的时候，就会本能地排斥这些东西，这应该是人类进化过程中积累下来的一种本能反应。

厌恶情绪最基本的特征，其实是一种口腔感觉：呕吐。从这个角度分析，我们可以得出：几乎所有人都厌恶的东西主要是人自身产生的一些东西：呕吐物、粪便、尿、黏液以及血。在1955年，美国著名的心理学家戈登·奥尔波特提出了厌恶的“想象实验”，通过实验对象在脑海里的想象来证明自己的观点。对此，他对那些实验者说：“首先想象咽下自己的唾液，或者真的咽下一口唾液。想象将这些唾液吐到杯子里，再将它喝下去！这些天然而且属于自己的唾液马上就变成了陌生而恶心的东西。”而另一位心理学家罗金确实进行了这个实验，他让受试者往杯里吐出唾液之后再喝下去，他发现奥尔波特对于“所有人厌恶的东西主要是人自身产生的一些东西”这一结论是正确的。即使唾液在一秒钟之前还在自己嘴里，他们都不再愿意将它喝下去。当这些东西在我们身上时，或许大多数人都不会觉得厌恶，不过，一旦这些由我们自身产生出来的东西离开了我们的身体，我们就会觉得它们十分恶心。

下面，我们来解析厌恶的饱满情绪：

1.呕吐

在上面我们已经说过，厌恶表情的最根本特征，源自一种身体行为：呕吐。在呕吐这个动作中，为了把嘴张到最大，除了下颚向下打开之外，人还会本能地提升上唇，这时你会发现除了张开的嘴，两侧嘴角向上提起的形状，这是对上唇被提起后的夸张表达。提上唇肌和上唇鼻翼提肌两种肌肉帮助提升了

上唇，这时我们需要注意的是，仅仅是其中的一种肌肉，比如单一的提上唇肌或上唇鼻翼提肌，难以达到提升上唇的目的，它们需要同时做收缩运动。当然，更容易被意识控制的是提上唇肌，而通常情况下，强烈的情绪才能自发控制位于鼻梁两侧的上唇鼻翼提肌。在这里，最关键的是，在饱满的厌恶情绪中，起主导作用的是上唇鼻翼提肌；而在普通程度的厌恶表情中，起主导作用的是提上唇肌。

2.紧闭双眼、皱紧双眉

饱满的厌恶情绪，除了有嘴部的表情呈现之后，呕吐的动作还会引起一个本能的联动反应——紧闭双眼、皱紧双眉。闭紧双眼需要眼轮匝肌的收缩作用，以及隆起的脸颊一起挤压眼睑，从而才能造成强烈的闭眼动作，形成下眼睑下方的弧线纹路。眼轮匝肌的收缩会带来两方面的作用：一方面，因呕吐而造成的内压升高，而眼轮匝肌的收缩则避免了眼球的受伤；另一方面，可以在一定程度上减少刺激源带来的负面视觉刺激，因为眼轮匝肌的收缩，致使双眼已经紧闭了，自然看不见那些厌恶的东西了。不过，我们需要记住的是：紧闭双眼、皱紧双眉并不是刻意做出来的表情，而是呕吐动作的连锁反应。

心理课堂：

饱满的厌恶表情是毫不掩饰的，同时，也没办法掩饰。我们可以看到，在呕吐的本来表情基础上，有一种极度厌恶的表情：嘴紧紧地闭上，眼睛和眉毛的形态保持基本不变。这个表情就好像是闻到了一种让人恶心的臭味，而且恶臭还在不断地逼近自己。这时人会做出连锁的反应：闭上眼睛不看，皱起鼻子不闻，紧闭双唇不尝。这其实就是严禁一些让自己反感的东西进入身体。

悲伤微表情——内心痛苦的外显形式

悲伤，它作为一种负面的基本情绪，通常指的是由分离、丧失和失败引起的情绪反应，包含了沮丧、失望、气馁、意志消沉、孤独和孤立等情绪体验。当然，悲伤的程度取决于失去的东西的重要性以及价值的大小，同时也依赖于当事人的意识倾向以及个体特征。

那么，人类的悲伤情绪到底是怎么来的呢？

心理学家认为，人类的悲伤情绪主要来自经历上的挫折失败，比如，没有办法抗拒的改变，亲人死去，离婚，毕业或失业。不过，人类悲伤的反应会由生活经验与文化特质出现一些差别。比如，对人们而言，失去亲人通常是让人觉得悲伤的，不过，悲伤的表达方式或是失去哪些人才发生，则会根据当事人的年龄、经历存在不同的差异。

人们内心的悲伤情绪有哪些表现呢？

悲伤的情绪其实就是沮丧的心情，外在表现为落泪、沉默。假如悲伤情况持续一段时间，也就是通常我们所说的忧郁，甚至还会导致临床病症上的忧郁症。当然，引起悲伤的因素既然是来自环境、心理因素或生理，也正因为这样，在悲伤的时候，可以让人们舒缓心情以重新适应新环境或身体变化，这也是悲伤情绪最大的好处。

小王这两天看上去没什么精神，如果仔细观察，会发现他整个面部表情好像弥漫着一种悲伤的情绪：双眉皱起，双眼之间出现皱纹，脸颊隆起，在鼻翼到嘴角之间形成了鼻唇沟。小王到底发生了什么事情呢？

原来，在两天以前，小王与相恋两年的女朋友分手了。原因有很多，比如女朋友家里一直不肯同意，这不正赶上小王爸爸重病，家里情况更是雪上加霜。虽然，对于女朋友的决定，小王只能尊重，而不能勉强。但对小王而言，

两年的感情突然间失去了，就好像失去了最宝贵的东西一样，他整个心空荡荡的，就好像行尸走肉一般：每天话很少，笑容更是看不见，永远呈现出来的就是紧皱的双眉以及紧闭的嘴唇。每每走到曾经跟女朋友一起约会的地方，小王就抑制不住悲伤，七尺男儿也会掉下眼泪，捂住脸，无声地哭泣。

小王的悲伤是来自经历的挫折：失恋。由于情感上的打击，给他的心灵带来了很大的冲击。而且，很快这种内心的情绪就会呈现为一种表情：双眉皱起，双眼之间出现皱纹，脸颊隆起，在鼻翼到嘴角之间形成了鼻唇沟。即使我们看不懂其面部肌肉形态的变化，但通过对人类表情的熟悉程度，我们也会感觉到其内心深处的悲伤。这就是悲伤情绪的来源，以及其表现方式。

悲伤情绪的最典型的动作反应，应该是——哭。通常当人们感觉到自己已经没办法了，他会以哭来发泄内心的悲伤情绪。比如，当孩子想要玩具而被家长拒绝的时候，他就会哭。通过这样简单的例子，我们可以知道，当坏的结果已经发生，但我们没办法挽回，最后的结果就会心生悲伤，用哭来表达。当一个人内心悲伤的情绪到达极点的时候，他就会忍不住痛哭。

我们来分析一下悲伤表情的形态特征：

（1）眼轮匝肌和皱眉一起收缩，所造成的形态就是双眉下压，眉头之间出现纵向皱纹。不过，额肌中部收缩，轻微向上提升眉毛，这让整个眉形趋于平整，在其内侧会呈现扭曲状态。在这里，我们需要注意，在恐惧表情中也有扭曲的眉形，不过，因过度悲伤所导致的眼轮匝肌收缩，眉毛扭曲的程度要更严重。

（2）眼轮匝肌收缩，造成眼睑的有力闭合，这时在眼角内侧会形成皱纹，在眼角外侧互相挤压中形成鱼尾纹。紧闭的眼睛是由眼轮匝肌收缩和部分皱眉收缩共同作用而形成的。当一个人哭得越厉害的时候，其眼球周围的收缩就越紧。

（3）当提上唇肌收缩的时候，上唇会同时提升，与眼轮匝肌一起使脸颊位置提高，隆起的脸颊与下眼睑互相挤压，形成了下眼睑下方的凹陷区域，同时在鼻翼两侧形成鼻唇沟。

（4）颈阔肌收缩，将嘴角向两侧拉伸，这样会使嘴部的水平宽度比平常增加，拉伸的嘴角与脸颊之间挤压形成法令纹。

（5）降口角肌收缩，向下拉低嘴角，降下唇肌同时收缩，将下唇整体下拉，试图露出自己的下齿。

（6）下嘴唇中部推起，在下巴上形成了表面凹凸不平的肌肉。下嘴唇中部的推起将原本可以露出的部分下齿遮盖住，两侧嘴角处还保留向下，所以露出了嘴角位置的下齿。这时下嘴唇呈W形，而这样的口形特征是痛苦表情所特有的。

在痛哭表情呈现的时候，下唇靠近两侧嘴角的差不多四分之一的地方，会因肌肉的共同作用，形成一个比较陡的转折角度，这样会让口型接近于梯形的形状。如果你熟知发声部分的知识，那么你一定知道这个口型是最有利于发出尖利且气息充沛的声音。因此，当一个人在痛哭的时候，他的声音是可以听见的，甚至可以说声音非常大，有的人是“哇”的一声就哭出来了。

心理课堂：

按照悲伤的程度不同，还可以分为遗憾、失望、难过、悲伤、极度悲痛。悲伤的表现方式，有时会伴随着哭泣，这样可以让内心的紧张情绪释放出来，同时缓解了心理压力。可以说，悲伤是一种消极的负面情绪，但同时，也是一种心理保护措施。当然，凡事须有度，强烈的悲伤情绪对人的心理是有危害的，持续的悲伤不但会让人感到孤独、失望、无助，而且还会带来身体上的隐患。

第5章

微反应心理学——探知小动作背后的秘密

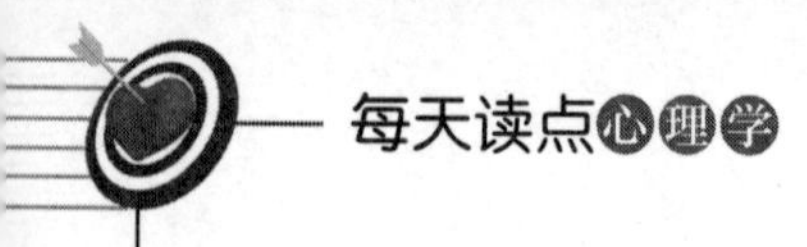

“微反应”到底是什么

微反应的全称，应该是“心理应激微反应”，它是人们在受到有效刺激的一瞬间，不由自主地表现出来的不受思维控制的一刹那真实反应。假如我们一定要为“微反应”这个心理学领域的新词找到一个其他心理词汇来对应的话，那它的英文原文应该是“Micro-expressions”，通常我们会称之为微表情。

Micro-expressions这个词汇是怎么来的呢？随着美国电视剧的快速普及，许多人都已经知道了这个词汇——微表情。实际上，这个词汇并不是电视剧制造出来的，而是源于一个心理学概念词汇。微表情，即时间非常短的或不充分的面部表情，主要用于判断被测试人的真实情绪，可用于测谎。不过，一旦我们翻开英语词典，就会知道“expression”这个词语的中文意思不但指的是表情，而是涵盖了表达、表现、词句等多种意义，最标准的译法就是“表达方式”。

举个例子，著名美剧Friends第二季第一集，雷切尔意外得知罗丝找到新女友后，表现失常，脱口而出一句“Isn’t that just kick-you-in-the-crotch，spit-on-your-neck fantastic？”（直译的话，这些语法就很有力度了：这难道不是很爽吗？爽到如同一脚踢在裆里，然后再往脖子上吐一口痰。）

罗丝的妹妹Monica有点窘，替雷切尔解围性地解释道“It is an expression。”翻译过来应该是：这是一种表达方式（雷切尔当时处于羡慕妒忌恨的状态，她的潜台词是很有力度、很刺激、很让人兴奋的fantastic）。

在这个例子中，我们可以知道“Expression”这个词语包含的多种意义。而“面部表情”对应的英文原文应该是“facial-expressions”。这表示当我们需要分析一个人的真实心理状态，不应该仅仅局限于他的面部表

情，还需要通过观察并分析其表情、肢体动作、语言意义等表现，才能准确而全面地进行判断。所以，“micro-expressions”一词直译过来不仅仅局限于面部的微表情，这里的“expression”一词可以翻译为“表现”。表现，有可能是故意做出的行为，我们可以用此来判断其心理状态，甚至用来测谎。

1.微反应注重“微小”

心理学家认为，大量研究表明，大多数人的动作表现都是可以进行主观控制的，不过有少数情况是例外的，比如说眼睛瞳孔的变化。不过，我们都应该清楚，人具有动物性，我们在受到刺激时会做出各种各样的反应以及表现，而且这些行为不可能会是故意而为之的。在刺激有效的情况下，当事人的最初刹那间反应大部分都是不受大脑控制的，也就是说是真实可靠的。不过，这样的反应并不是持久的，很快就被控制和修正了，而且动作幅度较小，这就是为什么我们只注重“微反应”，因为这个反应是微小的，不容易被发现的。

2.微反应表现的是“刺激—反应”的过程

当然，我们要想一个人表现出最真实的心理状态，需要一个前提条件，那就是有效的刺激。由于“有效刺激”的研究与“表现”的研究同样的重要，不可或缺，所以心理学家决定用“反应”一词来涵盖“刺激—表现”这个完整的过程，并把全部的内容提炼成一个词语，就是Micro-expressions，即微反应。

3.微反应的含义

严格意义上而言，“微反应”是一个广义的词汇，其中包括三个方面的内容：一是我们都耳熟能详的“微表情”，属于“面孔微反应”；二是除了表情以外的，其他可以映射心理状态的身体动作，也就是我们经常说的“小动作”，或者可以称为“微动作”，属于身体微反应；三是语言信息本身，包括使用的词汇、语法以及声音特征，称为“微语义”，属于“语言微反应”。

不过，从通常汉语语境的角度下，微反应这个词语可以让我们联想到身体的动作反应，也就是我们说的微动作。因此，微反应也可以从一个狭义的角度来理解，这可以让人们更容易理解。在这里，我们需要探讨的就是身体微反应。

微反应是怎么产生的呢？

当一个人在受到意外刺激的时候，第一反应就是减少身体动作，保持瞬间静止，便于弄清楚状况并判断应对策略。从这种身体忽然僵直或减弱活动的反应中，能够判断出对方感到吃惊，随后可能产生恐惧、愤怒或者喜悦的心理感受。当一个人故意将原本完整的动作或表情被压缩到极致的时候，在他身上表现出来的不是一个夸张的表情和动作，而是一个极小的反应，这很容易被人们所忽略，这种反应其实就是一个微弱的反应。

实际上，这种轻微的反应的本质就是隐藏，为了不引起别人的注意。比如，在被捕猎的过程中，较弱的一方不能战斗，或者说打不赢，他们只有选择逃跑，假如跑得不快，那就只有隐藏起来。而隐藏的时候，假如不注意隐藏呼吸，那气流的流动和呼吸的声音还是会将自己的位置暴露出来，这是极其危险的事情。所以，长时间进化积累的本能就是隐藏自己时会减弱甚至停止呼吸。在现代社会，在视觉上的隐藏除了军人、特工和罪犯以外，已经很少有人需要了，不过他们在遭遇尴尬时还是会有“恨不得有个地缝钻进去”的心态。不过，他们遭遇压力的时候，心理主观上还是希望通过隐藏的手段来保护自己，主动减弱或者停止呼吸，希望通过这样减少别人对自己的关注。尽管客观上是不可能的，但他们还是忍不住会这样去想。

心理课堂：

心理学家认为，通常情况下，一个人遭遇负面刺激时会不知不觉地减弱甚至停止呼吸的。按照这个推论进行推断，假如上司骂人的时候，挨骂的人竟然呼吸比较急促或强烈，那是值得注意的反常反应，这往往意味着挨批的人隐藏着委屈、不服甚至是反抗的情绪。假如你是这位上司，那就要想办法进一步去了解信息了。

隐藏的潜意识会透过微反应显现出来

弗洛伊德指出："潜意识是潜藏在我们一般意识下的一股神秘力量，是相对于'意识'的一种思想。"其实，在每个人的体内都隐藏着一股神秘的力量，那就是潜意识。令人奇怪的是，许多人并不知道，或者说并不了解自己的潜意识思想。不过，作为旁观者，我们倒可以通过其在日常生活中表现出来的体态举止来洞悉对方的潜意识，从而达到摸清对方真实心理的目的。在日常交际中，大部分人在做出某些行为举止的时候，会下意识地想掩盖自己内心的真实想法，或者，假意做出相反的举止来迷惑他人，不过，他们的某些姿势还是可以泄露出其潜在的思想。所谓"江山易改，本性难移"，一个人的性情，无论如何掩饰都会在行为举止上一览无遗。这时，我们可以观察对方的微反应表现来洞悉对方的真实心理。

在日常生活中，人们的微反应还有很多，下面我们说到的一些反应，可能你经常会见到，但你未必知道它们背后隐藏的真实想法。

1.手不停地抚摸下巴

在与你交谈的时候，如果对方用手不停地抚摸下巴，那表示他已经陷入了沉思中，连你说什么，他都没听见。如果你对此表示怀疑的话，你可以试着问他你刚刚在说什么，他一定回答不出来。

他们总喜欢想东想西，但从来不会想到去算计别人，只是在某些时候会陷入思考的迷宫中。同时，他会是一个比较敏感的人，如果你想告诉他什么事情，需要避免暗示，还是直接告诉他，省得他胡思乱想。

2.叉腰姿势

在与人相处的时候，对方的姿势已经泄露了他对你的潜在态度。有的人潜意识里想给人留下这样的印象：身体强壮、沉着稳定，对别人的威胁不放在心上。对此，他们常常会做出叉腰的姿势。

3.拇指托着下巴，其余的手指遮着鼻子或嘴巴

这样的人很有主见，你在说话的时候，他总是用拇指托着下巴，其余的手指遮着鼻子或嘴巴，那表示他潜意识里根本不同意你的观点，只是不好意思说出来。他之所以做出这样的动作就是潜意识里怕一不小心会说出来。

当然，用手遮住嘴巴或鼻子，在心理上可能有两种情况：一是想反驳你；二是指你在说谎。如果双方交谈时，对方说话时遮住嘴巴或鼻子，那表示他“言不由衷”；如果是听你说话时对方有了这样的动作，那就是不同意你的观点。

4.手掌向前推出

这样的动作经常性地出现在政治家身上，他们为了生存，需要对他人的攻击保持时刻的警惕。如果你仔细观察一下那些政治家的演讲，会注意到，他们在感到不安全的时候，常常会做出一些防御的手势。比如，将手横过身体，手掌向前推出，仿佛他们在躲避想象中的击打一样。

心理课堂：

在日常生活中，一个看似很普通的反应却包含着丰富的信息，其举止形态背后的潜意识才是我们需要摸清的底牌。莎士比亚在《哈姆雷特》中说道：“一个人表面上笑眯眯，其实心怀叵测。”试想，一个采取防卫、对抗姿态而又面带微笑的人，他或许是想以假笑来麻痹你，同时还在算计着如何拆你的台。大量事实证明，一些反应并不像想象中所表示的那样，就好像一个人对着你微笑，但其实他心里对你充满了怨恨。当然，如果我们不仔细观察，肯定不会洞察到对方的真实心理。

通过微反应反观真实内心世界

既然，一个人情绪的外在表现即是反应，那在日常交际中，我们完全可以由表及里，看穿对方此刻的情绪。比如，在面部表情中，如果一个人满含泪水，那他此刻的情绪定是处于悲伤的状态；如果一个人满脸怒气，那他此刻的情绪定是处于愤怒之中。不仅如此，我们还可以通过其姿态表情、语调表情等各种微反应，以此来窥测对方此刻的情绪。

孔子去齐国途中，听到一阵十分悲哀的哭声，于是对弟子说："这个哭声虽然很悲伤，但不是悼念死人的哀声。"随后，孔子下了车，问起他的名字，他说他叫丘吾子。孔子又问："这里不是悲哀的地方，你为什么哭得这么悲伤呢？"丘吾子长叹一声，回答说："我一生有三大过错，现在年老了才深深觉悟到，但追悔莫及，因此痛苦。"

孔子不明就里，便一再追问，丘吾子才说："我年少时爱好学习，周游天下，等回来时我的父母都死了，作为儿子竟不能为父母养老送终，这是第一过失；我做齐国臣子多年，齐君现在奢侈骄横，我多次劝谏都不被采纳，这是第二过失；我生平交友无数，不料到后来都绝交了，这是我第三过失。树欲静而风不止，子欲养而亲不待。去而不回的，是时间；不能见到的，是父母。我是个失败者，还有什么脸面活在这个世上？"说完，丘吾子便投水而死。

一个人到了因悲伤而自杀的地步，他的哀情可想而知。而孔子正是从其"唉声叹气"的语音、语调中识别出丘吾子的哭声不是为了死者，而是有其他的原因，足可以见孔子识人之能。

虽然，情绪是一个人内在的心理活动，但这样的心理活动也会有外露的时候，即便当事人极力隐藏自己内在的情绪，我们依然可以从其一言一行中察出端倪。这样的情况对于我们自身而言也是一样的，当我们内心涌动着复杂的情绪，即使当时的情境不允许我们真实地释放出这种情绪，哪怕是百般掩饰，也会从我们的行为中露出蛛丝马迹。如果我们看过演员的表演，就会知道这些情绪的泄露点在哪里：比如，当一个人强忍怒火的时候，也许他的脸部是平静的，但他的拳头一定是紧握的，而且如果你仔细观察，会发现那一簇怒火在其眼中不经意闪现。

心理课堂：

在日常交际中，对于每一个人而言，适时察觉对方处于何种情绪，将有助于我们在与人相处时如鱼得水、左右逢源。比如，当我们在讲述某件事情的时候，对方是否有认真地在听，是感到在生气还是欣慰，等等，这些都是我们需要清楚知道的。其实，要想知道对方此刻的情绪并不困难，只需要我们留心观察对方的脸色、谈话、举止、言行等，就会从细枝末节中看出对方此刻的情绪。

冻结反应——由于强烈的刺激而产生瞬间静止的状态

在烈日炎炎的大草原上，一头羚羊在休闲地吃草，忽然感受到空气的流动发生了细微的变化，其中还夹杂着些许食肉动物的腥气扑鼻而来。这时由于身体的正常反应，羚羊停下了所有的动作，将大部分感受器官都集中在头部，它将头抬高，尽可能用眼睛、鼻子、耳朵和身上的每一根毛发来判断：是否有危险？危险来自什么动物？它们有多少？它们的速度有多快？它们距离自己还有多远？自己能否保证安全？需不需要逃跑，还是战斗？逃跑的话会不会中埋

伏？这么多的问题，需要羚羊在一秒钟之内判断出个大致结果，否则只能让自己葬身敌腹。

在这里，羚羊身体的第一种防御战略就是冻结反应，因为移动会引起注意。一旦感到威胁时马上保持静止状态，这就是边缘系统为人类提供的最有效的救命方式。原因是许多动物，特别是大部分的肉食动物会对物体的移动十分敏感。

在一个学校里发生了一起女教师被谋杀的案件，警察快速赶往学校，对学校里的可疑分子进行排查。不过经过一番调查，警察发现，学校没有一个人和这位教师有过冲突，根本就没有人有理由杀害这位教师。

无奈之下，警察只好和校长握手告别，另谋出路。然而，就在和校长握手的时候，警察发现这位校长的手掌冰凉。对此，警察认定，这位校长是在内心极度恐惧的前提下才会产生这样的“冻结反应”。

对此，警察不禁发出了疑问：他为什么会感到恐惧？是不是和案件有关？揣着这样的问题，警察把刑侦对象放到了校长身上。通过调查，终于真相大白。原来这位校长和女教师有私情，而女教师则以此威胁校长，校长无奈之下，终于痛下杀手。

结果，一起特大杀人案件，就在一次不经意的握手中找到了真相，这源于冻结反应。

在生活中我们经常会看到诸如此类的冻结反应：家里养的一些小动物，比如兔子、猫、狗等，一旦它们感受到什么别样的气息，其反应就是停止自身的一切动作，只把耳朵转向声音的来源或者盯住它们觉得有东西的地方；假如一个房间里的朋友在聊天，忽然出现了意外的敲门声或其他情况，大家的第一反应就是会暂停一切动作和语言，或许很短暂，不过大家肯定会有这样的反应，而不是立即用新的动作来对意外情况进行处理。

心理学家认为，冻结反应还会出现在人很紧张的时候，比如快轮到你在大众面前说话或者表演的时候，又或者见到重要的人物时，人们经常会屏住呼吸或者做浅呼吸。假如在心理测试的过程中，被测试者忽然因为某一个问题或者情境而出现了短时间的冻结状态，那就需要抓住其微反应。

冻结反应通常是静止不动，或者是由于约束而重复做同一个动作等，不过这并不是冻结反应表现的全部。冻结反应具体表现为以下几点：

1.呼吸

冻结反应的第一个表现是呼吸，我们经常说“大气都不敢喘”，这就是经典的反应之一。当一个人在受到惊吓的时候，第一本能反应就是快速吸一口气，留着备用。不过他们在遭遇恐惧的时候，特别是迫于客观条件不能逃跑、不能反抗的时候，则会出现屏住呼吸或者减弱呼吸的冻结反应。自然，呼吸的冻结反应不容易观察到，因为没有谁可以一眼看出其他人是在呼吸还是在憋气。

2.手势动作

冻结反应体现在肢体语言上，首先发生作用的就是手势动作。我们都会有这样的感觉，当自己第一次站在一个大舞台上面，面对着台下数百观众的注视，肯定会感觉浑身不自在，甚至连自己的手都不知道应该怎么摆放了。而有的女士则经常习惯于将自己的双手拉住放于身前，这个动作看起来有些可爱。而实际上，这是女士们紧张情绪的一种暗号，假如她们的手不这样互相约束的话，她们简直不知道把它们放在哪里好。

而男士经常见的动作就是将双手拉住背在身后，这常常被人认为是沉稳大方的表现，不过实际上也是出于紧张。比如将双手插入裤兜，用袖筒将手拢起来，以及新手主持人用一只手拿住麦克风，另外一只手插入裤兜，这也是手部的约束性动作。实际上，这些姿势的出发点是一致的，都是通过外力来约束手部。这些手的反应在具体的情境中，都是在不知所措的情形下所发生的冻结反应，映射了人们内心的紧张和焦虑。

3.脚部动作

冻结反应所表现的肢体语言还体现在脚上，脚上的冻结反应主要体现在，当一个人感到恐惧的时候，马上会把脚摆到即将要逃跑的状态中，这时人的腿部为了准备逃跑而会大量充血，身体其他部分则供血不足，还会产生手心发凉的后果。

4.面部表情

心理学家认为，除了呼吸和手脚的反应之外，冻结反应还有一个表现，

那就是表情。通常情况下，在冻结反应中，人的面容会瞬间僵化，在这个表情呈现过程中，即使是最灵动的眼睛也会表现得呆滞，尽管因为需要继续观察，眼睛还有轻微的运动，不过总体上是盯着负面刺激源，便于寻找后续的解决方案。

假如你发现一个人表情僵硬、眼神呆滞，总是盯着一个地方，那么他很可能是产生了冻结反应，而他所注视的地方，就是让他感到恐怖之所在。

当然，冻结反应也会造成一些负面影响，比如，我们在过马路的时候，忽然有一辆失控的卡车从意外的地方冲了出来，这时最好的选择就是赶紧逃走。不过实际上，许多人这时会被冻结反应所控制——愣住了，从而失去了最好的逃生机会，酿成惨祸。这是冻结反应的负面效应。

心理课堂：

简而言之，当一家人正在吃饭的时候，忽然听到门外传来十分巨大的敲门声，这时人们会是什么样的反应呢？是不是所有人都停下吃饭，看着门口，没有人发出声响，在数秒之后才会有所反应。在那一刻，时间和空间好像是被冻结了一般，这就是冻结反应。

安慰反应——下意识寻求自身安慰的行为

心理学家认为，当一个人在受到批评、压力、否定等负面刺激的时候，常常无意识地表现出一些寻求安慰的身体微反应，以缓解内心的不适感。这些细微动作可以透露出他们紧张、焦躁、恐惧或者厌恶的负面心理情绪。

而安慰反应呈现在身体上，也会有不同的反应。

1.口唇安慰

在孩童时代，口唇是获取快乐的主要来源，通过口唇的吸吮、咀嚼和吞咽，可以满足婴儿的大多数需求，从而建立信任和乐观的人格特征。而我们还可以通过另外一个角度解释，假如缺少了必要的口唇刺激，比如过早停止奶的食用，那婴儿可能会产生悲观、不信任、愤世嫉俗或者攻击型的人格。

然而，由于口唇期反应留在人体神经系统的影响太过于深刻，因此在成年之后，依然会存在许多相关的近似于本能的反应，表现为某些行为退回到人生的早期发展阶段，心理学称之为“口唇期退行”。举个很简单的例子，一个人在面临压力的时候，通常会采用一些行为带来安慰，比如吸吮手指、咬铅笔、吃糖果，以及吸烟和吞咽口水等，因为这些动作可以通过口腔或相关器官来告诉自己的神经系统：别怕，没关系，我在吃东西了。

心理学家认为，咀嚼和吞咽的动作直接把“吃”的信息反应给中枢神经系统，有东西吃总是好的，因为有东西吃意味着不会挨饿，可以生存下来。长时间的进化，使得中枢神经系统对“吃”这个动作总是比较满意，十分乐意。这就是为什么人在心情不好的时候，大吃一顿可以在某种程度上改善心情的原因。

这种通过咀嚼、吞咽等口唇感觉的满足来改善心情的方式，是安慰反应的动作之一，我们可以称之为“口唇安慰”。当然，口唇安慰除了大吃一顿之外，更多的情况是“吃”这个动作的变形，主要包括：磨牙、咀嚼和咽口水等。

2.眼睛缓解压力

据说，假如婴儿每天睁开眼睛的时候能看到妈妈的笑脸，他将来就会很爱笑，很开心，而且长得很漂亮，许多妈妈对这一点都深信不疑。尽管从科学的角度来看，能否长得漂亮，与婴儿能否看到父母笑脸之间并没有直接关系，但是请不要失望，因为视觉上的舒适和宽慰，确实可以促使一个人的心情好转。假如婴儿常常可以看到父母的笑容，确实会变得性格开朗，容易开心、爱笑，这些都源于不断积累的安全感和自信心。毕竟，一个人笑着的时候，会比板起面孔漂亮得多。

当然，婴儿长大之后，眼睛看到的不会每每都是父母温柔的笑容，还会看到许多让自己不高兴的负面东西，而且随着年龄的增长，他们也不会单一满足于父母的笑容，还会拥有更多的视觉需求，比如美人、美景、艺术品以及可以引发美好幻想的东西。但是，有两条规律还是不会变的：所看见的东西一定是良莠俱存，即便是本事再大的人也没办法掌控；所看的东西一定是喜欢看喜欢的，不喜欢看不喜欢的。其中，后者道出了人们最基本的心理偏好，它的深层实质内容是：看喜欢的东西，会让人心情愉悦；看不喜欢的东西，会让人心情变得糟糕。

而在测谎实验中，瞳孔实验可以强有力地证明这一点。瞳孔是虹膜中间的一个漏洞，负责把光线透入到视网膜上，其物理功能是光线变强的时候，瞳孔就会渐渐缩小，以防过强的光线刺激视神经；光线变弱的时候，瞳孔就会放大，尽可能让更多的光线投射到视网膜上，以获得清晰的图像。而这一系列动作都是由控制虹膜的平滑肌来完成的，而平滑肌只受自主神经系统控制，不管你如何努力，也不能进行主观控制。

值得一提的是，随着进化的演变，人的瞳孔反应也变得越来越复杂和高级，大量的实验证明：一个人在看到喜欢的东西时，瞳孔会放大，比如赌徒看到一手好牌，以保证多看一些美好的景象；而看到不喜欢的东西时，瞳孔则会缩小，比如血淋淋的场面，以尽可能避免受到负面刺激。当然，只有瞳孔变化的人，那便是极有心机的人，即便内心波澜壮阔，外表也是丝毫不动声色。通常情况下，一个普通人看见美女肯定会眼睛睁大，惊叹不已；看见血淋淋的场景，则会紧闭双眼，大声尖叫。

心理课堂：

当一个人受到外界恐惧源的刺激，由于其内心的压力，就会想寻求一种心理上的安慰。因此，一旦这样的情况真的出现了，在他们身上就会出现“口唇安慰”、“视觉安慰”等细微行为，以达到安慰自己的目的。

逃离反应——不敢面对时的逃避心理

所谓逃离反应，就是人在感受到厌恶或恐惧的时候，所产生的一种反应。当冻结反应不足以消除危险的时候，或者在威胁逼近、升级的时候，边缘系统的第二个方案就是逃走，这种反应就称为“逃离反应”。造成这种反应的源头是，那些对人构成威胁的刺激源足够强大，人没有改变局面的信心，因此会造成人的逃避心理。假如一个人出现了逃离反应，那别人就能够判断出，这个人对眼前的东西产生了厌恶或者恐惧。

与冻结反应一样，这也是人与生俱来的一种自我保护措施。不过在现代社会中，能让人们做出逃离反应的事情越来越少了，但是我们的逃离反应依然发生着作用，而且，它随时都有可能暴露我们的内心。

有一次，几位警察在机场巡查，他们的目标是找出一个潜逃中的连环杀手。他们知道，这个人很有可能已经易容改装，想要抓到他并不是那么容易。因此他们提高警惕，四处寻找，不错过点滴蛛丝马迹。

但是在找了将近半个小时之后，警察们依旧一无所获。这时候从机场外面进来一个人，看起来和其他人并没有什么区别，向着登机口走去。这时一个机场的安保人员从他身边经过时，不小心撞了他一下，那个安保人员马上向他道歉，他仅仅是点点头，并没有说话。

而这一切都被警察们看在眼里，警察们注意到，在安保人员和他身体接触的那一刹那，他的脚马上摆出了一前一后的姿势，类似于运动员在起跑线上所采用的起跑动作，这是最典型的逃离反应。警察们马上前去“请”他谈一谈，果然，这个人正是警察们要找的那个连环杀手。

警察们之所以判断那个人有问题，是因为对于一个普通人而言，机场安保并不能对他们构成威胁，因此不会因为安保人员碰他一下就产生逃离反应，而

这个人却表现出了明显的逃离反应，只能证明他心里有鬼。

又比如，警察抓到了一个在逃多年的逃犯，他手上掌握着关于犯罪集团的重要线索。不过不论警方怎么样审问，他始终闭口不答。无奈之下，警方只好求助于FBI审讯专家。审讯专家到了现场之后，他眼里所看到的是这样一个人：多年的逃犯生活，让他显得有点神经质，好像总是在悄悄地观察四周的动静，神情十分猥琐。而这些反应就是典型的逃离反应。

那么，逃离反应在肢体语言上有哪些行为呢?

1.身体的转动

通常逃离反应较容易出现在多人对话的场景，以及在比较开放的空间环境中对话。当不喜欢当下正在说话的这个人时，许多人都会将身体转向另外一个人，虽然脸上可能没有表现出厌恶的表情，不过这种肢体语言已经将此人的内心暴露了。

警察局将派遣卧底潜伏到某犯罪组织，试图瓦解这个犯罪组织。卧底发现，这个犯罪组织结构严密，犯罪行为隐蔽，要想一举破坏对方，只有从内部下手，不过自己缺少的就是这样一个机会。

有一天，这个犯罪组织搞聚会，很多头目都来参加。在聚会中，这个卧底敏锐地感觉到，在他们老大讲话的时候，组织中的副手尽管一脸的笑容，不过身体却转向了别处。卧底意识到，副手对老大有所不满，这也许是从内部瓦解对方的一个好途径。因此从那以后，他开始挑拨两人的关系。

果然，没过多长时间，这个犯罪组织就开始内讧。内讧大大削弱了这个组织的实力，很快便作鸟兽散了。就这样，一个让警方头疼了很久的组织被瓦解了。

案例中的卧底，就是敏锐地观察到副手一个细微的肢体动作，从而洞悉了对方的内心想法。在现实生活中，一个人的肢体语言也同样会被有心人所观察到，其内心所想也可能会因此而暴露。因此，当我们在面对一个人的时候，不管自己内心是怎么想的，在还没有必要摊牌之前，那就用一颗平常心去对待，而我们首先要做的就是不要转动自己的身体。

2.手部动作

在逃离反应中，手的反应是不太直观的，这是因为手部的逃离不是通过动作体现出来的。当一个人有了逃离反应的时候，实际上他的神经系统已经开始为逃跑做准备了。这时候身体里的血液会向腿部集中，而手部则显得供血不足，因此会冒冷汗，手上发冷，而这些特征都是没办法观察到的，所以说手部的逃离反应不太明显。不过，在某些特定的场合，比如正式场合需要握手，这个特征就会显得非常明显了。由于手部的逃离反应完全是生理上的反应，不能用理智加以有效克制，因此，假如你感到自己手心冰凉、冒虚汗的时候，就需要避免和他人握手。

3.脚部动作

从科学的角度而言，想要控制自己的脚要比控制身体其他部分更难，因为脚是离中枢神经系统最远的一个器官，因此不容易被控制。美国有位FBI前特工就曾经在书中总结过："从头到脚，可信度逐渐增强。"

假如两个人是站着说话的，不管身体其他部分是怎么样的状态，双脚脚尖一定是指向对方的；假如是坐着说话，双腿延伸线形成的扇形区域，会把对方涵盖在中间。不过当一个人产生逃离反应之后，脚会马上改变方向，这是典型的"准备逃走"的表现，同时也是逃离反应最直接的体现。而发生在脚上的逃离反应，尽管不容易被人察觉到，不过一旦被人发现，那么对方就可以确定你此时的心理状态了。因此，假如我们想要藏住心，那就要控制自己的脚。

心理课堂：

心理学家认为，当一个人面临危险、伤害等威胁而又无法战胜对方时，通常想做的事情就是快速逃离，以便保全自身。这时他们的内心会感到不安、恐惧、厌恶甚至愤怒。准备逃跑时，血液循环会自动将更多的血液从全身其他位置抽离出来，输送到逃跑用的下肢中，这样身体其他部位就会出现血液颜色减退，而下肢则表现为肌肉紧张、兴奋甚至轻微颤抖。

仰视反应——从体态判定对方内心的自我定位

仰视反应是对自己能力高低、地位差异、胜败预测、优劣定位进行判断后的反应。由于进化积累的本能，使得人会仰视比自己高大的对象，蔑视比自己矮小的对象；相反，人也会本能地尽可能抬高自己的身体以期建立优势，也会在认怂的时候，将自己的身体放低。因此，观察一个人的体态高低，可以判断其内心的自我定位。在人的意识里，比自己大的东西是要仰视和敬畏的。

在远古时代，通常体型较大的肉食动物不管是在捕猎还是在搏斗中，都比较占据优势，同样的尖牙利齿，体型巨大的对手会造成更严重的伤害甚至死亡。而人类的祖先在群居时，身体高大的猎手也比较容易捕获更大的猎物分给同族人，为群体的生存提供更加充足的食物。而大自然的鬼斧神工所造就的参天古木、悬崖巨石，都会让懵懂的人类产生发自心底的压倒性震撼和对遥不可及的神秘事物的仰望与敬畏。在人们看来，“大”代表着人类无法触及的神秘，代表着斗争实力上的绝对优势。这种代代相传的生存与死亡的记忆，逐步深深地烙印在了人类的意识当中。所以，在文明诞生之后，建筑物的大小与主人的身份地位成正比。

在一幕古装剧中：雍正皇帝的军务大臣年羹尧在西北平定叛乱，立下了赫赫战功，其妹妹华妃宠冠六宫，每天打扮得花枝招展，像开屏的孔雀一样与皇后叫板对阵。年羹尧回到京城之后，眼高于顶，对与他同朝的大臣不屑一顾，只有看见了皇上，总算还记得自己的姓名，言语上还知道“谦卑”一番，然而其内心的傲气早已洋溢在外，他身体的每一个动作、身上的每一处毛孔都透着“恃宠而骄”的心理。

有一次，皇帝面见年羹尧，除了赐坐，少不了一番推心置腹：“你与朕在外是君臣，在内是亲戚。你我君臣，一定要做一对千古榜样人物才好。”年羹尧听后，身体竟快速向后仰了一下，下巴抬起，双手双脚都呈敞开状，回道：“臣必当粉身碎骨，以报君恩。”皇帝听后，眼神有一瞬间的游移，短暂地落在年羹尧双脚的方向，和蔼地说道：“你便坐好吧，动不动就谢恩。”

在这里，大臣面对皇帝时大部分都谨小慎微，为尊上者内心深处也享受着这份小心，因为这小心里是对权力的服从。而年羹尧身体后仰、下巴抬高，尽管言语上感恩戴德，不过身体的姿态已经表明他的身心十分放松，绝对不是在诚惶诚恐地谢主隆恩。结果，一个小动作就将年羹尧的恃宠而骄、得意忘形表现得淋漓尽致。

1.抬高下巴的动作

即便是在人们的感觉中，抬高下巴的行为也是让人心生不悦的，因为这个动作中透露着一丝不屑和傲慢。这表示行为人本身具有一种十分强势的自我认同和角色定位。当然，“我天生就比你高贵”与日常交际“互相尊重”的人际关系相悖，除了在森严的等级社会中用于树立为上者的权威之外，在其他任何人际关系中都没办法真正讨好，毕竟所有人都希望自己被平等对待。

抬高下巴属于仰视反应的典型体现，同微反应的其他原理一样，也是在人类漫长的发展和进化过程中慢慢形成的。在原始社会的群体生活中，人们渐渐发现高大的人有一种天然优势，他们可以摘到更高处的果实，有更大的力量和更强烈的震慑感，在与野兽作战时有更大的把握和胜算。人们觉得这样的人比自身更有能力，不禁产生了敬畏感。

这种对“高大”的尊重原本产生于现实的物质生活领域，在人类进化过程中慢慢得到强化。后来，体力劳动在人类生活中的作用慢慢被弱化，智慧的力量渐渐突显出来。于是，“高大”又延伸出了精神上更高一层的内涵，仰视行为由物质生活的需要演变成了社会礼仪和精神追求。所以，抬高下巴几乎可以作为傲慢的经典动作，若是加上面露不屑，甚至不正眼看人的情况，傲慢的心态就表现得更加明显了。

2.趋下的肢体动作

诸如低头、藏头、谨慎迈步、并拢双腿、屈膝等姿态则是一个人自我定位较低、将自己放在较弱势位置的体现。中国传统的儒家文化强调尊重父母、君

上，于是这些动作经常发生在下对上的动作之中。比如有名的“孔鲤过庭”故事中有“鲤趋于庭”：孔子的儿子名叫孔鲤，有一天孔子在庭院中问儿子话，因为在父亲面前，孔鲤做了一个很有礼貌的动作，即“趋”，这在古代有小步快走的意思，也就是碎步走以应长者的召唤。

当然，“趋下”也表示尊重，比如在宴席间敬酒，有一个心照不宣的礼仪是，后辈或身份、地位低的人都懂得将酒杯杯身放低，以自己的酒杯上半部碰对方酒杯的下半部，以表现一种“就下”的态势，这是仰视反应衍生出来的。而“尊上者”若是修养良好且待人和蔼，往往也会将酒杯降低以表示尊重对方，双方人格平等，不以地位论英雄。

心理课堂：

仰视反应不仅仅表现在身体的本能动作上，同时也存在于所有人的心灵深处。在现实生活中，切不可轻易露出“傲慢”的微反应以示人，尽管微反应是人体本能的反应，不过这种本能是由人内心的自我定位设定的。当我们内心将自己与别人平等地放在一条水平线上时，这种让人反感的小动作自然会减少。实际上，每个人对自己的评价都是极高的，而做出傲慢的动作等于强迫与自己交往的对象处在一个“下”的位置，必然会引起对方的反感。

距离反应——“身体距离”与心理距离的关系

美国有一位人类学家爱德华·霍尔，他对人与人的身体距离及与其相关的人际心理研究得很透彻。他将人际身体距离分为4类，并认为这同时代表了人与人之间的心理距离。这4类分别是亲密距离、个人距离、社交距离和公共距离。亲密距离通常是指亲人、爱人、密友之间，空间范围在0～0.5米；个人距离指的是没有身体接触的距离，平时生活和工作场合中的人际交往都适用这个距离，空间范围在0.5～1.2米；社交距离是1.2～3.5米，主要是在正式的场合，比如外交活动、商业洽谈等；公共距离指的是公开演说时，演讲者与听众之间的距离，范围在3.5～8.3米，距离比较远，说话者不能用正常的音量进行交谈，而是需要借助工具。

尽管时代在改变，这几个数据也会随着出现的新情况而改变，比如在上班高峰期拥挤的公交车上，人与人之间的距离不得不被拉近，这与上面所列举的范围无法对应。不过这个理论的基本原理依然是适用的，即便车厢已经像一个蒸笼，人们依然会尽可能地回避与陌生人的身体接触，或尽可能挪出一个小小的空间让自己可以远离陌生人的气息。

晓阳到一家发型工作室做发型，以前她和朋友来这里的时候，通常都会对设计师感到十分满意，但是这次她接受服务的时候却出现了一点小问题。就在晓阳跟发型师沟通15分钟左右的时候，她坚持要换掉一个发型师。店长不清楚原因，但晓阳又坚决不说出原因，无奈之下，店长只好给晓阳换了一个发型师。

后来，晓阳和自己的好朋友说出了原因，原来那个发型师在沟通的时候离她太近了，让她感觉到十分别扭，内心深处有一种莫名的愤怒。尽管，那位发型师的本意并不想冒犯她，不过低头说话的时候离得太近，示范发型时将自己的手指和晓阳的头发、脸部、耳部的接触面积太大，都是让晓阳感到不悦的原因。

在生活中，这样的事情倒是比较常见，它所反映的是“身体距离”与心理距离的关系。在上面这个案例中，晓阳和发型师第一次接触，彼此都还不熟悉，是较为单纯的客户和商家的关系，特别是对于一名年轻女性而言，可以接受一个陌生男性靠近自己的范围是有限的，尽管对方没有侵犯之心也是一样的。

在大学校园里，有一种常见现象也体现了这样的原理。有一门课，有两百左右的学生听课，学生们来自各个不同的院系，每次课都可以自由就座。不过，特别有趣的是，学生们每次坐的地方都没有太大的变化。那些成绩拔尖、学习积极、有自己的见解并进行较好的课前预习的学生，经常会坐得离讲台很近，许多学生还会特意坐在第一排；而那些成绩不好、很难很好地回答老师问

题的学生，都会坐在与老师相隔很远的位置。实际上，这些学生就是通过身体距离来表明与老师不同的心理距离：那些努力学习的学生乐于表达对老师的亲近，同时很有自信能够回答老师的提问；学习不积极，甚至原本打算在课堂上找时机睡觉的同学自然就要尽可能地躲开老师们的注意。

身体距离就是我们经常所说的“私人空间”，这并不是一个有形的存在，而是围绕在人的身体四周的一个抽象范围。在地铁或者公交车上，当人们上车的时候，通常都会选择人少的地方落座；在食堂吃饭的时候，大家都会挑没人的桌子坐下，假如实在人多，才会考虑与其他人共用一张桌子，虽然一张桌子能够坐四人。当别人侵犯合适的私人交往距离时，你自然而然地就会产生一种厌恶的情况，并试图以行动拉开距离。当然，这样的情绪还会给你消极的心理暗示，让你对这个人产生不好的印象，甚至心生反感。

心理课堂：

心理学家认为，身体距离与心理距离有一定的映射关系，这个原理在生活中有较为广泛的体现。一些聪明人可以巧妙地利用这层关系判断自己在他人心目中的位置以及人群中几个人之间的亲疏关系，同时还可以拉近自己与他人的距离，应用空间是非常广阔的。

领地反应——对所属领地的绝对掌控权

领地反应是人在自己的“领地”中所表现出来的领导风范。通常在自己的地盘里，人会表现得放松、自在、威严，还可以丝毫不费力地指挥。假如有人敢于挑战自己的领地范围，则会引起强烈的警觉和反击。而在动物界中，有这样一种现象，以狗为例，它们的领地感十分强。在生活中，我们经常可以看到一只狗建立自己的“领地”行为，尽管这在人类看来不太雅观。狗狗们经常以自己为中心，用气味标出地界，每隔一段时间还会更新。比如，狗狗们会沿着平时行走的路线找一些固定的地点，比如树干、路灯、电线杆下撒少量的尿。如此一来，等另外一只狗来到这里的时候，就可以凭着这独特的气味了解到这里已经有主人了，通常情况下就不会再轻易地侵入。而先到的狗狗假如看到外来的狗狗侵犯此地，也会对它进行驱赶。实际上，外来的狗狗一般也会很识相，它们通常来到这种有主人的地界行动都会十分小心，假如主人回来，它们一般不敢正面相对，避免发生矛盾，则会自觉地离去。

尽管领地反应表面上带有低等动物原始生存的色彩，不过其实这种心理和反应方式在人类社会中也普遍存在。领地反应主要包括两个方面，一是对领地内的事物有掌控感，另一种是对侵入领地者的防御和抵抗行为。

2012年12月18日，英国广播公司报道，英国外交大臣黑格宣布，将以女王的名字命名英属南极洲领地的南部地区，作为英国外交部赠予女王登基60周年的礼物。这片南极洲土地位于英属南极洲领地的南部，尽管伊丽莎白女王本人不太可能视察这块领地，毕竟那里温度低、海拔高，不适宜人类生存。不过，黑格说：“英属南极洲领地是英国14块海外领土中独特而重要的一块，把这块土地和女王陛下永远地联系起来，是极大的荣耀。”而女王本人也在社交网络上说：“黑格先生的这份礼物要比卡梅伦内阁送我的60个杯垫好多了。”

尽管，英国此举并没有得到所有国家的承认，因为这片与阿根廷、智利等国在南极洲声称拥有的领土互相重叠，所以对南极洲领地的所有权一直存在着争议。然而，英国以女王名字命名的行为，无非是想宣誓自己的所有权。而阿根廷等国对此问题的异议，则表示不想放弃自己的领地权。

从国际政治角度而言，领地是指国家凭借军事、政治、经济力量所控制的领土，宣称对它享有独占的权利，不许其他国家染指。在日常生活中，人们盖房子时，修篱笆是最基本的。除此之外，地方人士在有外来朋友的时候，尽“地主之谊”也是这个道理。通常而言，人们在自己的领地中，微反应表现为“掌控感”，行为上轻松自如。

科学家罗伯特·安德列的著作《领域的必要性》中说道："人类的领域感来自遗传，并且根深蒂固而不易改变。"比如，那些每天都去图书馆学习的学生会发现，很长一段时间之后，自己会对图书馆某个座位有着特殊的感情，每次去都坐在那里。即便是结婚十年的夫妻也会发现，尽管没有事先约定，不过两人各自习惯性地睡在床的一侧，而不会经常互换位置。这些都是领地反应的典型体现。领地反应有两种基本形式，也就是对领地的确认和对领地的保护。

1.心理暗示的身体语言

身体语言是人类自身"领地"确认的一种常见方式，比如明星在没有化妆的情况下，不愿意素颜面对观众，而这时正好有记者拿着机器猛拍，明星就会做出将手臂向前方伸直，手掌张开，看起来有点像挡住镜头的姿势，实际上就是以手臂和身体的主体形成一个"保护圈"，心理暗示这个圈子内的范围属于自己，是别人侵犯不到的地方。

2.内心强烈的掌控感

通常情况下，公司的领导一般在日常工作中形成较为强烈的"掌控感"。在公司里面，即便是进入狭小的电梯里，他也决不会站在角落里，而是双腿叉开，自然地占据较大的面积。主要是由于这是他的地盘，在潜意识里他认为自己是可以做主的。不过，假如他是向上级汇报工作，就不会出现这样的动作了。

3.不可侵犯

领地反应还表现在不可侵犯，藏獒就有这样的特点。它们把自己所在的小环境理所当然地视为领地范围，具有很强的统领欲和占有欲。假如别的动物有胆侵入这片领地，它们就会勇敢地扑上去对其进行驱赶。同时，它们会对屈从者进行保护，对强大的冒犯者进行攻击。假如有陌生的动物进入它们的势力范围，它们就会表现出强烈的使命感和责任心，甚至可能丢下美味骨头，而选择保卫家园。

4.位置彰显领地

不管是东方还是西方，人们在入座时都会注意自己的位置，也会给领导者或德高望重者留出好的位置，这就是领地意识的表现。在西方，坐在椭圆形桌子或者长方形桌子两头位置上的人，往往是权威者，比如父亲，也就是一家之主。而在中国，长辈习惯于坐在八仙桌的上首，俗称“朝南”，这与古代皇帝的坐北朝南的意义相同。

心理课堂：

领地反应源于人们对自尊和被尊重的需要。作为人类社会的一员，要在群体中生存和发展，首要的意识是自尊，也就是在内心深处认同自己，甚至在一定程度上认为自己一定有一个方面强于他人。同时，人们需要通过各种形式获得外界的认同，也就是让别人也看得起自己，只有这样，人们才可以积极健康地生活。

胜败反应——身体对所出现结果的自然反应

生活中，我们常说：“胜不骄，败不馁。”这是一个大将面对成败，举重若轻的态度。不过这样的风度毕竟只有少数人能做到。人们之所以会如此推崇这句话，正是因为大部分的人实际上都做不到这一点。而宠辱皆惊、患得患失才是大部分普通人的正常反应，这是比较符合人性的。不管人们怎么努力隐藏，还是会从微反应中表现出来，这就是胜败反应。胜败反应之所以可以帮助我们洞悉别人的心理，是由于这些身体微反应，不但表现出胜利和失败两种结果，而且还可以反映当事人的心态，这是极其关键的。换而言之，我们可以从中看到人们面对成败结果的时候，到底是兴奋、得意，还是悲伤、压抑，这些心理可以便于我们选择接下来与之交往所要采取的策略，从而可以推测当事人未来将进行的活动。

在一年一度的大型音乐节目的颁奖典礼上，主办方邀请了当红的LILI帮忙开奖助阵，LILI当年刚刚蹿红，与其他资深嘉宾的根基尚不能同日而语，不过可以得到这样一个机会，她内心还是感到非常骄傲的。虽然她在典礼上竭力控制“受宠若惊”的表现，不过在献唱的时候，人们还是可以看到她眼角和眉角上扬，可以说是“眉飞色舞”，而身体也情不自禁地加大了晃动的幅度，手舞足蹈起来，这就是典型的胜败反应。

LILI是胜败反应中的胜利反应，她那身体语言呈现的不仅仅是得意，甚至有点得意忘形。她没有很好地控制自己的情绪，结果被娱乐记者抓住，大做文章，结果产生了一系列不良的影响，毕竟这样“不谦虚”的心理可能不太被一部分观众认可。

1.胜败反应的情绪呈现

胜利反应表达的情绪主要有炫耀、得意和兴奋，其典型表现有诸如高举着双手、跳跃、高声呼喊、摇头晃脑等；而失败的情绪主要有哀伤，其表现主要是神情不振、萎靡。除此之外，还有一种变形形式。一个人对自己的满意度较高，长时间在潜意识里将自己摆在“胜利者”的位置上，就会常常保持“抬头挺胸”的姿态，看起来非常强势；反之，一个人假如被接连的失败引发了自卑感，在姿态上就会出现身体收缩、弓腰驼背的姿态，行动上显得畏畏缩缩。

2.胜败反应的动作

胜败反应的动作十分有特点，也就是典型的“向上”和“向下”表现。胜利的时候，所有的动作诸如抬手、跳跃等，都是耗费较大能量的，因为这是一种反重力的动作，需要使力，这也是胜利之后人的精神好像被“充了电”的表现；而失败反应则相应都是向下的，是顺着地心引力的趋向，可能是被对峙及其之后巨大的悲伤和绝望情绪用光了能量的结果，就好像是被霜打的茄子。

心理课堂：

胜败反应是较为容易理解的一种微反应类型。比如，人们经常在照相时用食指和中指组合成一个“V”字形的手势；运动员在奥运会上夺冠之后，会大力弹跳起来，双手握拳。而那些战斗中的失败者就会在一瞬间好像失去了全身的能量，眼神委靡，双手下垂；而那些被抓住的罪犯，在被捕的时候，更可能一下子支撑不住身体，全身就好像一摊泥一样倒在地上，这就是胜败反应的典型表现。

第6章

情绪心理学——让你轻松处理坏情绪

转移注意力，不良情绪也会跟着消散

生活中难免会遇到一些不顺心的事情，不快的情绪如果没有及时得到排解，将会有害身心健康。但是，假如我们凡是遇上不顺心的事情，就将自己不快的情绪发泄到家人或朋友身上，又会伤害身边最亲近的人，甚至影响家庭或同事间的和睦关系。其实，当出现不良情绪时，可以将注意力转移到其他活动上去，忘我地去干一件自己喜欢干的事，如练习书法、打球、上网等，从而使心中的苦闷、烦恼、愤怒、忧愁、焦虑等不良情绪通过这些有情趣的活动得到宣泄。

美国金融公司经理伍德亨先生能够取得辉煌的成就，得益于他年轻时养成的一种调整情绪的习惯。那时，他还是一个公司里的小职员，受到同事们的轻视。

一次，他忍无可忍，决定离开这个公司。临行前，他用红墨水把公司里每一个人的缺点都写在纸上，将他们骂得体无完肤。骂完后，他的怒气逐渐消去，决定继续留在公司。从那次以后，每当心中愤怒的时候，他总是把满腹牢骚都用红墨水写在纸上，立刻感觉轻松不少，好像一个被放了气的皮球一样。这些纸条一直被他隐藏起来，从不拿给别人看。后来，同事们知道他的这种宣泄怒气的方法后，都觉得他极有涵养。上司知道后，也对他青睐有加。

心理课堂：

那么，生活中的我们，又该如何转移注意力、分散不快乐呢？

1.倾诉

倾诉可取得内心感情与外界刺激的平衡，去灾免病。当遇到不幸、烦恼和不顺心的事之后，切勿忧郁压抑，把心事深埋心底，而应将这些烦恼向你信赖、头脑冷静、善解人意的人倾诉，自言自语也行，对身边的动物讲也行。

2.读书

读感兴趣的书，读使人轻松愉快的书，读时漫不经心，随便翻翻。但抓住一本好书，则会爱不释手，那么，尘世间的一切烦恼都会抛到脑后。

3.求雅趣

雅趣包括下棋、打牌、绘画、钓鱼等。从事你喜欢的活动时，不平衡的心理自然逐渐得到平衡。“不管面临何等何样的目前的烦恼和未来的威胁，一旦画面开始展开，大脑屏幕上便没有它们的立足之地了。它们隐退到阴影黑暗中去了，人的全部注意力都集中到了工作上面。”伊丽莎白就是通过画画治好了忧郁症。

4.做好事

做好事，获得快乐，平衡心理。做好事，内心得到安慰，感到踏实；别人做出反应，自己得到鼓励，心情愉快。从自己做起，与人为善，这样才会有朋友。在别人需要帮助时，伸出你的手，施一份关心给人。仁慈是最好的品质，你不可能去爱每一个人，但你尽可能和每个人友好相处。

当我们受到不良情绪的困扰时，有很多种方法能够帮助我们转移注意力，缓解情绪，让我们不再需要压抑自己。强烈的情绪就像洪水，一味地压抑只会让它更加危险，一旦爆发便不可收拾。利用各种方法合理疏导情绪，令其得到释放，人生路上，我们才能轻装上阵。

深呼吸可以让情绪稳定下来

生活中，我们总会遇到一些影响我们情绪的事，我们平静的心会被扰乱，我们或开心，或悲伤，或愤怒，但这些激动的情绪若不进行排解，那么，就会产生一个“情绪链”，也就是人们经常提起的“踢猫效应”，而我们就是这个循环反应的罪魁祸首。我们在心情激动前，不妨先深呼吸一下，让自己冷静下来，那么，便能远离冲动，抑制激动，才能驶向开心的彼岸。

有一天，小荣和老公去购物，走进一家裤行。她走近一位售货员问："有靴裤吗？"售货员本来低着头，瞟了小荣一眼，不耐烦地说："长靴还是短靴？"小荣说："长靴。""中间一排。"小荣看了看，看中一条条绒布料的，就伸手去拿。售货员从背后传来了叫喊声："别拽别拽。"小荣就停了下来，那个售货员给另一位顾客拿裤子，并牢骚满腹："烦死我了。"随后鼻子不是鼻子、脸不是脸地对小荣说："哪条？"一见那架势，小荣着实有点生气了，但她深呼吸了一下，还是忍住了。于是她不买了，迅速走向门口，丈夫正在那等她。正好，店主人也在门口，看见了刚才发生的事，找了另一位售货员为小荣服务。这个服务员说："你可真是海量啊，一般去她那买衣服的人，没有不和她吵架的，你的修养可真是少见。"小荣一听，倒也挺开心。

面对这样的售货员，小荣没有和她理论，而是离开了，她获得了别人对她修养的肯定。其实，本应该如此，何必生气呢？她能改变那位售货员吗？她态度不好，你可以转向别家去买，你能损失什么呢？损失的是她，她的营业额就少了一点。

其实，激动本身并没有任何破坏性，但在激动的情况下，人们会做出失去理智的事，它给人带来的负面影响可能远远大于我们的想象，会给我们的生活带来深远的影响。

人们在遇到一些或悲或喜的事情时，都会激动，并且很难一下子冷静下来。所以当你察觉到自己的情绪非常激动，控制不住时，可以及时转移注意力以自我放松，鼓励自己克制冲动的情绪。对此，我们可以尝试一下深呼吸方法。

在深呼吸后，你可以通过自我暗示来平息情绪。比如，当你遇到有人超车时，你能对自己说："这个人大概有什么急事吧。"或者说："也许我的车开得的确太慢了。"那么，你就不至于会发火了。事实证明，"重新判断"的确是一种极为有效的控制不良情绪的方法。

最后还有一点，就是在我们控制住冲动的情绪后，还要重新思考，努力打开心结，为什么会有冲动的情绪，为什么自己不能从一开始就看开点，为什么

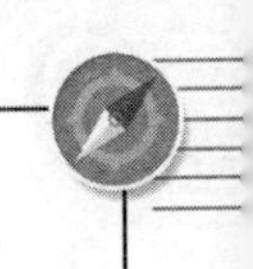

不能很好地控制情绪，这样才能从源头遏制冲动。

心理课堂：

不论遇到什么事，我们都需要冷静对待。过度的悲愤或喜悦对身心都是有害的，忘情的发泄也会给自己和他人带来不良影响。当大喜大悲的事情降临在眼前，当大起大落的人生不停振荡，“深呼吸”是一剂良药，它可以帮助我们缓和情绪，在行动之前先冷静下来。

出现坏情绪，需要及时自我调整

情绪，是一把双刃剑。当情绪被我们牢牢地掌握时，就成为我们驯服的奴隶，我们随时可以让坏情绪远离我们。无论顺境逆境成功失败得意失意，我们始终能保持冷静的头脑从容面对，泰然处之眼前的事，体现修养和品质。但当情绪占据了我们的生命而挥之不去时，我们便沦为了情绪的奴隶。此时，坏的情绪可能使我们变得盲目、冲动、急躁、易怒，生活的常规被改变，人生的帆船在飘摇，于是失落、伤感、沮丧、绝望接踵而至，甚至歇斯底里，我们最终被情绪逼进了死胡同。其实，谁都有坏情绪，面对坏情绪，只要我们调节，就能及时消除，其中，重要的方法之一就是转移法。

薇琪是一家外企公司的职员，她心地善良，也受到很多同事的欢迎，可是令她不明白的是，为什么许多和自己一起进公司的同事都晋升了，而自己还原地不动。

有一次，公司准备派一个女职员去接待合作公司的代表，薇琪想：“这次该是我去了吧，我是公司外语最好的，应该没有理由不让我去了。”可是，第二天，公司还是没让她去，而是让一个新手去了。这让薇琪很不舒服，她这次再也忍无可忍了。她准备找主管问清楚，当她正准备进主管办公室时，她在门外听到主管和经理的对话。

“经理，这样不好吧，薇琪的确能力挺强的，这次是不是太伤她的心了？”

“就她那个火暴脾气，万一她和合作方的代表两句话不对头吵起来都说不定，我可不能让她砸了公司的生意。你们有时间也多去劝劝薇琪改改自己的情绪，能力好也总不能工作情绪化，这是我们公司员工必备的素质和修养。”

这些话被门外的薇琪听见了，她终于知道自己的致命弱点了，怪不得以前大家都说在这家公司必须得养个好性子，否则别想升职，她算是明白了。

后来，薇琪尝试着控制自己的情绪，每次当自己要发作时，她都会选择以写字的方法来转移情绪。当她写了满满一页纸的时候，心情也就好了。一段时间以后，她的谈吐果然不一样了，整个人的气质也由内而外改变了很多。不到几个月，这些改变都被领导看在了眼里，当然她的晋升梦实现了，关键的是，她的品质和修养得到了提升。

人类最大的敌人永远是自己，坏情绪就像弹簧，假如你的勇气一次又一次地后退，坏情绪就会一次又一次地前进，直到最后占据你心灵的高地，全盘操纵你的一切，你的正义、勇敢、上进、积极、坚毅的品格全都遭受最无情的蹂躏和践踏，直至这一切消失殆尽，于是，走向失败，走向毁灭。

所以，我们不但要控制坏情绪，还要学会转移情绪。当我们被坏情绪所困扰，又不能对他人发泄的时候，不妨尝试自我调节和放松。心理学家认为，“在发生情绪反应时，大脑中有一个较强的兴奋灶，此时，如果另外建立一个或几个新的兴奋灶，便可抵消或冲淡原来的优势中心”。我们因为某件不顺心的事情烦躁、暴怒的时候，可以有意识地做点别的事情来分散注意力，缓解情绪。如听音乐、散步、打球、看电影、骑自行车等活动，都有利于缓解不良的情绪。

心理课堂：

坏情绪不仅是个人健康的死敌，更是人际交往中的“杀手”。人生在世，

难免受到七情六欲的影响。当我们被不良情绪所困扰时，应学会用其他的行为来转移注意力，从而达到缓解情绪的目的。

抛开烦恼，在大自然中放松身心

身处于世，我们难免因为尘世中的琐碎事件而影响心情，我们的烦恼会不断增多，日积月累，我们心灵的垃圾就会堆积起来，这对于我们的身心健康是极为不利的。因此，现代城市人寻求到了一种释放压力、忘却烦恼的方法——走进大自然。大自然的奇山秀水常能震撼人的心灵。登上高山，会顿感心胸开阔；放眼大海，会有超脱之感；走进森林，就会觉得一切都那么清新。

曾经有个男青年，他与相恋两年的女友分手了。男青年十分钟情于女友，分手之后的一段时间，他终日茶饭不思，夜不能寐，十分痛苦；身体也逐渐大不如从前。爱恨交织之下，他居然萌生了报复她的念头。

男青年的一帮朋友看在眼里，急在心上，生怕男青年出事。后来，他们想到一个方法——多带男青年出门走走。于是，周末带他走进大山大河，投入大自然的怀抱。他们寄情于山水之中，并用许多事实和道理开启他，让他学会忘却。山的博大胸襟，江的容纳气度，水的坚韧品质，朋友们清泉般穿透心田的良言，终于让他明白了许多。渐渐地，他从伤痛的沼泽中走了出来。

的确，当我们心理不平衡、有苦恼时，应到大自然中去。山区或海滨周围的空气中含有较多的阴离子，阴离子是人和动物生存必要的物质。空气中的阴离子越多，人体的器官和组织所得到的氧气就愈充足，新陈代谢机能便盛，神经体液的调节功能增强，有利于促进机体的健康。机体愈健康，心理就愈容易平静。

人类是在大自然当中生存发展的，人类本能对自然界有种亲切感，而大自然的节律有利于人类的发展。

现代人虽然远离大自然，但是本能和遗传的作用还是让人能感到大自然的亲切。这种亲切感会让人倍感放松。

我们应掌握两点与大自然亲近的操作诀窍：

（1）一旦走入大自然，就要全身心地投入当中。比如，到草地上躺躺，到大树下睡一觉，将脚放到流淌的清泉里，还可以钓鱼、赏花，或者只是呼吸品味大自然中的气息……

（2）出去时最好带上自己信任的人，如家人和好朋友。一边在美丽的风光中游览，一边和身边的人聊聊心事，这样会收到意想不到的减压效果，可能感觉自己换了一个人似的。

有条件的话，最好到真正的大自然当中，比如郊区。如不具备条件，可考虑到城市公园等人造的风景中去，当然效果会打些折扣。在走入大自然之前，可能还得考虑时间、金钱等问题，多数情况下，这一切都是值得的。

心理课堂：

无数的实践证明，走进大自然，可以使人们身心愉悦，摆脱不良情绪的困扰。当心灵得到净化，再重新去看眼前那些不顺心的事，也会变得云淡风轻。

学会忘却，让内心感受宁静的幸福

人生在世，难免会遇到一些挫折、失败和痛苦，这都是不顺心的事。但如果我们把痛苦埋在心里，日积月累，长此以往，一个人就会深陷意志消弭的泥潭而不能自拔，跌进精神委靡的深渊而不能解脱。因此，要远离痛苦演绎的

“悲惨世界”，就要找到一剂“止痛”的良方，这剂良方就是忘却。

忘却也是保持心理平衡的好办法。忘记烦恼，忘记忧愁，忘记苦涩，忘记失意，忘记昨天，忘记自己，忘记他人对你的伤害，忘记朋友对你的背叛，忘记脆弱的情怀，忘记你曾有的羞愧和耻辱……这样你便可乐观豁达起来。

的确，很多时候，人们都是在为过去所累，过去的冤怨，过去的争吵，过去的误解，过去的情感，包括过去的辉煌与荣耀。其实那些，不过都只是飞过头顶的一片云彩，飘过眼前，便云消雾散。懂得忘记不快的人是豁达的、成熟的、美丽的。因为忘却就是一种豁达，一种千帆过后的沧桑沉淀。世事无常，命运颠沛，生活还是无谓地继续着，去糟入鲜，除旧迎新，遗忘一些过往之后会使体内的血液更新鲜地涌动！

忘却也是一种成熟，一种阅尽繁华之后的淡泊。在每一个无人的夜晚，梳理思绪，不要再有目光穿透伤悲，活在当下，更真实地拥抱自己！

忘却也是一种美丽，一种禅意的空灵。刻意的遗忘相对来讲是困难而苦累的。但只要是你想抛弃那包袱，没有不可能的。而无意的遗忘，是一种不深刻的体现，但也体现了人生的练达旷意。

既然这样，我们就要学会善于淡化烦恼，忘记烦恼。那么，如何才能淡化和化解烦恼呢？你可以试试以下方法：

1.逆向思维比较法

比如发生了重大的车祸，死伤多人，皆为不幸。未伤者受惊，轻伤者轻痛，重伤者重痛，死亡者惨痛，由前往后比，虽是不幸，但又是大幸。

2.把一切交给时间

时间是淡化、忘却痛苦的最好利器。遇到烦恼之事，倘若你主动从时间的角度来考虑，心中对此烦恼之事的感受程度可能就会大大减轻。如果你受了上级的当众批评，面子很过不去，心里难以承受，不妨试想一下，三天后、一星期后甚至一个月后，谁还会把这件事当回事，何不提前享用这时间的益处呢？

3.忘却不是逃避

我们应当勇于承认现实，坦然面对现实，对任何既成事实的过失以及灾祸，不必为之过多地后悔和烦恼，也不必因此而不休地责备自己或他人，而应

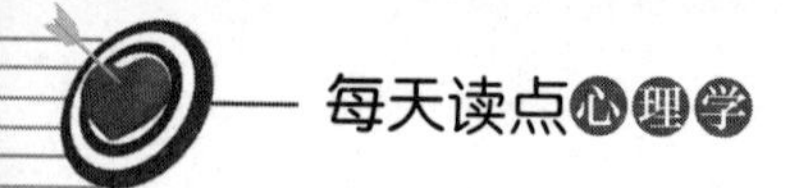

把思想和精力放在努力弥补过失、最大可能地减少损失方面，否则过多的后悔、不休的责备，不仅于事无补，而且还会扩大事端，增加烦恼。

当然，忘却不快，并非是简单地对过去的抹去和背叛，而是把往昔的痛苦与烦恼沉淀于心底，更好地主宰自己的命运，把握未来。学会遗忘，走出烦恼泥潭，便会倍感生命的可贵、生活的绚丽，从而让生命更富有朝气和力量。

心理课堂：

人的一生辗转曲折，谁都不是一帆风顺的。选择忘却，是为了丢掉包袱，更加轻松愉快地前行。当我们学会适当地抛弃那些本心之外的附属品，简单的生活会令我们更接近幸福的真谛。

让音乐治愈你的心灵伤痛

现代社会中的人们，每天都必须面临繁重的工作和生活压力，难免会有情绪低落的时候。当人的心情处于低潮时，对任何事情都提不起兴趣。所以，要想摆脱这种心情，首先应该让自己不要总是去想这些问题，转移注意力。而音乐就是舒缓心情、调节身心的良好方法。

在古希腊，人们相信音乐是神赐予的。传说中，奥菲斯弹奏阿波罗送他的那把七弦琴，可使野兽平静、树木跳舞、河水停止流动。他的音乐深深地打动着人心，可谓余音绕梁、三日不绝。人们甚至相信，他曾用自己的音乐说服了阴间之神释放他心爱的尤莉狄斯。

可见，音乐是一种可以唤醒沉醉灵魂的力量。音乐作为一种艺术，它之所以能打动人，是因为它能以动感的声音方式表现出一种情感，它所蕴涵的宁静

致远、清淡平和，可以使终日奔忙、身心俱疲的现代人得到彻底放松。作为奔波于现代闹市中的人，一定要懂一点音乐。在音乐的圣殿中，我们能暂时忘记生活的烦琐、工作生活的不顺心，能获得音乐给予我们的心灵滋养。音乐是一种可以抚慰心灵的媒介，它可以和心灵产生共鸣，并把心中的不良情绪释放出来，还可以让人们浮躁的内心恢复平静。当我们为现代生活所累时，不妨尝试一下音乐疗法。那么，什么是音乐疗法呢?

音乐疗法是通过生理和心理两个方面的途径来治疗疾病：一方面，音乐声波的频率和声压会引起生理上的反应；另一方面，音乐声波的频率和声压会引起心理上的反应。听音乐时，音乐能够启动大脑的情感中枢，这一大脑区域与人体在受到食物、性以及麻药甚至毒品刺激下变得异常活跃的区域完全一致。这一发现具有非常重要的意义，因为音乐不会像药品那样直接对大脑产生作用，所以这种间接作用就显得更为神奇。

音乐疗法是一种令人感到愉快的自然疗法，它能提高大脑皮层的兴奋性，可以改善人们的情绪，激发人们的感情，振奋人们的精神；同时，有助于消除心理、社会因素所造成的紧张、焦虑、忧郁、恐怖等不良心理状态，提高应对能力。

音乐治疗在以下几个方面的疗效是显而易见的：有助于释放情绪，提高自我表达能力；减压、排忧解困；改善身体和情绪功能，提高情商；改善人际关系的能力及处事技巧；减少不恰当行为及增强自制；改善学习兴趣，提高身体灵活性；增加专注力与定力；强化个性气质；加快自我成长，提升自我价值，确定人生方向；缓解并医治身体的各种病症。

心理课堂：

人类拥有多种多样的陶冶心灵的艺术形式，如文学、美术、舞蹈等，音乐便是其中的一种。美好的音乐会令人沉醉在幸福的感受中，忘记其他的欲望或者烦恼，孔子曾闻丝竹而三月不识肉味。当我们陷身于困境时，不妨让音乐引领我们走出泥沼吧！

第7章

时间心理学——掌控时间终结拖延恶习

战胜拖延从消除拖延思维开始

现代社会，拖延症已经成为很多人尤其是年轻人的高发病症。具体表现为做事拖拖拉拉，害怕接受工作任务，甚至经常到最后一刻才开始执行等。对于每个人来说，拖延的习惯都会影响做事的效率，无论是在职场上还是在学习上，也会给别人懒散的印象。那么，如何克服这样的坏毛病呢？

我们都知道，人的思维指导行动，对于拖延者来说，他们之所以做事懒散、行动拖拉，多数情况下是因为拖延思维导致的。在他们内心，常常有这样的声音："再等会儿去做也没关系。""大家都还没动手呢，我不必着急。""太难了，实在找不到办法。"很明显，这些都是拖延思维，对我们的行动给予的是负面的暗示作用。

可见，如果你经常为自己的拖延行动找借口，那么，很可能是因为拖延思维的影响。要解决拖延症，你首先要做的也是消除拖延思维。要知道，任何人都不可能帮助你改变现状，能拯救你的只有你自己。

古希腊神话中有一个西齐弗的故事很能说明这个问题。西齐弗因触犯了天庭之法，被惩罚到人间受苦。他每天必须推一块石头上山。当他将石头推上山顶回家休息时，石头又自动地滚下来，于是西齐弗第二天又得去推。这是天神想让他在"永无止境的失败"中遭受惩罚，以此来折磨他的心灵。

可是，西齐弗偏偏不吃这一套。他不认为这就是受苦受难的命运安排。他一心想，推石头上山是我的责任；至于石头是否滚下来，不是我的失败。因此，西齐弗心中始终平静异常，从不丧失信心，从而始终不放弃自己的职责，每天都满怀希望。天神见折磨西齐弗心灵的企图无法奏效，只好放他回了天庭。

用这个故事对照现实生活，我们可以得到有益的启示："人必自助而后天助。"若连自己都不愿帮助自己，还会有谁帮助你呢？在逐渐改正拖延习惯的

过程中，我们必须要始终激励自己，相信自己能做到，那么，我们就能做到。

通常来说，拖延思维是消极思维的一种。如果我们不摒弃拖延思维，那么，我们只能无止境地拖延下去。事实上，我们在做事的过程中，总是会遇到一些困难。此时，我们需要调节和控制自己的心态，鼓励自己能做到，这样可以给自己精神动力。我们先来看看一位推销员是怎么做事的：

“我认为所谓的自我管理，首先就是苛求自己。我把一个星期的工作计划分为上午和下午两部分，把要走访的地方6等分。星期一走访葛饰区立石路的1～100号街，星期二走访第101～200号街，星期三……这样一个星期结束以后，就走访完了我所负责的整个地段。我把这种做法一直作为绝对的、至高无上的命令来执行。所谓硬闯和推销管理工作，都安排在每天下午去做。上午专做接洽生意或类似接洽生意的工作，从下午4点起，做交谈、修车等工作。我的工作计划大体上就是如此，并坚决执行——这就是我的推销计划，也就是自己管自己。

“参加工作的第一年，往往都是我一个人在街道上转来转去，觉得非常难受又寂寞，有时也深感推销工作非常痛苦。可是，每逢这时，我就勉励自己说，自己痛苦的时候别人也痛苦。我想，如果推销工作是一帆风顺的，也就无所谓自己管理自己了。自己管自己这个问题之所以受到重视，是因为任何人都不能随心所欲地去做事情，因为今天一去不返，人们才要求这么严格。我也经常有精神不振的时候，遇到这种情况，我一定在星期天去登山。当我一步一步地克服了前进中的困难而登到山巅时，那种激励的心情简直就和接受订货、交出汽车时的激动心情完全一样。”

从这两段话中，我们发现，克服拖延症其实就是一种自我管理，它和做其他事一样，假如不存在困难，那么，也就体会不到成功时的快乐，以这样的信念激励自己，能帮助我们克服内心的很多负面心理。

心理课堂：

总之，任何一个希望解决拖延症的人，都应该摒弃消极的拖延思维，始终

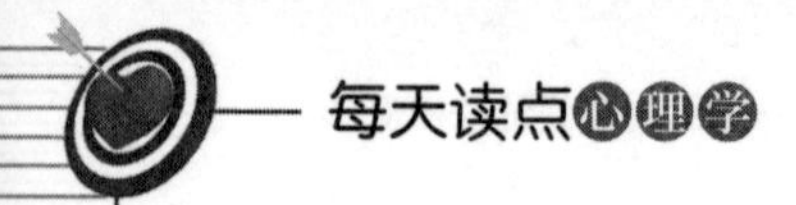

相信自己能做到自控和立即执行，以这样的信念引导自己去做事，相信一定能有所收获。

为自己减压，用好心情赶走拖延症

生活中，我们总是能听到周围的同事或朋友抱怨说：“好累啊！”现代社会，谁不累呢？我想每个人感觉到的累，可能来自不同的方面，工作的压力感、职业的倦怠感，甚至有些只是因为睡眠不足。但无论如何，只有轻松的身体和心情，才能产生工作的动力和热情，拖延症才不会缠上我们。因此，任何一个高效工作的人，都建议我们要学会放松自己，为自己减压。当然，每个人放松自己的方法不同。

梅今年28岁，音乐系毕业的她不得不接手家族生意。每天，她都要亲力亲为公司的很多事，经常游走于各个谈判桌、饭桌之间，不停地出差，不停地坐飞机，她已经厌烦了这种生活，甚至是恐惧。她也逐渐养成了做事拖延的习惯，甚至能拖就一定往后拖。为此，她的父亲好几次都批评了她。

她的朋友建议她应该好好放松放松自己。于是，这天，她开着车，带上读书时代最爱的小提琴，来到了离市区很远的河边。

听着潺潺的流水声、空谷中鸟儿的啼叫，呼吸着新鲜的空气，梅拉起了小提琴，那些熟悉的旋律又浮现在脑海中，那些所谓的客户、订单、酒桌等都抛到脑后的感觉真好，不知不觉间她在车上睡着了。醒来后，她感到了前所未有的放松，她心想，也许只有音乐能让自己的心静下来。

从那次以后，梅重拾了自己当年的爱好，每周末，她都会花上半天的时间练小提琴，陶醉在自己的音乐里。

生活中，像梅这样因为工作或生活等原因造成心理压力和拖延症的人不

少。面对生活和工作，我们不得不四处奔波，长时间下来，我们疲惫不堪、精神紧张，却不知如何调节。据统计，有50%的人一周中至少有一天会感到疲惫。美国佐治亚州大学的研究者通过对70项不同研究分析得出：让身体动起来可以增加身体能量、减少疲累感。

心理课堂：

事实上，那些行动迅速、高效率的人从不打疲劳战，他们甚至还掌握了随时放松自己的方法。具体来说，有以下几种。

1. 放松呼吸

紧闭双目，放松肌肉，默默地进行一呼一吸，以深呼吸为主。你可以选一个自己喜欢的“平静”情景，长长地、慢慢地吸气。可以将你的肺部想象成一个气球，你想尽量将这个气球充满。当你感到气球已经全部膨胀了起来，就表明已经气沉丹田，保留2秒钟；然后，轻轻地、慢慢地将气呼出；吸气持续4秒钟，呼气也持续4秒钟。你可以一边呼吸一边数秒。为了放慢速度，你数秒的方法可以做些改变，将“一秒”变成“一个千分之一”，这样可以将速度基本上降到大约一秒钟一个数字。开始吸气时，你的脑子里便开始数：“一个千分之一，两个千分之一，三个千分之一，四个千分之一”，你一定要将吸气坚持到数完“四个千分之一”，然后以同样的方法呼气。

2 .想象放松法

想象放松法是通过一些安宁、舒缓、愉悦的情景的想象以达到身心放松的目的。你要尽量运用各种感官，观其形、听其声、嗅其味、触其柔……恰如身临其境。

比如，你可以想象在一望无际的大草原上散步。在一个暮春的下午，夕阳西下，余晖相映，你踩在柔软的草地上，清新的野草味、花香味以及田园味阵阵扑鼻，不时还有鸟儿鸣叫、蜂蝶飞舞。你身临其境，微风拂面，就像小时候妈妈温柔的抚摸；柔光沐浴，就像出远门时父母的谆谆叮咛；高天远山令你心旷神怡，此时舒展全身，慢慢地做深呼吸，感到无比轻松舒坦。这样就可以排

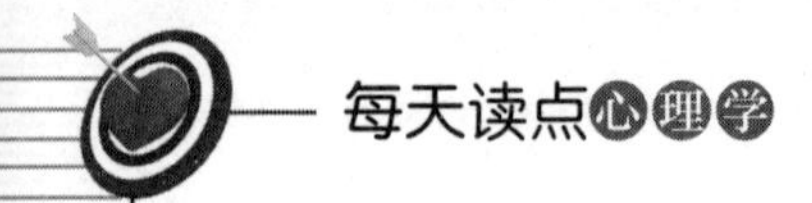

除杂念，心平气和，达到放松的目的。

再如，你静静地俯在海滩(湖边的草滩)上，周围没有其他人，清风轻轻地吹着，你渐渐聆听到风吹过草地和耳旁，你感受到了阳光温暖的照射，触到了身下海滩上的沙子（湖边柔软的草儿），你全身感到无比的舒适，微风带来一丝丝海腥味（清新的味道），海涛在有节奏地唱着自己的歌（湖面上的水静悄悄地涌过来，时不时有鱼儿嬉水溅出的水花声），你静静地、静静地谛听这永恒的波涛声（这令人神往的梦里水乡）……

3. 按摩

紧闭双眼，用手指尖用力按摩前额和后脖颈处，有规则地向同一方向旋转；不要漫无目的地揉搓。

4. 松颈操

右手置于脑后，下巴轻轻地压向胸部，同时尽力将左肩和左臂向下沉。保持这一姿势10～30秒钟，然后慢慢地还原。左右手交换重复练习，方法同上。

5. 打盹

在家中、办公室里，甚至汽车上，一切场合都可借机打盹，只需10分钟，就会使你精神振奋。

总之，在学习或工作中，我们要尽量保持轻松愉快的心情，只有这样，我们才能避免因为负面情绪而出现拖延行为。当我们感到疲惫时，不妨采用以上几种方法来进行自我放松。

“二八法则”让你的时间更有价值

不难发现，对于一些拖延者而言，他们总是在抱怨工作太忙，而事实上，他们一直在忙于做一些毫无成效的事情，比如，在办公室看电视、上班时间打

长时间的电话等。如果你也是如此，那么，你必须要调整自己的工作状态，因为完成了那些不值得做的事情是不会给你的生活带来什么成功的。只有集中精力完成那些值得去做的事情，才会高效地完成工作。

无论何时，如果你为一些错误的事情而工作，那么无论你做了多少其实都是在拖延时间。如果说有某种必须遵循的法则能帮助你把生活调整到一个良好的平衡状态，那么它就是一百多年以前由意大利经济学家帕累托发现的80/20法则。维尔弗雷多·帕累托提出：在任何特定群体中，重要的因子通常只占少数，而不重要的因子则占多数，因此只要能控制具有重要性的少数因子即能控制全局。当然，习惯上，二八定律讨论的是顶端的20%，而非底部的80%。

同样，在我们手头所需要处理的事情中，真正能起到作用的或重要的也只是少数，因此，你需要在可以利用的时间里尽最大努力去工作，在最重要的事情上竭尽全力，而不要在不重要的事情上浪费精力。“学会在几件真正重要的事情上力争上游，而不是在每件事情上都争取有上乘表现的人，可以使他们自己的生活发生根本的变化。”什么工作都要抓，往往可能导致什么也做不到。实际上，每个人都至少可以消除一些低成果活动。从主观上看，消除低成果的活动是困难的，但如果你下定了决心，它就是有可能的。

根据“二八法则”，我们可以看出的是，人如果利用最高效的时间，只要20%的投入就能产生80%的效率。相对来说，如果使用最低效的时间，80%的时间投入只能产生20%效率。一天头脑最清楚的时候，应该放在最需要专心的工作上。与朋友、家人在一起的时间，相对来说，不需要头脑那么清楚。所以，我们要把握一天中20%的最高效时间专门用于最困难的工作中。

威廉·穆尔是美国著名的企业家，他曾经在为格利登公司销售油漆时，头一个月仅挣了160美元。

随后的一段时间，他仔细研究了犹太人在从商上经常用到的“二八法则”，然后再将这一法则运用到自己的销售情况中，并分析了自己的销售图表，发现他80%的收益却来自20%的客户，但是他过去却对所有的客户花费了同样多的时间——这就是他过去失败的主要原因。

于是，他要求把他最不活跃的36个客户重新分派给其他销售人员，而自己则把精力集中到最有希望的客户上。不久，他一个月就赚到了1000美元。穆尔学会了犹太人经商的二八法则，连续九年从不放弃这一法则，这使他最终成为凯利—穆尔油漆公司的董事长。

此处，我们看到的是，运用20%的时间和精力就能得到令人瞩目的回报。“二八法则”让我们学会避免将时间和精力花在琐事上，学会抓主要矛盾。一个人的时间和精力都是非常有限的，要想真正“做好每一件事情”几乎是不可能的，要学会合理分配我们的时间和精力。要想面面俱到还不如重点突破，把80%的资源花在能出关键效益的20%方面，这20%方面又能带动其余80%的发展。

心理课堂：

根据二八法则，我们在时间管理中，可以总结以下两点：

1. 始终把精力放到最重要的事上

在生活中，不管是工作、学习，还是人际关系，你只做重要而且必要的任务。以不同的职业为例：

如果你是一名销售人员，你的优先顺序就是打电话约见客户，然后准备销售的工具以及材料，到客户那去，向客户介绍产品，最后签订订单。

如果你是一名销售经理，你的工作可能就是把产品的知识传授给属下，统计整个单位的业绩，走访一些重要的顾客，把下级的一些意见反映给上级等。

如果你是一名职业经理人，你的工作大部分时间应该用在规划、组织、用人、指导、控制上。

所以每一个人，因为他工作角色的不同，只做重要及必要的任务。

2.集中精力，全力以赴

每个人的角色不同，在具体的状况之下设定目标，应以每一次仍能够最完美地完成任务为原则，这样在计划周期结束时，每个人至少都处理了重要事情。

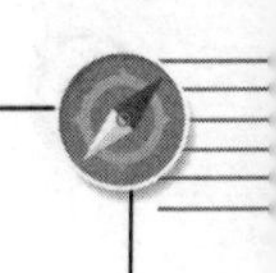

从这里，我们能看出设定优先顺序的好处，优先顺序就是决定哪件事情必须先做，哪件事情只能摆在第二位，哪些事情可以延缓来处理，即要有意识地设定明确的优先顺序，以便执着、系统地依照这个顺序处理计划里的任务。

“四象限法”帮你提高做事效率

我们都知道，世界上所有人唯一的相同点是，我们都有24小时，不多一分，也不少一秒。时间是最为公平的，如果你不合理利用，生命就在不知不觉间浪费了。然而，对于那些拖延者来说，他们最苦恼的问题就是如何管理时间和提高做事效率。当然，不只是拖延者，每个人每天都要面临很多事，我们只有做好时间管理工作，将24小时进行合理分配，将每天的事情按照轻重缓急进行划分，才能提高做事效率，让时间增值。

为此，这里，效率专家向我们推荐四象限法。

拖延者总是不善于管理时间的，他们总是认为划分时间的标准是事情的紧急程度，最紧急的事情放到第一位，然而，接下来就会出现一种奇怪的现象，一些人会每天忙于那些急事，也就是到处“救火”。在他们看来，他们做了很多很有价值的事，很有成就感，然而这种做事的方法好不好，这种“忙”越多就表示收获的结果越多？答案是否定的。因为即便是紧急的事，也有重要与不重要的区分，也有可做可不做的，一直在忙些不重要的、也可以不做的紧急事件，是没有多少价值可言的。如果将宝贵的时间都浪费在这些事件上，那么，即使你24小时不休息，也并不会取得多少成果。

事实上，很多拖延者的时间就是这样被浪费掉的，他们也一直在寻求可以更好地规划时间的方法。于是，美国的管理学家科维提出了著名的四象限法，这个方法把工作进行了更为细化的划分，分为四个象限：既紧急又重要、重要但不紧急、紧急但不重要、既不紧急也不重要。

按处理顺序划分：先是既紧急又重要的，接着是重要但不紧急的，再到紧急但不重要的，最后才是既不紧急也不重要的。

在四象限法的运用中，我们最需要注意的是第二类和第三类的顺序问题，很容易混淆。另外，也要注意划分好第一类和第三类事，都是紧急的，分别就在于前者能带来价值，实现某种重要目标，而后者不能。

心理课堂：

接下来，我们对这一方法进行更为细致的了解和分析：

1. 第一象限：重要又紧急的事

这类事情有如客户投诉、即将到期的任务、财务危机、治病求医等。这类事件，一般来说，也是不易处理的，考验的是我们的经验、判断能力和应变能力，如果拖延的话，那么，事情就有可能变得更难处理甚至无法处理。

2 .第二象限：重要但不紧急的事

这类事情有工作规划、问题的预防和发觉、参加学习等，如果将这个领域荒废，就有可能导致事情逐渐移至第一象限，使我们的工作压力加大，甚至无法挽回。事实上，很多重要又紧急的事都是经过了这样一个量变的过程。只有做好事先的规划、预防措施，才能避免很多急事的产生。

3. 第三象限：紧急但不重要的事

这里，我们最需要注意的是一定要与第一象限区分开。你可能会产生错觉，认为这一象限的事也很“重要”，但你要记住，这只是别人的重要，而不是你的。电话铃声、不速之客、部门会议都属于这一象限。很多时候，人们为这些事忙得焦头烂额，却只是一直在为别人“效劳”。

4. 第四象限：不紧急也不重要的事

从某种程度来讲，一个人要是总为这些事忙碌，那就是浪费生命了，比如上网、闲谈等。实际上，这类活动并不都是愉悦身心的休闲活动，反而可能让

人们感到空虚。

经过对四个象限的了解，现在你不妨回顾一下上周的生活与工作，你在哪个象限花的时间最多？请注意，在划分第一和第三象限时要特别小心，急迫的事很容易被误认为重要的事。其实二者的区别就在于这件事是否有助于完成某种重要的目标，如果答案是否定的，便应归入第三象限。

生活中的人们，你是否经常感觉到自己天天忙，并且忙得毫无头绪？你是否因为工作效率低而总是在拖延？那么，请认真领会时间管理的四象限法，它会让你的工作变得高效，工作不再是负担。成就高效的卓越管理者就在于实践时间管理的四象限工作法。

将零碎时间整合利用起来

随着时代的进步，人们对时间的意识和控制也越来越强，拖延者们也在努力寻找自己的做事效率低下的症结所在。但无论如何，善于管理时间的人绝对不会浪费一分钟的时间。实际上，那些常被拖延者们忽视的零碎时间，如果我们能将其串联起来，是能发挥很大的效用的。

著名的海军上将纳尔逊，曾发表过一项令全世界懒汉瞠目结舌的声明："我的成就归功于一点：我一生中从未浪费过一分钟。"达尔文说："我从来不认为半小时是微不足道的一段时间"。雷巴柯夫曾说："用分来计算时间的人，比用时计算时间的人，时间多59倍。"

人们常说，时间往往不是一小时一小时浪费掉的，而是一分钟一分钟悄悄溜走的，我们每个人的一天只有二十四个小时，所以应该珍惜时间去充实自己。的确，一个人如果认识到时间的重要，看到自己水平不高，感到时间的紧迫，就会自觉地去利用零碎时间。古往今来，一切有成就的学问家都是善于管理时间的高手。

东汉时有名学者，名叫董遇，幼年时代就痛失双亲，但他仍然孜孜不倦地学习，只要有闲余时间，他都会学习。他曾经说："我是利用'三余'来学习的。""三余"，即"冬者岁之余，夜者日之余，阴雨者晴之余。"也就是说在冬闲、晚上、阴雨天不能外出劳作的时候，他都用来学习，这样日积月累，终有所成。

时间是构成生命的材料，谁了解生命的重要，谁就能真正懂得时间的价值。我们最宝贵的不过是几十年的生命，而生命是由一分一秒的时间所累积起来的。没有善加利用每一分钟，时间是永远无法返回的。而"事情就怕加起来"这一古老的谚语说的也是这个道理。一切在事业上有成就的人，在他们的传记里，常常可以读到这样一些句子："利用每一分钟来读书。"

对时间计算得越精细，事情就做得越完美，无论是学习还是做事，如果你能以分为单位，对那些看起来微不足道的零碎时间也能充分加以利用，你就能有所收获。

的确，无论做什么事，要想做出成绩来，我们就要充分利用一切可利用的零碎时间。而从另一个角度来看，与零碎时间相比，大块时间的脑力劳动其实更容易导致疲劳的积累，使工作效率受到很大影响。

以学习为例，零碎时间的学习能保持大脑的兴奋状态，效果极佳。而且，如果你致力于学习，那么，利用零碎时间学习一些必须熟记的生词、公式、规则等，有利于反复记忆，加深印象。利用零碎时间的技巧很多。比如，我们可以准备一个随身携带的小本子，记上要背的单词和知识点，有空就读一遍；在起床、洗脸、刷牙、就餐等活动场所的墙上，钉上一个和视线等高的小夹子，夹上一张卡片，卡片上写上当天要背的单词、公式等；还可运用录音机，把要背的知识内容录下来，吃饭、洗脚的时候都可以听。总之，利用零碎时间反复记忆，不仅会明显提高我们的学习效率，还能培养分秒必争的好习惯。

不得不说，现代社会中的人都有很大的压力，除了工作还要学习、生活，真正由我们自己自由支配的大块时间很少，因此，赢得时间就十分重要了。

事实上，拖延者总是习惯于寻找任何可以偷懒的时间，因为他们认为那些零散的时间没什么用处。其实这些时间看似很少，但集腋能成裘，几分或几秒的时间，看起来微不足道，但汇合在一起就大有可为。

也许现在你已经发现自己每天有很多时间流逝了，如等车、排队、走路、搭车等，可以用来背单词、打电话、回邮件等。每个人一天的时间都一样，但是善于利用零碎时间的人，就能得到更多的益处。

心理课堂：

具体来说，把零碎时间充分利用起来，需要我们做到以下几点：

1. 善于利用等待的时间

可能我们每天都会有这样一些时间是处在等待中的，比如等车、排队等。等待很长时间让人觉得很无聊，如果你拿出平常准备的问题本，进行回忆和思考，那么，经常这样，你的记忆力就会提高。

2. 善于利用走路或坐车的时间

不少人上班都是乘坐公交车，这段时间内，你可以思考一些工作中遇到的问题，也可以听一些英文，关键是要有问题意识和善于思考的习惯。

3. 善于利用睡觉前的时间

你可能也发现，当你躺上床之后，进入睡眠状态还需要一段时间，此时，你可以将这一天的做事、学习情况在大脑中过一遍，起到回忆和思考的作用。

有人说，人的心理很微妙，一旦知道时间很充足，注意力就会下降，效率也随之降低；一旦知道必须在单位时间内完成某事，就会自觉努力，从而效率大大提高。如果坚持每天读文章，哪怕坚持读1页，1年就是365页，10年即3650页呢；但是如果你每天落后别人半步，1年后就落后183步，10年后即落后1830步啊！可以说，人的潜力是很大，善于利用零碎时间，通常不会影响身心健康，但却可以有效地提高做事效率，何乐而不为呢？

高科技工具可以为你节省不少时间

相信不少人已经认识到拖延的负面影响和做好时间管理对解决拖延症的重要性，然而，面对忙碌的工作和生活、激烈的职场和社会的竞争，不少人迫切需要一套适合自己的时间管理方法和管理工具。你是不是有这样的习惯：晚上睡觉前，你会把第二天要采购的物品贴在冰箱上，或为了让全家人吃到更特别的食物而在电脑上百度那些食谱，再或者为了一份文件而亲自跑去客户公司……这些方法并没有错，但有时候不但没有帮助我们做好时间管理，反而浪费了我们的时间。随着时代的进步，善于做时间管理的人已经学会了使用高科技工具来协助自己工作。我们先来看下面的故事：

珍妮和卡尔是已到中年的一对夫妻，卡尔是一名机械厂的技师，他的工作时间几乎都是在晚上。而妻子珍妮有两份工作，一份是化妆品直销代表，另一个是一个女性心理辅导团体的负责人。他们有两个孩子，一个15岁，一个10岁，都在学校上学。

卡尔经常抱怨自己太累了，夜班12小时实在不是人做的工作，黑白颠倒了，生活没有趣味，自己的时间一点也没有了。而珍妮则很生气，因为她的丈夫确实是个健忘的人。珍妮说，我觉得自己老得在后面催着他，他说行行行，然后又忘记了，我只能再说一遍，这种感觉很不好。

每天早上，当珍妮和孩子们一起床，家里就开始乱哄哄的，珍妮要为孩子们准备早餐，整理书包，还要洗卡尔夜班换下来的衣服，然后为丈夫定闹钟，提醒他起来吃饭；再接着，她还要自己梳洗、化妆，再送孩子们出门……一早上实在太忙了。

后来，珍妮经一个同事推荐，接触了一个共用的线上家庭管理系统，可以作为日历、记事本和通讯工具；另外，珍妮使用一个日用品购买软件。她说，

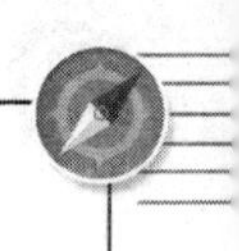

每天傍晚下班的时候，网上超市的人会把已经买好的东西送过来，这种感觉实在太好了，她现在也可以同时做几件事，还能更好地享受家庭生活。他们的大儿子说，妈妈用了这些工具后唠叨少了，让全家人有更多的时间谈论彼此生活中发生的事情。

现在，珍妮和孩子们每天晚上睡觉前都会在电脑上查看日历，看第二天有什么任务和活动要做。当然，他们每个人都有自己的日历，上面只显示与自己相关的资讯。

珍妮说，自从用了日程提醒程序后，很多事都被立即执行了，没有了拖延也就没有了争吵，她和丈夫的婚姻似乎也减少了压力。曾经有一次，她明明在早上出门前提醒丈夫替她去接孩子放学，但是卡尔还是忘了，这把珍妮气坏了。但现在就不同了，这项程序会在任务开始之前一个小时就自动发短信去提醒卡尔该做什么了。卡尔也说，自己的记忆力好像都变好了。

贝希是珍妮的好朋友，她在德克萨斯州买了一座大房子，她的丈夫在外工作，她的主要精力就都放在了孩子和丈夫的饮食上，但这也是她最头疼的问题。在得到了珍妮的推荐后，最近，她注意到一个菜谱规划网，上面不但有各种菜式的介绍，还有其他主妇们的心得。从前，她每周要花两小时浏览各种网站和美食书籍，寻找晚餐的灵感。而这个网站能生成整整一周的食品采购清单，这使她每周花在准备做饭上的时间减少到15分钟。

看完珍妮一家的生活经历后，你是否也有这样的冲动——撕掉冰箱上的便利贴？我们是高科技社会的人，理应成为高科技应用程序的受益人，它可以帮助我们从管理时间之苦中解脱出来，让我们可以更好地控制生活。

不知你有没有发现，我们似乎总是有一大堆事情要办，但似乎并没有办好，时间总是在不断延后，白天的时间永远都不够，那为何不尝试运用新的高科技手段来对自己的时间进行管理呢？

心理课堂：

如果你是传统的人，你不妨试试通过视频与你的领导进行工作沟通，通过烹饪网站帮助你做出更美味的食物，不妨让线上共用日历帮你做出更人性化的安排。也有一些人提出质疑，他们称通过科技手段来管理家庭生活会有把每个人变成机器人的风险，但我们不得不说，对于大多数的上班族们来说，高科技工具让他们感觉更自如。

学会规划好你的每一天

拖延者总是不善管理时间的，我们总是能听到他们抱怨“忙死了”。他们忙于吃饭、工作、睡觉，还要检查邮件、看电视、接孩子……他们甚至感叹：要是每天比别人多出一个小时的时间来就好了。其实，即便如此，他们也有可能无法处理完这些事，因为他们的生活缺乏规划。

的确，时间是最宝贵的资源，合理安排时间就是“预算”生命。你若希望高效地做事，就应该根据自己的工作和生活，对时间做出总体安排。

我们暂时先将长期目标搁置，现在来回忆，你每天的时间都是怎么安排的？

我们不妨以四个问题为线索来寻求答案：

第一个问题是：在你的待办事项中，有哪些是必须做的？

也就是说，这些是必要的、无法删除的日常活动，比如吃饭、睡觉。虽然你也可以想办法减少花在这些活动上的时间，但你无论如何都不可能完全取消这些活动。另一方面，除非你非常独立、非常富有，或者是你有特殊的收入来源，否则，你就必须参与社会工作，以此来保证自己的生活所需，比如购买食物、添置衣物等生活必需品。这也就是说，吃饭、穿衣、交通以及工作等至少会占用你一定的时间。

第二个问题是：你的常规性事务有哪些？

起床、看邮件、读报纸、参加工作例会、保持办公区域整洁、看电视、洗盘子、开车接送孩子……这些工作量的多少完全取决于你在你的组织、家庭和你的社交圈当中的位置。

平时你根本不会花费太多心思考虑这些活动，但它们却占用了你大量时间。事实上，很多人一辈子都在为这些事情而忙个不停。

家庭主妇们也经常会遇到这些情况。她们经常会很努力地做好自己的本分工作，结果却发现自己虽然终日忙忙碌碌，却始终没有相应的成就感。

第三个问题是：你的遗留事务都是什么？

事实上，大多数人每天的活动内容都是由自己当前正在处理、但还没有完成的工作决定的：比如你昨天、上个星期或者是上个月开始的某个项目。我们常常并不想做什么事，但却身不由己，比如，我们原本准备在晚上写一些随笔，但却接到电话，不得不参加曾经允诺过的一个朋友聚会。

第四个问题：也就是一些意外事情。

那些意外的事情通常都会让你感到不快，也会占用你的时间。设想一下，头一天晚上，你事先定好了闹钟，但早上你一睁开眼睛，却发现闹钟没电了，你也因此晚起了，结果你迟到了两个小时才到办公室，而你本来打算提前15分钟到，把昨天没有完成的工作补完的。不仅如此，到了办公室之后，你发现琼斯先生已经打来了5个电话，抱怨说他至今没有收到你昨天答应送给他的文件，所以你不得不立即打电话到快递公司问问情况，然后发疯一样地督促他们抓紧时间……

再比如，你原本五点半下班，但老板拖到六点才放你走，你的孩子正在幼儿园等着你接他回家，你不得不打电话给你的爱人，但此时的他（她）正在加班，于是，你们为谁接孩子的事吵了一架，此时你还不得不往幼儿园赶，谁知道，赶在下班高峰期的你堵在了路上，你的心情无比烦闷……

心理课堂：

不难想象，我们每天的生活都是被这些必要的活动、常规任务、遗留工作，以及我们刚刚谈到的意外情况充斥着。对于大多数人来说，他们终日纠缠于这些事务当中，一辈子也不可能找到足够的时间来实践自己的人生目标。要想避免这种情况，你首先需要分辨出那些浪费时间的活动，并通过停止这些活动来为自己挤出更多的时间。要想实现那些对你来说真正重要的人生目标，你只有一种途径：认真规划你每一天的时间。

当然，这份计划也不可过于理想化，因为我们做规划的目的是让生活更有计划性，而不是被时间牵着鼻子走，你整个生活都在被时钟控制，变得毫无生趣。相比之下，如果能够在安排日程的时候为自己留出一些自由时间，你就会感觉自己对生活有了更多的控制，每天的工作和生活也就会感觉更加顺畅。

第8章

自控力心理学——让自己在自己的掌控之中

一味随大流，你可能会一事无成

现代社会强调要创新，任何重大成果的发现，都离不开创新意识的发挥。任何一个人，也只有敢于突破，敢于创新，才能有所成就。而如果你是一个有从众心理的人，那么，你只能一事无成。曾有人做过这样的实验：

在一群羊前面横放一根木棍，第一只羊跳了过去，第二只、第三只也会跟着跳过去；把那根棍子撤走，后面的羊走到这里，仍然像前面的羊一样，向上跳一下，这就是所谓的“羊群效应”，也称“从众心理”。

我们再来看下面一个故事：

一位石油大亨到天堂去参加会议，一进会议室发现已经座无虚席，没有地方落座，于是他灵机一动，喊了一声：“地狱里发现石油了！”这一喊，天堂里的石油大亨们纷纷向地狱跑去，很快，天堂里就只剩下那位后来的石油大亨了。这时，这位大亨心想，大家都跑了过去，莫非地狱里真的发现石油了？于是，他也急匆匆地向地狱跑去。

羊群效应就是比喻人都有一种从众心理，从众心理很容易导致盲从，而盲从往往会陷入骗局或遭到失败。羊群效应一般出现在一个竞争非常激烈的行业，而且这个行业有一个领先者（领头羊）占据了主要的注意力，那么整个羊群就会不断模仿这个领头羊的一举一动，领头羊到哪里去“吃草”，其他的羊也去哪里“淘金”。

这个效应告诉我们，盲目地跟随他人不一定有好结果，我们的生活需要创造力。创造力是指产生新思想，发现和创造新事物的能力。身处竞争激烈的现代社会，我们应当具有锐意变革的精神，才能使自己始终处于竞争中的有利地位。对此，我们首先要做到的就是破除自己的从众心理，学会独立思考。

曾经有一个叫魏特利的人，他经历过这样一件事：

19岁那年，他的朋友特别多。一天，有个朋友和他约好，就在周日早上，他们一起去钓鱼。魏特利很高兴，因为他还不会钓鱼。

因此，头天晚上，他先收拾好所有装备，比如网球鞋、鱼竿等，并且，因为太兴奋，他居然还穿着自己刚买的网球鞋就上床了。

第二天一大早，他就起床了，把自己的东西都准备好，并且，他还时不时地朝窗外看，看看他的朋友有没有开车来接他。但令人沮丧的是，他的朋友完全把这件事忘记了。

魏特利这时并没有爬回床生闷气或是懊恼不已，相反，他认识到这可能就是他一生中学会自立自主的关键时刻。

于是，他跑到离家最近的超市，花掉了他所有的积蓄，买了一艘他心仪已久的橡胶救生艇。中午的时候，他将自己的橡胶救生艇充上气，顶在头上，里面放着钓鱼的用具，活像个原始狩猎人。

随后，他来到了河边。魏特利摇着桨，滑入水中，假装自己在启动一艘豪华大油轮。那天，他钓到了一些鱼，又享用了带去的三明治，用军用壶喝了一些果汁。

后来，他回忆这次的情景，他说，那是他一生中最美妙的日子之一，是生命中的一大高潮。朋友的失约教育了他，凡事要自己去做。

生活中最大的危险不在于别人，而在于自身；不在于自己没有想法，而在于总是依赖别人。

心理课堂：

那么，生活中的人们，该如何做到破除自己的从众心理呢？为此，你需要做到以下几点：

1. 善于变被动为主动

萧伯纳有一句名言："明白事理的人使自己适应世界，不明白事理的人想使世界适应自己。"人都是在这种主动地不断调整、不断适应的过程中成长的。那些被动学习和工作的人，总是郁郁不得志。相反，那些积极上进勇于创新者，也许常有一时的困顿，但最终都能拥有一个比较辉煌的前景。

因此，你也应该有主动的精神，只有主动的、积极的学习与工作，才是有效率的、创新的学习、工作。

2. 敢于坚信自己

创新能否最终获得成功，能不能相信自己很重要。有自信，相信自己是正确的，那么，你就敢走自己的路，就能不怕失误、不怕失败。在大多数情况下，不敢自信走“小路”的人，通常也难成为创新型人才。

3. 善于学习前人的经验

像牛顿这样的科学家，在概括自己的科学理论成果时都说，他是站在巨人肩上的矮子。牛顿当然不是矮子，而是巨人，但他确实是站在前人的肩上的。没有牛顿对前人知识的学习、吸收和批判，就不可能有牛顿的科学理论创新。

4. 敢于打破各种定见和共识

要想成为一个有创造力的人，你需要：

第一，不要迷信权威；第二，不要太依赖他人，学会独立思考；第三，摒除观念思维、经验主义等主观定势，不要给自己上思维枷锁。你不仅需要敢于挑战书本的权威，也需要敢于自我否定。

5. 敢于否定他人

独立思考是否定他人、提出不同意见的前提，反过来，做到后者，你也就逐渐学会了独立思考。

6. 独立面对各种难题

正如一位名人所说：“所谓成长，就是去接受任何在生命中发生的状况。即使是不幸的、不好的，也要去面对它，解决它，使伤害减至最低。所谓的成长，所谓的智能，所谓的成熟，都不过如此。”这样的人才能独当一面，成为一个自立自强的人。

一个有从众心理的人是很容易人云亦云的，这种心理足以抹杀一个人前进的雄心和勇气。它还会让我们跟随他人的脚步而只能停在别人的身后，以致一生都碌碌无为。因此，如果你想获得成功，那么，从现在起，无论遇到什么，你都要学会独立思考，别人云亦云。

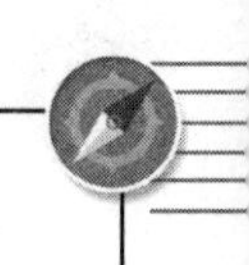

有自主决断力，不受他人言辞影响

有人说，成功最需要具备的一个要素就是智慧，然而，智慧从何处来？智慧的来源大致有以下三个方面：一是从你的知识而来，二是从你的经验而来，三是从自我反省而来。但无论如何，有智慧的人总是能坚持自我，有很强的自我意识。他们敢于走自己的路，不会因为路上的任何风景而分神，更不会因为别人的言论而自我动摇。

因此，任何一个渴望成功的人都要学会控制并且强化自我意识，遇事要沉着冷静，自己开动脑筋，排除外界干扰或暗示，学会自主决断。要彻底摆脱那种依赖别人的心理，克服自卑，培养自信心和独立性。有这样一个故事：

法国哲学家布里丹养了一头小毛驴，每天向附近的农民买一堆草料来喂。这天，送草的农民出于对哲学家的景仰，额外多送了一堆草料，放在旁边。这下子，毛驴站在两堆数量、质量和与它的距离完全相等的干草之间，可是为难坏了。它虽然享有充分的选择自由，但由于两堆干草价值相等，客观上无法分辨优劣。于是它左看看，右瞅瞅，始终也无法分清究竟选择哪一堆好。于是，这头可怜的毛驴就这样站在原地，一会儿考虑数量，一会儿考虑质量，一会儿分析颜色，一会儿分析新鲜度，犹犹豫豫，来来回回，在无所适从中活活地饿死了。

小毛驴在两堆充足的草料面前，却落得个饿死的下场，真是令人匪夷所思。可见，迟疑不仅对人们做出正确的行为无丝毫的帮助，还会让人们延误时机，甚至酿成苦果。而实际上，除了动物以外，人类似乎也在重复这个幼稚的错误。尤其是那些自我意识不强的人，他们总会因为周围人的一些所谓的建议而踌躇不定，而最终，他们也和这头小毛驴一样一无所获，甚至付出沉重的代价。要摆脱这种苦恼，我们就要训练自己的判断力，要坚定、勇敢、自信、果断。你若一直朝着目标前进，那么，他人一定会为你让路。而对一个摇摆不定、走走停停的人，别人一定会抢到他前面去，决不会让路给他。

我们来看看下面这个故事：

小泽征尔是世界著名的音乐指挥家。一次他去欧洲参加指挥家大赛，在进行前三名决赛时，他被安排在最后一个参赛，评判委员会交给他一张乐谱。小泽征尔以世界一流指挥家的风度，全神贯注地挥动着他的指挥棒，指挥一支世界一流的乐队，演奏具有国际水平的乐章。

正演奏中，小泽征尔突然发现乐曲中出现不和谐的地方。开始，他以为是演奏家们演奏错了，就指挥乐队停下来重奏一次，但仍觉得不自然。这时，在场的作曲家和评判委员会权威人士都郑重声明乐谱没问题，而是小泽征尔的错觉。他被大家弄得十分难堪。在这庄严的音乐厅内，面对几百名国际音乐大师和权威，他不免对自己的判断产生了动摇。但是，他考虑再三，坚信自己的判断是正确的，于是，大吼一声："不！一定是乐谱错了！"他的喊声一落音，评判台上那些高傲的评委们立即站立向他报以热烈的掌声，祝贺他大赛夺魁。原来，这是评委们精心设计的圈套。前面的选手虽然也发现了问题，但也放弃了自己的意见。

为什么小泽征尔能做到"挑战权威"，并大胆地告诉评委们："不！一定是乐谱错了"？因为他能坚持自我，有很强的自我意识。倘若他不能坚信自己的判断是正确的，而是和其他几位选手一样，即使发现了问题，也不敢提出来，或者放弃自己的意见，那么，在这场比赛中，他也只能和其他选手一样，被淘汰出局。

然而，生活中的我们，却做不到这样。我们常被身边的各种问题困扰、烦心，因为我们太容易被周围人们的闲言碎语所动摇，太容易瞻前顾后，患得患失，以至于给外来的力量可以左右我们的机会。这样，似乎谁都可以在我们思想天平上加点砝码，随时都有人可以使我们变卦，结果弄得别人都是对的，自己却没有主意，这真是我们成功途中的一个大障碍。

心理课堂：

那么，具体来说，我们该如何做到控制自我意识，不为他人的言论动摇呢？

1. 不要总是依赖他人

那些习惯依赖他人的人会把听从他人的意见当成一种习惯。因此，要树立并强化自我意识，我们就需要首先破除这种不良习惯。你可以查一下自己的行为中哪些是习惯性地依赖别人去做，哪些是自作决定的。可以每天做记录，记满一个星期，然后将这些事件分为自主意识强、中等、较差三等，每周一小结。

对自主意识强的事件，以后遇到同类情况应坚持做。对自主意识中等的事件，应提出改进方法，并在以后的行动中逐步实施。对自主意识较差的事件，可以通过提高自我控制能力来提高自主意识。

2. 独立解决问题

要克服摇摆不定的习惯，就得在多种场合提倡自己的事情自己做。因此，生活中，你再也不要让朋友或者父母当你的贴身丫鬟了，也不要让他人帮你安排所有事。比如，独立准备一段演讲词，独立地与别人打交道等。

人性有很多弱点，比如虚荣、自私、嫉妒、盲目等，其中，缺乏主见会影响到一个人一生的命运。所幸的是，这些弱点本身虽然与生俱来，很难彻底消除，但是我们自己可以想出办法来克服它们、抑制它们或者引导它们朝着有利于自我的方向发展。日常生活中，我们需要控制并强化自我意识，敢于坚持自我，绝不能被他人之言动摇。

掌握自控力从学会拒绝开始

生活中，没有人喜欢被拒绝。同样，习惯于中庸之道的中国人，在拒绝别人时很容易发生一些心理障碍，这是传统观念的影响，同时，也与当今社会某些从众心理有关。不敢和不善于拒绝别人的人，往往得戴着“假面具”生活，活得很累，而又丢失了自我，事后常常后悔不迭；但又因为难于摆脱这种“无力拒绝症”，而自责、自卑。你是否曾经为以下事情伤脑筋：一个你曾经认识的人，他品行不良，但非要和你借钱，你深知，如果钱借给他，就等于肉包子打狗——有去无回；或者一个熟识的生意人向你兜售物品，明知买下也会吃亏；或者你的患难朋友，曾在你最困难的时候帮过你，现在有求于你，而你心有余而力不足，但他不相信，认为是你忘恩负义，故意不帮助他……遇到这些问题，你该怎么办？要记住，你不是神仙，也不能呼风唤雨、有求必应，该拒绝的就必须要拒绝。如果不好意思当场拒绝，轻易承诺了自己不能、不愿或不必履行的职责，事办不成，以后你会更加难堪。

因此，如果你能学会拒绝，那么，你也就掌握了一种自控力。而实际上，学会拒绝，并不是一件难事。我们先来看下面的一则案例：

陈平是一名部门主管，当初公司把他调到这个部门的时候，他就不大乐意，因为他早有耳闻，这个部门的前任主管在管理团队的时候，喜欢事必躬亲，什么事都为手下安排得妥妥当当，而导致了此部门员工没有得到很好的工作历练，因此，他们在公司所有部门员工中是能力最低的。但既然公司已经下达了指令，陈平只好硬着头皮上任了，他也有志于改善部门状况。

刚上任的第一天，秘书小林就对陈平说：“主管，之前没有做过这类的报表，你帮我做一下吧。”

听到这话，陈平觉得很诧异，做报表在公司一直都是秘书的本职工作，小林的请求实在是太过分了。他很生气，但又想到，要是第一次就这么严厉地对待员工的请求，势必会让自己在下属中留下不好的印象。因此，想了想之后，他对小林说：“不好意思啊，今天我刚来，事情太多了，等忙完这周，你再把数据表拿来。”

一听到陈平这么说，小林心想，这份报表周五前必须要交到公司财务部，哪里还等得到下周？于是，她只好自己去处理了。

这招果然奏效，后来，陈平用同样的方法婉拒了很多下属们的请求。

案例中的主管陈平可谓是一片苦心，为了让下属能尽快成长起来，他觉得让下属自己动手更有积极的意义。于是，面对秘书的工作求助，他采取了拖延的策略加以拒绝。这种心理策略很简单，对于你不想答应的请求，你完全用不

着下决定，用不着点头或者摇头，而只是让来请求你的人迟些再来。例如，你可以说：“我的任务现在排得满满的，你能不能两个礼拜以后再来找我？”

心理课堂：

当然，这只是拒绝他人的一种方法。具体来说，我们在拒绝他人时，还需要掌握其他一些要点：

1. 态度要真诚

之所以拒绝对方，多半是因为我们实在无能为力，而表明难处，也是为了减轻双方的心理负担，并非玩弄“技巧”来捉弄对方。因此，拒绝他人，态度一定要委婉、真诚。特别是上级对下级的拒绝、地位高者对地位低者的拒绝等，更应注意自己说话的态度，不可盛气凌人，要以同情的态度、关切的口吻讲述理由，争取他们的谅解。而在结束交谈的时候，还应再次表明歉意，热情相送。

小张是公司的一名小领导，员工的工作他必须参与，上级领导安排的工作他也不能推卸，因此，他常常忙得焦头烂额。最近，他负责一项权责以外的工作，弄得头昏脑涨。因为是第一次经手工作，不明白的地方很多，所以常在思考上花费很多时间，导致工作进度很慢。偏偏在这个时候，上司又要求他去参加拓展业务的研讨会。

小张不自觉地就用比较强烈的口气拒绝说：“不行啊，我现在根本就没时间参加什么研讨会。”

上司听后，似乎心头也起了一把火，很不满地说：“好吧，那从此以后就不再麻烦你了！”

显然，小张的言辞上有不妥之处。遇到这样的情况，首先要将上司的请求当作指示、命令。一道命令下来，就没有拒绝的余地。在这种背景下，如果不留余地地拒绝，上司肯定会发火，而且也让上司的面子很挂不住。这个时候，我们可以先说明一下自己的处境。一般来说，如果将自己的难处真切地说出来，上司是能体谅并且接受你的拒绝的。

2. 不要伤害对方的自尊

人都是有自尊心的。当你在拒绝别人时，一定要先考虑到对方的感受，在选用表达的词语时应准确、委婉。

3. 为对方找个出路

直接拒绝对方难免令人失望，此时，你不妨为其再指一条明路，比如，“这件事我实在没有时间帮你去办了，你不妨去找某某试试。”“这份资料我这几天就要用，不过图书馆还有一份没借出去，你赶快去应该可以借出来。”因为对方有了其他“出路”，他对你的拒绝也就不会太在意了。

总之，在拒绝他人的时候，注意以上几点会帮助我们将拒绝带来的不愉快降低到最低程度。

拒绝别人或被别人拒绝，是每个人一生中每天都可能经历的事情。这是人生中的非常真实的一面，谁都会遇到这样的经历。朋友、同事，甚至领导来找你帮忙，但有时他们所提出的要求是你没有能力或不愿意去做的，此时，我们就要学会拒绝他们的请求。当然，拒绝绝非简单地说“不行”，而要阐明不行的理由，让对方知道你的难处，从而理解你。这样你才不会因为拒绝对方而得罪对方，不至于影响你们之间的交情。

不被眼前利益诱惑，思维要有远见性

在生活中，我们常听老人说：“做事之前就要想到后面四步。”其实，向前每走一步，我们都需要相应对的方法，如果不能看得那么远，至少我们需要看见一步。这就是一种远见。的确，我们做事情，不仅需要稳当、周全，而且，不要急于求成，更不要被眼前的小事所累。在时机未成熟之前，我们一定要把持住自己。一个成大事的人，眼光总是比身边的人看得稍远一点。著名的

美孚公司曾做了一次赔本买卖，可是，从最后的结果来看，它虽然放弃了眼前的利益却收获了长远的发展，小利变大利、利滚利、利翻利，先前看似赔本的“买卖”，最终却收获了高额的利润。这是一种商业中的计谋，也是每一个人需要的智慧。有时候，之所以需要我们学会自控，不要被眼前小事影响，其实是为了以后更长远的发展。

在近代历史中，曾国藩无疑算是一个有远见的人，在任何时候，他都不为眼前小事所累，其最终的理想抱负是“修身、治国、平天下”，誓死效忠于清廷。

1858年，在清政府的不断催促下，曾国藩第二次戴孝出山。当时，他率领了湘军，经过6年的艰苦奋战，终于攻克了金陵。这一次，宣告了太平天国运动的结束，平定了天下。而另一方面，由于湘军号称30万大军，意味着清朝的军权第一次从满人转移到了汉人手中。这时，曾国藩的名声与威望都达到了顶峰。

在弟弟曾国荃看来，这是多么兴奋的事情，大好的利益就在眼前，于是，他极力鼓动哥哥曾国藩“自立”。不仅如此，其他一些随着曾国藩出生入死的将领也一起暗示要拥立他为皇帝。究竟是继续做万人景仰的中兴名臣，还是冒着成为乱臣贼子的风险君临天下，曾国藩为此思考了很久很久。

其实，最初同治皇帝曾做出承诺，谁能解除太平天国对清朝的威胁，谁能够打下南京谁就封王。可是，等到曾国藩真的打下了南京，功高震主，又手握兵权，同治皇帝却失言了，他只封了曾国藩“一等毅勇侯”。“飞鸟尽、良弓藏”的道理，曾国藩自然明白。最后，经过思考之后，他做出了惊人的决定，自剪羽翼，解散了湘军，忍耐一段时间之后，重新找准自己的位置。

历史证明，曾国藩的确是一个深谋远虑之人。在当时的情况下，皇帝宝座无疑是眼前最大的利益，在当时的情况下，他完全有能力、有实力自立为王，但他却把持住了自己，没有轻举妄动，这是为什么呢？曾国藩确实很有远见，他已经分清了当时的局势：清政府派遣了许多将领驻扎在长江，一旦自己叛乱，定然会予以反击。而且，清政府开始有意识地培养自己身边的将领，分化湘军内部力量，真的自立，那些将领绝不会与自己同谋。另外，曾国藩的最初梦想便是报效国家而不是自立为王。所以，即便是在功成名就之后，他依然不敢享受成功带来的喜悦，而是以长远的眼光，忍耐在皇权下为官的战战兢兢。

在现实工作中，小到一个职员，大到一个公司，都需要有长远的打算。如果你只着眼于眼前的小恩小惠，那迟早有一天你将被利益所吞噬，职场生涯同时也宣告结束。将自己的眼光放得更长远一些，不为眼前的小事所累，把持住自己，这样我们的职场之路才会走得更远。

食品公司的销售部经理离职了，这个部门经理的位置就空缺了出来，虽然下面的销售人才都很不错，但被总经理提名的只有两个候选人。在周一的例行公会上，总经理就公布了名字，并且要求他们各自在一个星期内拿出自己的市场推广方案，谁的方案最优秀就由谁来担任部门经理。小李、小张同时被列为候选人，两人平时还是好朋友，所以，这样一场竞争非常有意思，公司各部门员工都对此议论纷纷。有人说小李绝对能胜任，因为他善于笼络人心；有人说小张绝对能任职，因为业绩比较突出。同时，有一个消息在办公室里炸开了锅，原来小李是经理夫人的亲弟弟，失败者似乎注定了就是小张。

小张分析了其中的利害关系，心想：小李有了这一层关系，看来自己终究会失败，不过，有什么要紧呢？如果自己真的失败了，表现得大度，努力配合小李的工作，给人留下好的印象，日后定会有高升的机会。他就这样一边想着，一边准备市场推广案。很快，一个星期过去了，两人同时把方案交到了办公室。总经理在大会上宣布了结果，懂得笼络人心的小李胜出了。小张知道自己已经失败了，心变得坦然，鼓掌表示庆祝，似乎一点也不在意。

小李上任了，开始了管理工作。小张还是积极地跑市场，协助小王的工作，下班后，他与小李还是好朋友。公司里人的都说：“小张这人真好，升职机会被好朋友抢了也不说什么”、“就是啊，而且，工作比以前更积极，这样踏实能干、谦虚的小伙子上哪去找啊”。三个月后，小张在朋友小李的推荐下，因业绩突出被提升为部门助理。

同事小李有人脉关系，这对于处于公平竞争上的两个人似乎并不公平，小

张大可以因不服气而找上司闹，或者在小李胜出后故意与之作对。但是，聪明的小张却很清楚眼前的人和事，自己要想有所作为，就必须将不服埋在心里，努力配合小李的工作，在公司博得一个好名声。这样，自己能力有了，也没得罪什么人，那高升的机会肯定会有。在这样斟酌之后，小张才将想法投入实际行动，最后，自己的目的也达到了。

然而，现实生活中，有些人却鼠目寸光，吃不得眼前亏，心胸狭隘，容不得一点损失，最终，他们难以成就大事。

可见，对于我们来说，在做每一件事情时都需要有长远的眼光，不计较眼前的小事，而是关注于长远的发展，从而达到舍小利而保大局的目的。

心理课堂：

俗话说："不飞则已，一飞冲天；不鸣则已，一鸣惊人。"在既成的局面下，我们只有控制住自己，然后不断地提高自己的能力，等待机遇的到来，再迅猛出击，奋起拼搏。

不贬低自己，相信自己是自控的关键

生活中，人们常说："你自己永远是信任你的最后一个人——全世界没有一个人信任你了，还有你自己信任你自己。"在如今竞争日益激烈的时代，如何才能成功，如何让别人看到自己的光芒？最起码，请从相信自己开始做起……一个自信的人，才能做到相信自己，才不会随波逐流，才不会趋之若鹜，才能不走寻常路，才能最终取得成功。

自信，是建立在正确的自我认知的基础上，是相信自己能达到一种目标的表现；而反过来，自卑则是只看到自己的缺点和不足，看不到自己的优点和长处，是不相信自己、自我贬低的表现。并且，自卑者很害怕失败，在与人交往时更显得行为退缩、被动。

华裔女主播宗毓华曾说过：“不要怀疑自己的才华。”她之所以能够以一名华裔女子身份跻身在人才济济的美国电视圈，受到大众的肯定和喜欢，就是凭借她的才华和自信。的确，只有自己相信自己，才能在挫折连连的时候努力走出自己的路，不因别人而放弃自己。没有任何人可以放弃你，除非你先放弃了自己。

畅销书作家刘墉曾经有过这么一段经历：

他的第一本书《萤窗小语》写完之后，原本打算找出版社出版，但却没有得到任何回应。后来，他不得不花钱出版该书。但没想到的是，他的书却卖得很火，连当初拒绝他的出版社都跌破眼镜。

对于自己的成就，刘墉是这样说的：“幸亏他的退稿，我才有今天。”他说：“当你站在这个山头，觉得另一座山头更高更美，而想攀上去的时候，你第一件要做的事，就是走下这个山头。”所以，即使今天的刘墉已经成功了，但他并没有放弃自己所坚持的，也不会因别人的眼光而改变，这才是真正的自信。

的确，任何时候，唯有自己相信自己的才华，别人才可能相信你。自己若不放弃，别人又怎么能放弃你呢？

可见，“自信”是一种力量，一种涵养，一种品质。只要你有自信，哪怕你身处险境，也能平静而坚强地面对一切，面对人生。然而，生活中的一些人，他们却因为自身存在的某些缺点而自卑，甚至把自己人生的主导权交给他人。不难想象，这样的人会有什么大作为呢？

实际上，没有人是毫无缺点的。如果我们将缺点无限制放大，那么，它将会腐蚀我们的心，阻碍我们成功，我们就会长久自卑；而如果我们能正视一些缺点，并将缺点限制在一定的范围内，它就会成为我们努力和奋斗的催化剂，助我们成功。

家喻户晓的史蒂芬·威廉姆·霍金1942年出生于英格兰。

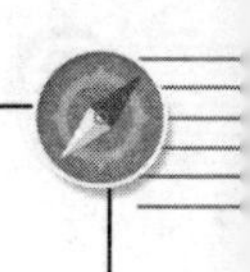

在他还不到20岁的时候就换上了一种不治之症——肌肉萎缩症，而且，随着时间的推移，他的自主活动能力越来越弱，而到最后，他只能借助轮椅活动，并且，医生告诉他，他的下半生都极有可能离不开轮椅了。面对这样的打击，霍金并没有自暴自弃，而是继续学习和科研，一直以乐观的精神和顽强的毅力攀登着科学的高峰。

后来，霍金毕业于牛津大学，毕业以后，他长期从事宇宙基本定律的研究工作。他在所从事的研究领域中，取得了令世人瞩目与震惊的成就。

曾经，在一个学术报告上，一个女记者居然问及了一个令在场所有人都感到吃惊的问题："霍金先生，疾病已将您永远固定在轮椅上，您不认为命运对您太不公平了吗？"

这个问题，显然是最触及霍金的神经的，也是不好回答的，当时，现场鸦雀无声，没人知道霍金会怎么回答。

霍金听完这个问题后，缓缓地将自己的头靠在椅背上，然后微笑着，用自己唯一能动的手敲打着键盘，这时，屏幕上显示出这样一段话："我的手指还能活动，我的大脑还能思维；我有我终生追求的理想，我有我爱和爱我的亲人和朋友。"

顿时，报告厅里响起了长时间热烈的掌声，那是从人们心底迸发出的敬意和钦佩。

科学巨人霍金再次向每个自卑的人证明：即使你满身缺点，你还有可以引以为豪的优点，这些优点一样可以让你自信。那些外在的缺陷你不能改变的时候，不要悲伤，也不要失望，而应该庆幸，那些成功的人并非完人，只是因为他们能依然微笑地面对。

心理课堂：

那么，在人际交往中，我们该怎样历练自己的信心呢？

1. 正确认识自己，接纳自己

一个人要对自己的品质、性格、才智等各方面有一个明确的了解，方可在生活中获得较为满意的结果。除此之外，不要讨厌自己，不要以为自己羞怯就容忍自己的短处。一个人不要看不到自己的价值，只看到自己的不足，觉得自己什么都不如别人，处处低人一等。

2. 学会正确与人比较

拿自己的短处跟别人的长处比，只能越比越泄气，越比越自卑，有的人因为学习不好而产生“无用心理”就是这个原因。

3. 做自己能做好的事

社交活动中，每个人都在扮演着自己的角色。其实，你不必刻意地表现自己，只要你做好自己的本职工作，并且做到专注、认真，那么，你的个性魅力就会释放出来。总之，你要做好计划，要了解当下你需要做什么，然后加以实践。你没有必要非要扮演交际中的中心人物，没有必要非做伟大、不平凡的行动，只要是自己能力所及的事就足够了。

4. 自我激励

人的自信是一种内在的东西，需要由你个人来把握和证实。所以，在建立自信的过程中，一定要学会自我激励。比如，在你遇到重要的事情，需要鼓起勇气来面对时，你可以说：“我是自信的，我有实力，我的专业能力是最棒的！”这样可以增强自己内在的信心，激发自己内在的力量，从而成功地达到目的。当然，这种激励只是一种临时的办法，要想长期在自己的内心建立自信，那就需要不断地激励自己，直到形成习惯。

如果按照以上4点来不断修炼自己的信心，你就会感到自信心在滋长，你在别人心中的威信也会不断增长！

自信，是一种对自己素质、能力作积极评价的稳定的心理状态，即相信自己有能力实现自己既定目标的心理倾向，是建立在对自己正确认知基础上的、对自己实力的正确估计和积极肯定，是自我意识的重要成分。每个人都应该在内心不断储存自信的能量，摒弃自卑心理，因为这两颗种子，会孕育两种完全不同的人生。自卑者只能自怨自艾，抱怨命运；而自信者一生所向无敌，最终收获成功。

自控就是要三思而行，远离冲动

生活中，每个人都需要有一定的自控力，自控力是一个人成熟度的体现。没有自控力，就没有好的习惯。没有好的习惯，就没有好的人生。所谓自控力，指对一个人自身的冲动、感情、欲望施加的正确控制。生活中，我们常常会遇到一些扰乱我们脚步的事，使我们产生各种情绪，或开心，或悲伤，或愤怒，或懈怠。如果我们跟着情绪走而不进行自控的话，那么，我们就可能会因为一时冲动而做出让自己后悔的事来。其实，要解决这一问题，我们首先要学会“控心”。在心情激动前，我们不妨先深呼吸一下，让自己冷静下来，那么，便能远离冲动，抑制激动，才能驶向开心的彼岸。

人们在遇到一些或悲或喜的事情时，都会激动，并且很难一下子冷静下来。所以当你察觉到自己的情绪非常激动，即将控制不住时，一定要及时采用转移注意力等方法进行自我放松，鼓励自己克制冲动的情绪。对此，我们可以尝试以下让自己的行为慢下来的方法：

首先，放慢语速，调整心情。

如果你在说话，可以试着让自己的呼吸均匀下来，然后作自我暗示：“放松，冷静。”如果你的情绪很激动，那么，你不妨先闭上眼睛，然后想想让自己高兴的其他事情，并尝试着站在其他人的角度审视自己的行为，慢慢地你就能冷静下来了。

你也可以尝试一下“数数法”。不过这里的数数，并不能按照常规数字顺序，因为这样做并不会启动我们的理性程序，而应该打乱顺序，比如，1、4、7、10……这样一来，你的理性思考能力就可渐渐恢复了。

描述法也许也能帮助到你。比如，你可以这样描述，这个茶杯是黄色的……他穿的毛衣是黑色的……数10～12项物体的颜色，之后你会发现自己冷

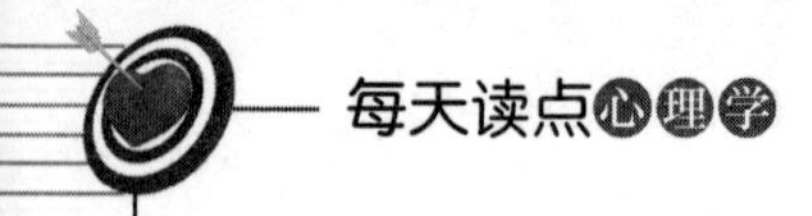

静多了。

其次，理智思考，替换非理性的“自发性念头”。

你要明白的一点是，真正让你产生不良情绪的，是你自己的想法，而不是别人的行为。

例如：你可以告诉自己：“我知道我的能力是极佳的，不会因为你一句话而影响我！”这样自我暗示，愤怒自然就无处可生，而会被其他情绪所替代了。

最后，你可以使用建设性的内心对话。

既然想法是导致情绪的主因，容易动怒的人就应该加强内心的想法，准备一些建设性的念头以备不时之需。例如：“不论如何，我都要平静地说，慢慢地说。”“我才不会生气，生气就等于暴露了自己”等。

最后还有一点，就是在我们控制住冲动的情绪后，还要重新思考，努力打开心结，为什么会有冲动的情绪，为什么自己不能从一开始就看开点，为什么不能很好地控制情绪，这样才能从源头遏制冲动。

总之，遇事先告诉自己要三思而后行是一种有效的转移激动情绪的方法，你应反复告诉自己，千万别立刻发泄，否则就会“伤”了自己，也会伤害他人。

心理课堂：

生活中令我们激动的事情实在太多了，这无可厚非，但我们必须要做到自控，最有效的做法就是先让自己放慢速度，而不是给自己加速（比如应激反应）。

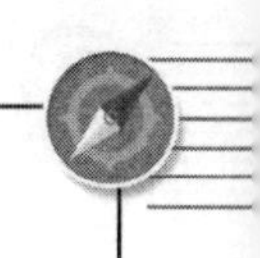

专心致志，心无旁骛才更容易成功

人生在世，要有一番成就，就必须要学习，学习是获取知识和能力的唯一途径，这是毋庸置疑的。然而，学习必须要专注。古人云：“两耳不闻窗外事，一心只读圣贤书”，这就是一种专注。我们发现，那些攀岩成功的人都有个共同特征，那就是他们不会三心二意，也不会向下看，他们会一直努力地攀登，这样，尽管脚下是万丈悬崖，他们也不会害怕。我们也应该从中有所启示，在学习时，我们都要尽量做到“充耳不闻”，才能训练自己的专注能力，才能一步一步进行自己的学习计划。我们先来看下面一个故事：

孔子带领学生去楚国采风。他们一行从树林中走出来，看见一位驼背翁正在捕蝉，他拿着竹竿粘捕树上的蝉，就像在地上拾取东西一样自如。

“老先生捕蝉的技术真高超。”孔子恭敬地对老翁表示称赞后问：“您对捕蝉想必是有什么妙法吧？”

“方法肯定是有的。我练捕蝉五六个月后，在竿上垒放两粒粘丸而不掉下，蝉便很少有逃脱的；如垒三粒粘丸仍不落地，蝉十有八九会捕住；如能将五粒粘丸垒在竹竿上，捕蝉就会像在地上拾东西一样简单容易了。”捕蝉翁说到此处，捋捋胡须，严肃地对孔子的学生们传授经验。

他说：“捕蝉首先要练站功和臂力。捕蝉时身体定在那里，要像竖立的树桩那样纹丝不动；竹竿从胳膊上伸出去，要像控制树枝一样不颤抖。另外，注意力高度集中，无论天大地广，万物繁多，在我心里只有蝉的翅膀，我专心致志，神情专一。精神到了这番境界，捕起蝉来，那还能不手到擒来、得心应手么？”大家听完驼背老人捕蝉的经验之谈，无不感慨万分。

孔子对身边的弟子深有感触地说：“神情专注，专心致志，才能出神入化、得心应手。捕蝉老翁讲的可是做人办事的大道理啊！”

驼背翁捕蝉的故事向我们昭示了一个真理：凡事专心致志、心无旁骛，才能把工作做好做到位，从而取得成功。

事实上，学习又何尝不是如此呢？学习最要不得的就是三心二意。戴尔·卡耐基曾经根据很多年轻人失败的教训得出一个结论："一些年轻人失败的一个根本原因，就是精力分散，做不到专注"。托马斯·爱迪生曾说过："成功中天分所占的比例不过只有1%，剩下的99%都是勤奋和汗水。"这句话告诉我们，学习需要专注，不腻烦、不焦躁，一门心思学习才能取得好的效果。

的确，成功者之所以成功，就是因为他们懂得学习要专注的道理。在专注的过程中，他们经过了沮丧和危险的磨炼，并造就了他们天才的大脑。在不断取得学习成果的过程中，他们产生了活力和不屈不挠的奋斗意志。因此，意志力可以定义为一个人性格特征中的核心力量，概而言之，意志力就是人本身。它是人的行动的驱动器，是人的各种努力的灵魂。学习过程中，我们也要运用意志力的力量，自控才能获得自主学习的能力，做到这一点，你也能获得卓越的才能。

18世纪早期就读于牛津大学的圣·里奥纳多在一次给校友福韦尔·柏克斯顿爵士的信中谈到他的学习方法，并解释自己成功的秘密。他说："开始学法律时，我决心吸收每一点获取的知识，并使之同化为自己的一部分。在一件事没有充分了解清楚之前，我绝不会开始学习另一件事情。我的许多竞争对手在一天内读的东西我得花一星期时间才能读完。而一年后，这些东西，我依然记忆犹新，但是他们，却早已忘得一干二净了。"

同样，在中国，画坛宗师齐白石也是个做事专注的人，除了画画以外，在篆刻艺术上的精益求精也体现了他这一品质。

齐老先生不仅擅长书画，还对篆刻有极高的造诣。他经过了非常刻苦的磨炼和不懈的努力，才把篆刻艺术练就到出神入化的境界。

年轻时候的齐白石就特别喜爱篆刻，但他总是对自己的篆刻技术不满意。他向一位老篆刻艺人虚心求教，老篆刻家对他说："你去挑一担础石回家，要刻了磨，磨了刻，等到这一担石头都变成了泥浆，那时你的印就刻好了"。

于是，齐白石就按照老篆刻师的意思做了。他挑了一担础石来，一边刻，一边磨，一边拿古代篆刻艺术品来对照琢磨，就这样一直夜以继日地刻着。刻

了磨平，磨平了再刻。齐白石的手上不知起了多少个血泡，日复一日，年复一年，础石越来越少，而地上淤积的泥浆却越来越厚。最后，一担础石终于统统都被“化石为泥”了。

这坚硬的础石不仅磨砺了齐白石的意志，而且使他的篆刻艺术在磨炼中不断长进，他刻的印雄健、洗练，独树一帜，达到了炉火纯青的境界。

心理课堂：

在学习中，我们需要这样训练自己的专注能力：

1. 为自己树立一个学习榜样

比如，爱迪生就是一个专注做事的代表：

他曾经长时间专注于一项发明。对此，一位记者不解地问：“爱迪生先生，到目前为止，您已经失败了一万次，您是怎么想的？”

爱迪生回答说：“年轻人，我不得不更正一下你的观点，我并不是失败了一万次，而是发现了一万种行不通的方法。”

在发明电灯时，他也尝试了14000种方法，尽管这些方法一直行不通，但他没有放弃，而是一直做下去，直到发现了一种可行的方法为止。他证实了大射手与小射手之间的唯一差别：大射手只是一位继续射击的小射手。

2. 学习时不要做其他的事

生活中，一些人无论是不是在学习，都把电视开着，或者边玩游戏边学习。试想，这样怎么能聚精会神呢？这样自然不能集中精力去学习，久而久之，你便养成了一心二用的坏习惯。

你必须克服这一缺点，学习时就认真学习，玩乐时就痛快玩，经过一段时间，你会发现，自己无论做什么事，都专注多了，而最重要的是，效率也提高了很多。

每个人都需要记住，专注是一种良好的助人成功的品质，学习更是如此，从现在开始培养自己的这种品质，你也会收获成功。

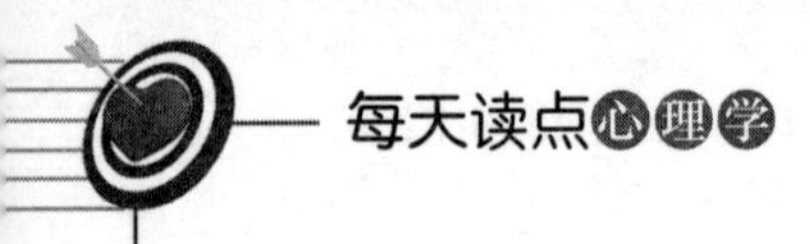

安心于眼前事，别让其他事搅乱心思

我们都知道，学习是一个在新的领域中的不断探求、不断进步的过程，它要求要有严密的思维，踏实的行动，吃苦的精神，顽强的毅力。而浮躁心态是学习的大敌，是学习失败者的亲密朋友。国学大师陈寅恪在一次演讲中送给青年人的一句话："心有浮躁，犹草置风中，欲定不定。"他告诫学生要自定心神，集中精力，清除浮躁，专注功课。

"世界上怕就怕认真二字。"说的就是如果我们能安下心来认真做一件事情，就没有做不好的。然而，真正让我们浮躁的，并不一定是外在世界的动静，还有可能是我们的"心中事"。无法让内心沉静下来是很多人学不好的主要原因之一。我们先来看下面一个案例：

周末这天，宁宁在房间做作业，也不知道为什么，他总是写不进去，甚至看到书本上的字就烦。刚好，这会儿又是邻居家小雅练钢琴的时间，他甚至能感觉到小雅敲击琴键的声音，他还听到了楼底下大妈、阿姨们说话的声音，这些都充斥在他的耳朵里，他再也写不进去了。

这时，爸爸敲了敲门，他走了进来，看到宁宁烦躁不安的样子，问道："孩子，怎么了？"

"爸，外面太吵了，我根本写不进去作业。"宁宁说。

"是吗？其实每个周末外面都会有这样的动静，甚至小区有活动的时候比今天还热闹，那时候，你不都能安安静静地学习吗？"

"您说的也是，那我今天是怎么了呢？"

"其实，你学习不进去是因为心不静，学习最重要的是沉下心来，可能是马上要中考了，你害怕自己考不好。我看你这几天睡也睡不好，吃也吃不下，想必都是因为这吧。放下考试的压力，也许你就能心平气和了。"

“爸爸你说得对，但我该怎么减压呢？”

“你的压力就是中考这件事，其实，我和你妈妈从来没有要求你要考重点高中，你不需要紧张，早上我还说带你去骑行，去郊区的农庄走走，你说要做作业，我就没有继续说了。今天说好了，下周我带你去逛街，你不是看上了一双帆布鞋吗，买完东西我们再去看场电影，好不好？”

“嗯，听爸爸的……”

看到宁宁舒心地笑了笑，爸爸终于放心了。

故事中的宁宁为什么在学习时总是静不下心来？是因为外在环境太吵闹吗？当然不是，正如他父亲所说的，环境还是那个环境，只是心中有事，才内心烦躁。

的确，学习是一项需要动脑筋的学习活动，它要求我们做到集中精力、全身心地投入，要做到“身心合一”，来不得半点虚假，不能有任何私心杂念。然而，一些人总是带着心事学习，那么，正在学习的只是一具“躯壳”而已，他们的学习效率一般是低下的。比如，我们拿课堂学习为例，那些学习成绩好的学生多半都是心无旁骛、手脑并用的；而那些学习成绩差的学生，一般都是因为杂念太多，精力一点都不集中。他们上课思想“开小差”，目光呆滞，人在教室而心早已飞到教室外面去了，想着外面的精彩世界；也有一些学生上课时一边想着要听讲，一边又想着和周围的同学讲“小话”；有些学生一边记笔记，一边想着正在看的口袋书……诸如此类，不可胜数。

不难想象，这些学生一个个“身在曹营心在汉”，就凭这种心态怎能学习好？其实，荀子早就在《劝学》篇里说过，“蚓无爪牙之利，筋骨之强”却能“上食埃土，下饮黄泉”是因为用心专一啊；“蟹六跪而二螯，非蛇鳝之穴无可寄托”，是因为用心浮躁。任何一种学习，都必须做到全神贯注，千万不能一心二用！

那么，在学习时，我们该如何排除内心干扰、赶走“心中事”呢？

1. 尝试着让自己安静下来

如果你的心无法安静的话，可以尝试着先换一下环境，然后闭上双眼，深

呼吸，慢慢地放松，多尝试几次。

2. 多问为什么

如果你因为想一个问题想得太过于复杂的话，可以尝试着问自己，自己想这个问题究竟是为什么？什么让自己变得这样？问几次后，就可以了解自己的困惑，从而从心底去除这个杂念。

3. 要学会在强烈的吵闹声、人多的环境中专心学习的本领

曾有伟大人物介绍过他们在大街上专心看书的本领。因为环境在一定程度上是自己无法限制的，只有依靠自己的高度自制能力，才能提高抗干扰能力。

4. 养成良好的睡眠习惯

如果你是“夜猫子”型的，奉劝你学学“百灵鸟”，按时睡觉按时起床，养足精神，从而提高白天的学习效率。

5. 学会自我减压

一分耕耘，一分收获，只要我们平日努力了，付出了，必然会有好的回报，又何必让忧虑占据心头，去自寻烦恼呢？

6. 学会做些放松训练

舒适地坐在椅子上或躺在床上，然后向身体的各部位传递休息的信息。先从左脚开始，使脚部肌肉绷紧，然后松弛，同时暗示它休息，随后命令脚脖子、小腿、膝盖、大腿，一直到躯干部休息，之后，再从脚到躯干，然后从左右手放松到躯干。这时，再从躯干开始到颈部、头部、脸部全部放松。这种放松训练的技术，需要反复练习才能较好地掌握，而一旦你掌握了这种技术，会在短短的几分钟内，达到轻松、平静的状态。

总之，专注，也就是保持良好的注意力，是大脑进行感知、记忆、思维等认识活动的基本条件。在我们的学习过程中，注意力是打开我们心灵的门户，而且是唯一的门户。门开得越大，我们学到的东西就越多。而一旦注意力涣散了或无法集中，心灵的门户就关闭了，一切有用的知识信息都无法进入。当你因注意力无法集中而影响学习，且倍感苦恼时，相信以上几点方法能有所助益。

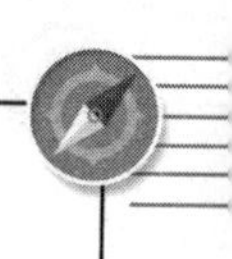

心理课堂：

学习要充分发挥自己的主观能动性，排除各种干扰，摆正学习心态，使自己心地单一，才能无坚不摧，才能把我们的全部精力投入到学习活动中去，才能专心致志地进行学习。

适度而为，不要做超过自己能力范围的事

我们都知道，体育锻炼是一种健康的、积极的生活方式，它在提高人体健康水平中发挥着不可替代的作用。研究证实，科学的运动健身可以促进人体生长发育，提高人体机能水平；缓解心理压力，保持心情舒畅；降低心血管病、糖尿病等慢性病发生概率；延缓衰老过程，使人延年益寿。然而，我们的肌肉是有极限的，任何一个人进行体育锻炼，本意都是为了强身健体、放松心情，如果过度，就会适得其反，让我们的身体受到损耗。

实际上，和我们的身体一样，我们的自控意识也是有底线和极限的。诚然，现代生活时刻需要自控，这会榨干你的意志力。我们只有一定量的意志力，一旦你将它消耗殆尽，你在诱惑面前就会毫无防备力，至少会处于下风。我们先来看下面一个案例：

尹娜是一名大三的学生，马上，她就要参加她所在城市的模特大赛，但令她苦恼的一点是，她虽然身高足够，但体重却严重超标。她知道，以她这样的身形，是不可能胜出的。报名那天，看到那些身材纤瘦的女孩，她暗暗下决心，一定要在一个月内瘦掉20斤。

怎么减肥呢？她听说，只节食并不能起到作用，一定要运动，于是，她去某健身会所办了会员卡。一下课，她就泡在健身房里，她决定每天要花8个小

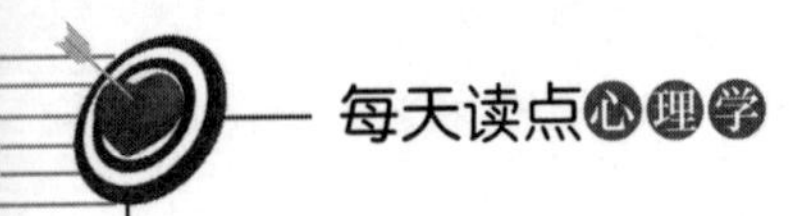

时运动。

刚开始的几天，尹娜浑身是劲，一想到自己未来可能成为一名名模，她可以不吃不喝地进行锻炼。看到她的锻炼模式，教练问她："其实你没有必要这样，你会垮掉的。"

"没事，要瘦就必须要吃苦。"

看到尹娜这么坚持，教练也不好多说什么。后来，教练发现，尹娜面色枯黄，好像营养不良，原来尹娜不仅进行高强度锻炼，还不怎么吃饭。

果然，就在模特大赛开始的前一天，尹娜倒在了健身房，被其他会员送到了医院，她的模特梦破灭了。

这则案例中，尹娜虽然减肥心切，但却忽视了一个问题，人的身体是有一定承受能力的，即使进行体育锻炼，也要适可而止，为了减肥而进行超出身体极限的运动，只会让自己出现一些身体故障。

自控力也和我们的身体一样，是有极限的。事实上，那些冠军运动员、获得非凡成功的生意人以及诺贝尔奖科学家，他们都知道这个道理。他们也不会对自己太过苛刻，他们也允许自己偶尔偷偷懒，允许自己犯错误。虽然他们在为一些远大的目标而奋斗，但是他们也能够容忍有时不能达成这些目标时的挫折和失望。他们知道自己能够继续努力、改善工作。

然而，那些自控意识太强的人明明知道不可能做到所有事情，不可能24小时工作或学习，却常常对自己有不现实的要求，当无法实现这样的要求时，就会变得不知所措。失望之余，他们的意志力也会出现反弹，变得薄弱下来。

2006年2月27日，上海社会科学院亚健康研究中心举办的"过劳死"问题学术研讨会上，上海社科院社会学所助理研究员刘漪对最近发生的92个过劳死案例进行分析，发现近年来"过劳死"发病率直线上升、男性人群居多。科教、IT、公安和新闻行业"过劳死"人群的平均年龄已在44岁之下，成为重灾区。IT阶层"过劳死"年龄最低，只有37.9岁。

IT业凭什么摘得这顶"黑色桂冠"？IDC华东总监张明认为，这是由IT行业产品更新快决定的。"听见过作家有过劳死吗？很少——因为他们写一部作品，会有很长的时间酝酿，有充分的时间劳逸结合。"

如今，“亚健康”这个词早已出现在我们的生活里，很多人之所以会出现亚健康，不能否认存在这样的一个原因：他们对自己要求过高，他们承受着超出他们身体能接受的工作和学习强度。亚健康是一种临界状态，处于亚健康状态的人，虽然没有明确的疾病，但却出现精神活力和适应能力的下降，如果这种状态不能得到及时的纠正，非常容易引起身心疾病。而亚健康，正在引起着人们的重视。

再举个很简单的例子，有购物热情的那些人如果长期压抑自己的购物欲望，他们会进行偶尔一次的大扫货，甚至购买他们根本不需要的东西，这就是一种情绪失控。再比如，长时间抵抗甜食的诱惑会让人更想吃巧克力。

也许你会问，那么，我该如何解决这一问题呢？其实，这还是意志力的问题。如果你觉得自己没有时间和精力处理“我想要”做的事，就把它安排在你自控力最强的时候。如果你想彻底改变旧习惯，最好先找简单的方式训练自己的自控力。自控力的疲惫感并不一定真实，“困难的事”和“不可能做到的事”是有区别的。只要你愿意，你就有意志。

事实上，很多你认为不需要意志力的事情，其实也都要依靠这种有限的能量，甚至要消耗身体能量。每当你试图对抗冲动的时候，无论是避免分散意志力、权衡不同的目标，还是让自己做些困难的事情，你都或多或少使用了意志力。甚至很多微小的决定也是这样的。

心理课堂：

自控力就像肌肉一样有极限，它被使用后会渐渐疲惫。如果不让肌肉休息，就会完全失去力量，自控力也一样。为什么自控力和肌肉一样有极限？自控力会消耗能量，从早上到晚上会逐渐减弱，但坚持训练能增强自控力。

第9章

说服心理学——利用心理策略扭转对方想法

表达对对方的关心，唤起对方感激的回应

人与人之间简单说就是一个镜子原理，你对别人怎样，别人就会怎样回报于你。尤其是刚认识的陌生人，彼此之间不熟悉，心理戒备很强。这时候，双方都会对对方有个试探，如果你对他人表达友善，他人也一样会向你表达友善。因此，当你想要和对方拉近心理距离的时候，不妨表达出对对方的关心。

黄冈大学毕业之后，一直在广东打拼，他想创造自己的事业。可是对于祖祖辈辈在老家生活的父母来说，他们更渴望能看着儿子在这个小县城能找一份稳定的工作。不为别的，就为了光宗耀祖。

在父母的苦苦相逼之下，黄冈回到了老家，正巧赶上了每年一度的公务员考试。对于参加过公务员考试的人来说，报名可谓是轻车熟路。可是对于黄冈来说，多少有点陌生。这天他来到报名点，看着熙熙攘攘的人，有点恐慌。

这时候，旁边的几个小伙子正在忙着填表贴照片，黄冈靠上去说："同学，你是07年毕业的？"小伙子抬头看了一眼，说："是啊，你呢，哪一年毕业的？"黄冈回答说："我03年毕业的。"

小伙子说："工作了没？"

黄冈笑了笑说："当然工作了，只不过我一直在外地打拼呢。"

小伙子："那不是挺好的吗？为什么回来啊？"

黄冈："家里不同意，非要让我回来考这个，说稳定。哎，很无奈。"

小伙子："我也是，家里逼着让考公务员，没有办法，那就考呗。"

黄冈不好意思地说："怎么报名啊？"

小伙子说："那要先去领两张表格，填好后拿着你的毕业证、身份证等证件去验证，验证通过交表就行了。"

黄冈说："表在哪里领呢？"

小伙子指了指一边说：“那边，你过去问他要就行。”

……

故事中的黄冈表现出了对对方的关心，继而得到了对方的关心和帮助。由此可见，当你和陌生人打交道的时候，要积极地向对方表达你的关心，你关心了别人，别人才会关心你。这样，才能让陌生感慢慢地消失，才能消除戒备，打开心扉。

心理课堂：

如何积极地向别人表达你的关心，在表达关心的时候有什么要注意的呢？

1. 表达关心的时候要热情

在向陌生人表达你的关心时，要尽量热情一些，让别人觉得你是真的在关心他，而不是为了嘲笑他，看不起他。你的热情会让对方内心之中感到温暖，同样，对方也会因为你的热情而对你产生好感，进而关心你。人都在乎自己，当一个没有任何关系的人对你表示出热情时，大多数情况下，你会同样被报以热情的关怀。

2. 打消别人不必要的顾虑

如果一个和你没有任何瓜葛的人向你表示出关心的时候，除了表示感谢外，一般人还会多留个心眼，避免对方别有用心，对自己造成伤害。因此，向你身边的陌生人表示关心的时候，要告诉对方你没有恶意，你只是想和他交流，以此打消对方没有必要的顾虑。当一个人心存顾虑的时候是不可能和你畅所欲言的。

3. 勿踏入别人的敏感区域

对于别人的一些敏感区域，要多加留心，避免触犯对方的雷区。比如对于一个刚刚失恋的人来说，你关心他的婚姻无疑是揭他的伤疤。当然你可能会说：对方失恋我怎么知道呢？那么说话的时候就要察言观色。要学会选择合适的话题，尤其是不要在矮子面前说短话，触犯对方的忌讳，否则，你的关心就会变成嘲笑和讥讽。

4. 过于隐私的东西别关心

对于一些过于隐私的东西最好别关心，比如对方的银行账号、密码，还有对方的女朋友等。这些东西本身具有很强的隐秘性，对好朋友来说也是隐私，更何况你是一个陌路相逢的人呢。关心这些，别人会觉得你另有所图，进而远离你，这样就不可能达到消除心理戒备，打开心扉交流的目的。

5. 适当地说出自己的事情

在对别人表示出关心的时候，也要适当地说出自己的事情，这样别人才会把你所关心的事告诉你。只有你说出自己的事，对方才会把你当朋友，才会在内心之中接受你。如果你一再地打听别人的事，而别人对你一无所知，无形之中就增加了对方的恐惧心理。

对方心防较弱的时候，更容易成功交流

在生活中，有些时候，面对不爱说话之人，往往很难和他发生语言交流，因为你不了解他的喜好，从而无法打开他不喜欢说话的口。在这个时候，如果我们随便找一个话题试图投石问路，打开他的话匣子，往往会被他冷漠的表情打退回来，有时候甚至会惹恼对方，从而断绝双方仅有的那么一点交往机会。这个时候不妨从对方无意识的行为入手，往往会让对方开口说话。

王新是小学一年级的班主任老师，平时比较细心，对孩子很有耐心，为此，经常受到学校和家长的表扬。

今年新学期又到了，上一年的学生已经读二年级了，学校又招来了五十多名新学生。新来的学生很多都是活蹦乱跳的，但是老师发现其中有一个小孩好像很忧郁。刚开始，王老师还以为是那个小孩不熟悉环境，不喜欢跟陌生同学交流。

一个月过去了，王老师发现，那个小孩依然整天郁郁寡欢，从不说一句话，这个时候，王老师开始留意他了。

一天下课后，王老师走到那个孩子身边，问道："小朋友，你叫什么名字？"

那个小孩子一言不发，只是用眼睛看了看王老师，没有表现出任何的兴趣。

看着他的表情，王老师心中暗地里有些着急，叫道："不好，小孩子不会是天生的耳聋吧，如果是这样的话，应该送到专门的聋哑学校才行，否则不是耽误了孩子的前程吗？"

王老师带着这些疑问，放学后，悄悄地跟在那个小孩的后面。王老师看见小孩走进了一间用篱笆修筑的房屋中，房子破败不堪，屋子里好像有老人说话的声音。王老师听见里面有人，便走了进去。

推开门，王老师被现场的情景感动了，只见一位大约八十多岁的老太太躺在床上，似乎得了重病，而那个小孩子，正在换洗老太太的袜子。

定了定神，王老师开始向老人家说明来意。之后老人有些伤心，说道："我是孩子的姥姥，孩子的妈妈去年刚和孩子的爸爸离婚了，离婚后孩子的爸爸一直没有再来看望过他们母子。"

老人用手抹干眼泪，继续说道："从那以后，孩子似乎懂事多了，平时会主动帮忙干家务活，但是同时话也少了很多，除了说'嗯'以外，几乎没听见他再说过其他话。"

听了老太太的话后，王老师有些心酸，他决定一定要让孩子爱说话，否则将会影响孩子的终生。

有一次，王老师发现那个小孩子无意识地用手舞动他的铅笔盒，王老师感觉机会来了，便走上前去说："小朋友，可不可以把你的铅笔盒借给我玩一下？"

那个小孩子急忙说道："不行，不行，这是我妈妈送给我的生日礼物，不能随便借给别人。"

王老师顺势说道："你妈妈有没有让你在学校要听老师的话呢？"

小孩子说："我妈妈说了，老师，你说吧！"

王老师顿时有一种成就感，于是便和小孩子交谈起来了。

一个月以后，那个小孩子也和其他小孩一样，爱说爱跳了。

在这个案例中，那个小孩子自从父母离异后，便不再和别人说话了。对此，王老师从孩子无意识的行为入手，终于让孩子开口说话了，最后也像其他小朋友一样爱说爱跳了。因此，在生活中，很难打开对方的话匣子时，我们不妨从对方无意识的行为入手，让其开口说话。

心理课堂：

我们要如何才能做到这一点呢？

1. 无意识地扶眼镜框暗示对方正在思考

有些时候，对方无意识地扶眼镜框，往往暗示着对方正在思考问题，而且很有可能就是你们正在讨论的问题。如果这个时候，你能够顺势说一下问题的各种利弊，可能恰好解开了困惑对方很久的疑惑，往往会让对方开口说话，然后你再按着自己的意图加以引导，最后很有可能达到自己预期的目的。

2. 无意识地将手交叉在身后暗示对方很霸气

有些时候，面对你不熟悉而又不善言谈之人时，你可以从他无意识地将手交叉在背后这个动作，推断出这个人很霸气。这个时候，你最好说一些暗中夸奖他很威风、很霸气的话语，往往会提起对方的兴趣，从而开口和你说话。

3. 无意识地低头说明很谦卑，需要你给他自信

在生活中，面对不喜欢交谈的人时，你可以根据他无意识地低头迅速判断出对方很谦卑，缺乏自信。如果这个时候你能适当赞扬他的优点，谈一谈他的过人之处，也许会让对方重获自信，从而开口和你说话。

4. 无意识地抬头意味着对方很高傲

有些人无意识地抬头，往往意味着他们很高傲。这个时候，如果你想让他开口说话，最好不要夸奖自己的功绩，或者说一些贬低对方的言语，否则很有可能激怒对方，从而使双方都陷入尴尬的境地。

5. 无意识地摆弄自己手中的物品意味着对方的空虚

对方在无意识地摆弄自己手中的物品，往往意味着对方感到很空虚。如果你这个时候想要他开口说话，那么你最好不要说一些不着边际的空虚话语，否则会让对方感觉到更加空虚；你最好说一些务实的话题，也许对方立即就会开口和你交谈起来。

记住对方的名字，并且准确地叫出来

在生活中，有些人总是记不住对方的名字，或者即使记住了对方的名字，在叫对方的时候也不喜欢直呼其名，而是喜欢在别人的姓氏前面加一个小字，让对方听后感觉双方还很陌生，至少连名字都没有记住。相反，有些人总能在对方作自我介绍之后记住对方的名字，然后在下次见面的时候，直接叫对方的名字，对方往往会觉得他给你留下了深刻的印象，从而逐渐打开对方坚厚的戒备心。因此，在生活中，叫对方的名字是打开戒备心的钥匙。

李强是一个游手好闲的人，但是他有一个好记性，并爱好结交朋友。他自己有一栋楼房，平时靠收房租过日子。

有一天，楼房里新搬来了一个小伙子，是一个外地人，平时话不多，但是却很面善。在小伙子搬进来之时，小伙子除了交房租和身份证复印件之时和房东说过几句话之外，其余的话从来没和房东多谈过。

平日里，小伙子早出晚归，没人知道他在忙些啥。房东有些担心，害怕小伙子不务正业，整天和一些不良青年混在一起干违法的事情，同时其他租房者也有同样的担心。

有一天，小伙子刚一回来，房东叫道："王意，下班了？吃饭没有？上班很累吧？"

小伙子突然回头，先是一惊，然后微微一笑，说道："嗯，刚吃过了，上班不太累。"

房东感觉到小伙子的变化，但是小伙子紧跟着就进了屋，房东也没好再多问什么。

第二天早上，房东早早起床了，站在门口等待小伙子的出现。小伙子刚一出门，房东笑道："王意，早上好！上班去了！"

这次，小伙子没有再吃惊了，而是用很平和的语气微笑着说道："李大哥早上好！晚上我们再聊。"

房东感觉和小伙子的关系亲近了不少，因为他第一次听见小伙子叫他李大哥。

晚上，小伙子找到房东之后，两人聊了起来，还没等房东问，小伙子主动地说："我从大老远来这边，其实不是为了找工作，主要是想来这边投资做生意的。但是我在做生意之前，先要在同行里面干一两个月熟悉一下这边的环境。"

房东一边听一边露出羡慕的眼光。

小伙子接着说道："我准备在这个地方办一个工厂。我现在正好缺少一个助手，如果你愿意的话，我们不妨合作一下，工资待遇绝对高于同行业的平均水平。"

房东一听乐了，心里正愁整天游手好闲的没事干，正好机会来了，于是欣然同意了。

几年后，房东和小伙子都成了远近闻名的富人。

在这个案例中，小伙子本来是一个怀有戒备心的外地人，从不轻易和邻居交谈。但是房东每次在叫他的时候都是直接叫名字，让小伙子觉得房东是一个可以信赖的人，然后两个人就打开心扉进行交往，最后成了生意上的好伙伴。因此，在生活中，叫对方的名字是打开坚厚戒备心的钥匙。

心理课堂：

如何才能做到这一点呢？

1. 要记住对方的名字

在生活中，当新人到来的时候，往往会有自我介绍，在这个时候，你最好

将别人的名字牢记在心。如果你是一个健忘的人，你也可以用笔记下来，以便下次能够叫出别人的名字。能否记住一个人的名字往往是你认识这个人的第一步，如果当别人自我介绍完了之后，你连他的名字都没有记住的话，别人会认为你根本就没有把他放在心上。

2. 要善于抓住时机

叫对方的名字，最好抓住恰当的时机。比如一个人在叫你的名字的时候，你恰好处在一个闹市中，你往往听不见；或者你正在和别人谈话的时候，你的注意力根本就没有在对方身上，即使对方叫你的名字，你不会因此而对他有任何不同的好感。但是当你一个人孤独地走在僻静的小道上的时候，别人直呼你的名字，也许正好打断你的孤独，让你觉得这个世界上还有人记得你的名字，你不是一个被遗忘的人。

3. 注意对方的辈分和年龄

一般来说，长辈对晚辈、年长的对年幼的、平辈人之间或者年龄差不多的人之间可以直呼其名，这样显得亲切；相反则不能直呼其名，否则就会让人觉得你目无尊长，惹人恼怒。因此，叫对方的名字之前，最好注意对方的辈分和年龄。

4. 叫名字时眼睛要盯着对方

眼睛是心灵的窗户，当你叫别人的名字的时候，如果你的眼睛望着别处，会让人觉得你是在拿他的名字开玩笑，认为你不尊重他；相反，如果在你叫对方名字的时候，眼睛盯着对方，那么对方会觉得他在你心目中的位置很重要，从而就会逐渐打开心扉和你交往。

5. 叫名字时语气要柔和

同样一句话，用不同的口气叫出来蕴含的意义就不一样了，比如上级对下级一般用命令的口吻，下级对上级只用请求的口气，平级之间用一般的口吻，如果你把握不当的话，往往会让对方觉得你是在命令他或者请求他，从而导致对方继续对你保持戒备心。这时你不妨用柔和的语气叫对方的名字，对方也许就会敞开心扉和你交流。

用委婉曲折的表述打动对方

生活中，谁也不愿意承认自己是个无用的人，自己的意见和建议没有任何价值。所以，当你对对方进行说服的时候，为了尊严，对方自然不愿意就此乖乖地顺从。这时候，要把说服对方的目的掩饰起来，不妨设置一些悬念，用委婉曲折的故事打动对方，让别人很自然地向你靠拢，从而被你说服。

哈蒙特毕业于耶鲁大学，又在德国弗赖堡做了3年研究工作，按照常理来说，他可是很多矿厂主求之不得的人物，可是事实并非如此。

来到美国后，哈蒙特挑了一家很大的矿厂去应聘。老板叫做琼斯特，他是个非常固执的人，只要自己认定的事情，就没有人可以改变。

当他看完哈蒙特的简历之后，微笑着摇了摇头说："对不起，年轻人，我们不需要你这样的人。"哈蒙特非常不解，他问道："那么，您能告诉我这是为什么吗？"

琼斯特笑着说："很简单，我不满意，你曾经在弗赖堡做过一段时间的研究，你的脑子里肯定充满了一堆理论。我可不需要只会讲理论的工程师。"

哈蒙特说："我告诉您一个秘密，但是您得答应我不能告诉我爸爸。"

琼斯特非常好奇，随后点了点头。

哈蒙特说："其实，在德国耶鲁大学进修的时候，我并没有专注于理论研究，而是利用四年的时间去打零工挣零花钱，四年内我积攒了不少。而且，在德国弗赖堡研究期间，我的大部分时间并不是在实验室度过的，而是在街头，因为我在街头卖唱。"

听完哈蒙特的话，琼斯特哈哈大笑了起来，他拍拍哈蒙特的肩膀说："小伙子，我决定聘用你了，你明天去人事部办一下入职手续。"

故事中的哈蒙特在遭到别人的拒绝之后，并没有努力想办法去说服对方，

而是采用委婉曲折的方法解释，最终赢得了琼斯的欣赏，达到了让琼斯接受自己的目的。由此可见，把自己想要说服对方的目的隐藏起来，这样可以减少对方的心里抵触，在你的曲折委婉的暗示和诱导之下，让别人悄悄地被你俘获。

心理课堂：

如何才能做到委婉曲折地俘获人心呢？

1. 不妨讲个类似的故事

当你和别人的想法和看法不一致的时候，想要别人来支持你，那么首先做的就是要说服对方的心。直接讲道理摆事实或许未必能起到相应的作用，这时候你只需要讲一个类似的例子，在案例中把你的寓意暗含进去，让别人从你讲的类似的故事中慢慢地领会你的意思。或许他人并没有被你说服，但是却被故事所影响，也就会慢慢地向你倾斜。

2. 用谦虚的心向别人请教

当别人不接受你的建议和意见的时候，不妨虚心一些，向他人请教。比如，你在做销售时，说服客户认可你及你的产品，如果客户拒绝了你，这时你虚心地向他人请教，无疑把对方推上了“老师”的位置，这样，客户在教导你的时候，就会慢慢地接受你。事实上，接受了你也就接受了你的产品，最终你实现了说服他人的目的。

3. 用对方的理论为自己辩解

如果你发现别人的想法和你的不一样，那么为了让别人顺从于你，不妨用他人的观点来说服对方。这样，对方便不能再与你相搏，因为否定你就是否定他自己。比如故事中的哈蒙特得知对方的要求后，巧妙地向琼斯特靠拢，实际上就是用琼斯特的观点反驳了琼斯特，最终赢得了对方的认可。

4. 先接受，不要直接否定

在交谈中，如果你发现双方的观点相搏，并且水火不容的时候，不要直接否定别人。没有人喜欢被人否定，即使对方是错误的，被人否定，也会想方设法地找理由、找借口狡辩。如果你先接受对方，先肯定他人，然后再指出其问题和毛病，一般情况下容易被人接受。很多高明的批评高手，在批评别人的时候往往先表扬对方，从而更容易被人接受。

5. 先认错，反而赢得主动

很多时候，人都觉得自己是对的，别人是错的。即使在对错很显然的情况下，也不会主动认错。正所谓“可以输掉结果，但是不能输掉气势。”也正是在这种心理的作用之下，人很难被别人说服。不管这时候你对了还是错了，要主动地承认自己的问题，这样你就会绝对地占据了优势。因为你在主动地解决问题，而别人在被动地应付你，可想而知最终的结果自然是对方被你说服。

对于坚持自我的人，用激将法刺激他的心

生活中，很多人貌似很强势，从来不会轻易说服，亦不会轻易被别人说服。他们当中，有些人很有主见，坚持自我，而有些人则纯粹是好面子，觉得顺从别人就是示弱，故而和你死扛到底。不管出于那种情况，对方心中都有软肋。当他们表现得强悍，不肯妥协的时候，不妨用激将法刺激他们的心，让他们在你的诱导下一步步地向你靠拢，最终走向被你所俘获的境地。

小胡是软件公司设在商场促销专柜的销售员。

这个周末，客户特别多，小胡忙得团团转。但是有一位30多岁的男人总是在柜台边转来转去，不停地向小胡咨询软件方面的问题。整整一个上午了，这个男人拿起产品看了又看，问了又问，可就是不买。

这时候小胡说：“我们的产品质量都非常好，就是价格稍微有点高，你不会因为这个原因犹豫不决吧。”

30多岁的男人满脸通红，说：“怎么可能呢，这点钱对我来说根本就是九牛一毛的事情，我怎么可能舍不得花呢？”

小胡接着说：“但是凭我的感觉，我敢和你打赌，你今天是不可能购买我们产品的，对吗？”

30多岁的男人笑着说：“你还别激我，我今天就当着大家的面，买给你看。”

可是等他把钱包拿出来的时候，一脸的尴尬。

小胡接着说：“你空着两只手，拿什么买我们的产品啊？就会吹牛。”

30多岁的男人神奇地从钱包里抽出一张卡来：“谁说没钱就不能买啊，你看好了，我现在刷卡了。”说完，问小胡要过了刷卡机，顺利地完成了消费。

小胡赔着笑脸说：“看来我今天真是看走眼了。”

客户瞪了一眼说：“姑娘，别把人看扁了。”说完头也不回地走了。

小胡露出了开心的微笑。

故事中的小胡在看到客户不想购买软件的时候，用客户买不起这一话题，刺激对方的自尊心。客户最终刷卡买了软件，只是为了证明自己有能力买，当然最终的获益者是小胡了。由此可见，巧用言语刺激他人，让别人妥协，而在最终的博弈中获得最终的“利益”。

心理课堂：

用言语刺激别人的时候要注意哪些方面呢？

1. 在人多的场合下进行

激将法主要是利用对方好面子的心理，在人多处将对方逼上台，不得不顺从。如果不顺从，就说明对方没有能力，事实上谁也不愿意承认自己没能力。所以为了证明自己有这个能力，对方一般都会顺从，就算原本不想顺从，也得顺从。所以，激将法一定要选在人多的场合，让他们在不情愿和不乐意的情况下，一边嘴里说着不愿意，一边顺从。

2. 不要针对人格和尊严

在应用激将法来逼迫对方就范的时候，一定要注意，问问题的时候千万别针对对方的人格和尊严。针对对方的人格和尊严，这让对方根本无路可退。结果只有一个，那就是别人跟你拼命。所以，在用激将法的时候，一定要注意言辞和针对性。试想一个人在没有人的场合被人羞辱是多么的气愤，更何况还是在大庭广众之下丢脸，自然不会轻易罢休。

3. 不要害怕和别人对抗

不要害怕和对方对抗，不要害怕给对方留下不好的印象。事实上，激将法要想顺利实施，前提必须是和对方对抗，所以大可不必害怕因此而得罪对方。你在逼迫对方妥协，对方尽管对你不怎么满意，但是还是非常感激你。因为你让对方证明了他有这个能力和诚意。所以，在逼着对方满足自己的虚荣心时，对方满足了内心的需求，你在博弈当中也得到了最大的利益。

4. 找到强硬坚持的理由

一个人表现得强硬，不肯随便妥协，那么他一定有理由相信自己所坚持的是正确的，是值得坚持的。那么，要想扭转别人的想法，让他来顺从你，你就要找到对方坚持的理由，弄明白他为什么会坚持，然后想方设法在他理由的对立面，巧加刺激。对方为了不被你所说中，势必会反其道而行，这样，在无形之中，让对方向你靠拢。

5. 说话时要拿捏好分寸

用激将法刺激对方的时候，说话一定要拿捏好分寸。要明白你是在刺激对方，想让对方向你靠拢，而不是嘲笑、讽刺，甚至谩骂。话说得恰当，能引导对方向你靠拢，但是如果说过了头，和对方形成敌对状态，势必会形成双方的争斗，最终对方是绝对不可能扭转想法和你站在一起的。

先肯定对方，然而再提出建议

每个人的想法和观念不同，要想说服别人来肯定你、顺从你不是一件容易的事情。如果你直接说对方的观点是错误的，你的观点是正确的，那么势必

会给对方的心理上造成伤害。即便你所说的、所想的是正确的，那么别人也不会轻易顺从于你，而是想方设法地和你理论一番。即使你真的把对方说服了，别人也不会心服口服，你得到的不是信任，而是敌对。如果你在说服别人的时候，先肯定对方，然后再提出建议，这样对方的心理上就能接受，继而将你当作他的真心朋友。

姬童大学毕业之后，留在了北京，她想在北京做出自己的一番事业来。但是几年过去了，她也就每月挣着几千块钱勉强度日。随着年龄的增长，父母希望她能回到老家来，一来找个稳定的工作，二来解决个人问题。

可是对于姬童来说，这些似乎是太过遥远的事情。她从来没有去认真考虑过。因此，在继续留在北京还是回到老家的问题上，姬童和父母发生了严重的分歧，每次沟通免不了争吵。时间久了，姬童往家里打电话的频率也降低了很多，有时候父母一个月也接不到她的一个电话。为此，爸爸妈妈心急如焚。

这天，爸爸主动拨通了姬童的电话，他说："姬童，你最近很少往家里打电话了，爸爸知道之前的沟通，给你带来了伤害。爸爸妈妈都是为你好，你不要往心里去，好吗？"

姬童听了，宽慰说："爸，你别那么说，你和妈妈都是为我好，我怎么可能记恨你们呢？"

爸爸："那就好。不过爸爸还是希望你能够回来。你先别急，先听爸爸把话说完，好吗？"

姬童："好，爸你说吧，我听着呢。"

爸爸："爸爸知道你不甘愿就这么平凡，你想做出属于自己的事业。爸爸也年轻过，完全理解你的心情。年轻人有梦想，有闯劲，是该做一番轰轰烈烈的大事情。这一点爸爸非常认同你，而且很支持你。"

爸爸的一番话，完全出乎了姬童的意料，她内心的防备渐渐地放松了下来。

爸爸接着说："但是，人不能永远生活在梦想中啊，留在北京你是可以获得更多的成功机会，可是北京的房价那么高，咱们买不起。而且你岁数也不小了，婚姻大事总不能一直拖下去吧。"

姬童："爸，婚事的问题你们就不要为我担心了。"

爸爸："现在老家这边的政策也很不错，你回来之后稳稳当当地找个工作，再成个家，我们一家人天天在一起，不好吗？"

姬童第一次陷入了沉思。一直以来她都觉得爸爸妈妈不理解她，可是今天爸爸的一番话却触动了她的心。她开始怀疑自己的决定是否真的正确。

没过多久，姬童离开了北京，回到了爸爸妈妈的身边。

故事中的父亲在说服女儿的时候，没有一口否认女儿的想法和决定，而是站在了女儿的角度上，对她的所作所为给予了认可和肯定，然后再提出了建议，最终说服了女儿。由此可见，在说服别人的时候，不要直接否定，而是要给予认可和表示理解，之后再提出建议，维护对方的自尊。

心理课堂：

如何才能做到先认可对方，再提出建议维护他人的自尊呢？

1. 站在对方的立场上理解他人

一般情况下，你之所以觉得对方的想法和观点是不对的，是因为你站在自己的立场上想问题。那么，要想扭转对方的想法，使其顺从你，就要站在对方的角度上去理解他人。如果你一味地肯定别人，却说不出个所以然来，别人会觉得你在敷衍他。因此，要站在对方的立场上去理解他，这样别人会觉得你能真实地明白他的感受，而信任你。

2. 在理解中包含赞许和恭维

在对他人表示理解的时候，不妨适当添加一些赞许和恭维的话，给别人一种你很欣赏他的感觉。对方会因此而感受到高兴，对你的防备自然降到了最低。尽管对方最终还是被你说服，但是你的赞美和恭维就是对对方的肯定。即使被你说服，顺从于你，也会满心欢喜。

3. 适当降低对他人的否定程度

在否定别人的时候，可以适当地把话说得委婉一些。在否定的程度上尽量降低一些，这样对方尽管被否定了，但是心理上也是能接受的。比如想要别人更正和调整的时候，说成"稍微调整"或者是"调整一下"等词，这样对方会

觉得你基本上是认可他的。

4. 口气缓和表示给予的是建议

不管是否定别人还是说服别人，说话的口气一定要柔和一些。一般情况下，说话口气的强弱可以表达心理对抗的强弱。柔和的声音可降低对方的敌对情绪，让别人感觉你是在和他商量，你是在提建议，而不是在说要求。没有人喜欢被别人呼来喊去，你的商量让别人受到了应有的尊重，从而信任你，顺从你。

5. 表明建议后穿插征询的提问

一般情况下，当人在听到意见和建议的时候，往往会处于一个模糊状态：不反对，也没立即想要接受。这时候，如果你适当加一些征询式的提问，比如“行吗？”“好不好？”“怎么样？”等，则能引导对方向你靠拢。除此之外，这样的询问更让对方觉得受到了应有的尊重。

用“权威效应”攻击对方软肋

很多时候，人之所以不肯顺从你，那是因为他觉得自己是对的。即使他的想法和看法不是很全面，他也同样怀疑你的意见和想法。如果你不能拿出有力的证据证明，那么对方不会轻易只凭借着你的一些话，被你说服。这时候，不妨拿一些有权威的言论或者事实，来展示在对方的面前，让对方在权威的压力下顺从你。

最近，廉租房的指标下来了。王乐听到这个消息后，迫不及待地赶到了社区，为获得这个名额而积极努力。按理说，他有房子住，不应该去抢廉租房的名额。但是王乐有自己的小算盘：现在房价这么贵，拿到廉租房再租出去，那可是一笔不小的收入呢。

社区主任看到王乐也来抢名额，不满地说：“王乐，你跟着瞎起什么哄啊？你不是有房子住吗？”

王乐辩解到：“那房子是我父亲的，迟早他要收回去的。要是被收回去了，我上哪里去住啊？再说了，我没有正式工作，属于零就业困难家庭，难道不应该得到国家的优先照顾吗？”

王乐说的也在理，可是他至少目前有房子住，社区内还有很多人住在简陋的危房中呢。可他的条件也确实不行，特殊照顾也是理所当然的。主任有点为难，给他开介绍信还是不开呢？

正在主任为难之际，王乐却在一旁焦躁不安地抱怨。如果这样下去，势必造成很坏的群众印象。而且王乐还扬言，要是不给他开介绍信，他就去民政部门反映情况。很显然，要劝说王乐放弃是不大可能的了。

这时候，主任突然想起了一个人，她就是王乐的老婆江某。王乐是出了名的怕老婆，只要提到他的老婆，就会谈虎色变。想到这里，主任突然说：“王乐，你申请这个廉租房跟你老婆商量了吗？这个可不是白给的，也是要交六七万定金的。”

王乐听主任说起了自己的老婆，顿时像泄了气的皮球一样，不再嚣张了。他知道江某是绝对不同意拿着那点家底来“赌博”的。主任见王乐有所顾忌，接着说：“你回去和你老婆商量好了再来，省得日后麻烦。”

王乐顿时没了热情，低着脑袋从人群中挤了出来。

故事中的主任明白，要想让王乐放弃自己的打算，除非找到他的软肋，而他的老婆江某就是这个软肋。所以，主任轻而易举地说服王乐放弃了争夺名额的念头。由此可见，想要让不肯妥协的人放弃自己的决定，而顺从你，就要找到他的“软肋”，用权威效应让他投降。

心理课堂：

如何才能找到对方的“软肋”呢？

1. 多留意对方的忌讳

一般情况下，人的忌讳之处，凝聚的情感最多，也最怕别人提及。因此，

当对方态度坚决地不肯妥协的时候，不妨多留意对方的忌讳，对对方最柔软的地方做文章。当对方被刺痛的时候，气场就会弱下去。这时候你再动之以情，晓之以理，对方没有了强大气场做盾牌，内心防线将很容易被你所攻破。

2. 看准谁能影响对方

每个人的一生中，总有一个最在乎的人，这个人对他的影响一定不小。所以，当你想尽一切办法也无法更改对方的主意的时候，不妨在他最在乎的那个人身上做文章。只要能说服对方最在乎的人，利用此人对对方进行说服，这样得到的效果远远比你说服更有利。当然在利用对方最在乎的人来说服的时候，要把你的意思通过别人的嘴说出来。当然，说服此人是关键。

3. 在对方的担忧上想

世上没有绝对的事情，任何事有利也有弊。别人之所以坚持着不妥协，是因为在他的眼里看到的是利的一面，那么弊的一面势必为对方所担忧。所以，在说服别人的时候，不妨多强调弊的一面，扩大对方内心之中的担忧。这样，再加上你的说服，对方势必会再权衡利弊，这也是对方向你靠拢的第一步。

4. 对方的缺点可以用

对于人性的一些缺点，在说服的时候完全可以利用。比如有的人比较贪婪，那么说服他的时候，不妨拿一定的利来诱惑他，利用对方占小便宜的心理，从而成功地俘获对方的心。很多销售人员都是利用一些小优惠，让本不想购买的客户最终购买商品。

5. 看重对方的关系矛盾

人是社会群体中的一员。那么错综复杂的人际关系中，势必会有关系矛盾。这时候，要利用好这种关系矛盾，给对方坚强的意志以打击。比如故事中的王乐惧怕老婆，主任正是利用了他们之间的关系矛盾，成功地让他放弃了之前的决定。所以，完全可以拿对方人际关系中的矛盾来做文章，从而让对方屈服。

第10章

暗示心理学——潜移默化更见效用

心理暗示比正面交锋更有力度

在生活中，我们常常会遇到一些尴尬的事情，有时候碍于情面，又不得不做。可是如果直截了当地说穿，不仅自己会很难堪，还会伤害对方的自尊心。其实，在社交中，面对这种尴尬局面，如果我们采取委婉含蓄的表达，会收到事半功倍的效果。

事实上，人与人交流，无非是相互之间信息的传递。很多时候，有些话是不方便直接说出来的，所以要学会暗示对方，比如一个表情、一个眼神、一个动作，当对方看到你的暗示时自然能明白是什么意思。所以我们在日常交际中，要学会运用心理暗示的方法来应对自己遇到的问题，因为心理暗示比较含蓄，它远远比正面交锋更有力度。

小王已经在政府机构工作了两年，一直都是市长的得力助手，也深得市长欢心。

同样，小李也是市长跟前的红人，只是他比小王进机关稍晚一点。他们同是市长的心腹，因此私下感情很不错，工作上也很默契。

不久，机关进行人事调配，在调配过程中，财务主任要退休。这样一来，这个职位就得有人补缺，而小王和小李是最合适的人选。可是，只有一个职位，另一个人必须放弃。

小王和小李自然谁都不愿意退出。

小王想："我进机关早，这次财务主任肯定非我莫属。"所以小王整天喜气洋洋的，还没上任，就已经有了一副主任的架势，对别人也傲慢了许多，对市长交代的任务也没有以前那么上心了。

小李自知自己的弱势，但他不想失去这次难得的升迁机会。后来在父亲的开导下，小李决定采取一种比较含蓄的方法，来让市长对自己青睐有加。于

是，小李每天都尽心尽力地做好自己的本职工作，在小王面前也还是像以前一样毕恭毕敬，对市长的关心更是无微不至……

很快，政府机关宣布了人事决定，小李顺利地坐上了财务主任的宝座。

在这个事例中，小王之所以在竞职中失败，并不是他的能力得不到领导的认可，而是因为他不懂得掩饰锋芒。而小李正好相反，他深知自己的处境，也明白与小王正面交锋自己得不到什么好处，于是，他就采取了迂回的办法。在领导面前，小李并没有直接袒露自己的目的，而是委婉含蓄地给领导暗示，这样做既给予了领导充分的自由权，也顾及到了领导的面子，自然在竞争中胜出。

“善于隐藏自己的动机，通过心理暗示达到自己的目的。”在生活中是这样，职场中也同样如此。同事之间往往存在着竞争，有时候，稍不留神，将动机暴露出来，就会给工作带来不便，使自己处于被动。

心理课堂：

有时候运用心理暗示来说服对方，要比直接将话挑明容易很多。在交际中，把想说的话先“隐藏”起来，换一种含蓄委婉的言行举止，把自己想表达的真实意思夹杂其中，以间接的方式把信息传达给对方。在某些情况下，如果有必要的话，也可以加上一句明知故问，借助对方的嘴巴将你想要表达的意思说出来，这样就可以通过心理暗示达到目的。

心理暗示无疑是走向成功的必备条件。尤其在现在的商业谈判中，面对尔虞我诈，心理暗示的运用可能是很关键的一个环节。所谓“不打无把握之仗”，在竞争中，要想将劣势转化为优势，就要运用含蓄的心理暗示。因为不管在什么时候，心理暗示都要比正面交锋有力度，也更有胜算。

让对方有身临其境的代入感

人的想象力是惊人的，想象力能开发出人的潜能。自古以来，人类所做出的伟大发明，都和想象力有着巨大的关系。对于同一个事物，不同的人会有不同的想象。因此，在运用心理暗示的时候，我们也可以充分调动对方的想象力，将画面植入到对方的思维中，这对于让对方接受我们的想法会有很大的促进作用。因为从心理学的角度看，一旦在人们的脑海中产生了某种画面，他们就会潜意识里接受这画面中的场景。下面我们来看看乔·吉拉德是如何运用这种暗示方法来达成销售目的的：

一天，推销大师乔·吉拉德所在的汽车展厅又迎来了一位客户。经过沟通和了解，乔·吉拉德向她推荐了一款合适的车型。那位客户看着崭新的汽车，左转转右转转，好像非常欣赏。

“夫人，如果您不介意，可以坐上去试试？”

“是吗？你们对面的福特车行，每款车上都写着‘请勿触摸’的字，我真的可以试试吗？”

“当然可以！”

这位女士坐在驾驶座上，握住方向盘，触摸操作一番。从车里出来后，女士说：

“不错，新车的味道真好！”

“那您决定买这辆车吗？”

“哦，我再考虑考虑，好吗？”

“亲爱的夫人，您可能还不知道这辆车驾驶起来有多么的舒服。您愿意把它开回家体验一下吗？”

“真的吗？”这位女士感到不可思议。

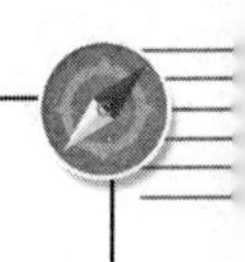

“当然，没有任何问题！”

后来，这位女士决定购买乔·吉拉德的车，因为她把车开回家之后，丈夫、孩子和邻居都赞不绝口，这让她感到很满足，于是马上决定购买。

乔·吉拉德可以成功推销这辆车，并不是因为他巧言推销，而是因为他善于暗示，引导客户接受产品的体验，让客户看到了购买新车后的美好画面，进而主动购买。

的确，聪明的人在与人交流的过程中，都会巧妙攻心，他们并不会苦口婆心地劝说，而是使用“画面植入法”。这一方法能加快对方接受意见的脚步，一旦对方感受到你所描述的蓝图是美好的，他们会毫不犹豫地选择听从你的意见。比如，你是一名销售员，在对客户的购买能力等情况进行一番了解后，不妨对客户进行心理暗示：“夫人，你想想看，如果您能买下这所房子，那么，您的孩子每次回家的时间就能减少半个小时；每次当他吃晚饭时，还能听到对面音乐厅里最悠扬的钢琴声。”再比如你可以说：“周末的早晨，您带着您的孩子们，穿着我们公司的户外运动鞋来到郊外，舒展已经劳累了一周的身体。郊外的山坡，有很多人一起爬山，当爬到山腰的时候，有些人的运动鞋居然出现了问题，这些人面临的将是难以前进的道路……而您，却带着您的孩子在挑战山顶的高度！”

心理课堂：

那么，具体地说，我们应该怎样将画面植入对方的思维中，让其接受我们的暗示呢？

1. 语言诱导

你要学会运用诱导性的语言为对方的想象力铺平道路，并适时限制或发展对方的想象空间，这就像制造一个固定的空间、固定的路径，引导对方朝着自己设定的方向想象，从而达到自己的目的。

2. 让对方参与，体验互动

人们常说“耳听为虚，眼见为实”，相比你所说的，人们更愿意相信自己的眼睛，更愿看见真实的幸福生活。此时，如果你也能和案例中的吉拉德一样，调动起听者的视觉、嗅觉、味觉、触觉等亲身感官体验，那么，一旦他们对你的话产生了信心，是很愿意相信你的。当对方了解这些以后，就会有一种想尝试的欲望，此时，我们的劝服近乎成功了。

另外，我们在对对方进行一番暗示后，不能急于让对方表态，因为对方需要一些时间思考，让这一暗示真正地进入对方的头脑，渗透到思想深处，进入其潜意识。这样，对方的态度就会变得积极起来，进而真正接受你的暗示。

总之，在与人交流的过程中，如果我们能运用“画面植入法”这一暗示技巧，充分开发对方的想象力，一旦对方脑海中产生了某种特定的画面，那么，你的目的也就达到了。

通过第三者干预使其接受你的想法

在人际交往中，相信每个人都希望能获得他人的信任，因为出于任何目的的沟通都是建立在互信的基础上的，否则交流就无法进行下去。然而，现实的沟通中，不少人却遇到了这样的困惑：怎样才能打消对方的疑虑呢？有时候，直接劝说未必有效果，甚至可能适得其反。此时，你可以通过第三者干预的方法暗示对方，使其接受你的想法。

一般说来，人们都有这样的心理：对直接面对的交流者都心怀戒备之心。聪明的人面对这种情况绝对不会继续苦口婆心地劝说，而是懂得曲径通幽，巧用心理暗示来影响对方。那么，具体来说，我们该怎样使用这种方法呢？

1. 故意让对方听到你和第三者的悄悄话

最近，关系不错的小王和小李闹起了矛盾。小王总喜欢开玩笑，前些天，当着办公室所有同事的面，她玩笑开过火了，小李当场就红了脸，气冲冲地摔

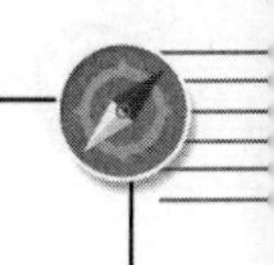

门而去。从这以后，两个人都没说过话，即便擦肩而过，也都是彼此视而不见。虽然，小王内心比较内疚，但她也拉不下脸主动与小李说话。

这天在办公室，小王在与同事聊天的时候，随意说了几句小李的好话："小李这个人真不错，是很仗义的朋友。我来公司一年多了，她在各方面对我的帮助都挺大的，能够有这样的朋友，真是我的幸运。"没过多久，这几句话就传到了小李的耳朵里，令小李心中既欣慰又感动，就连那位同事在向小李传达这几句话的时候，都忍不住夸赞一番："小王这人真不错，心胸开阔，难得啊。"

这天下班小李在走廊上看见小王，竟意外地打招呼："下班了？有事吗？我们好久没一起去飙歌了。"就这样，两个姑娘又和好了。

有时候，在背后说他人的好话、赞美几句的功效比当面说似乎更有效果。小王那看似随意的几句话却是有意策划的，这样就轻松地解开了横隔在两人心中的障碍，自然也就冰释前嫌了。可能你会有疑问，间接赞美为什么会有那么大的效果呢？因为大多数人觉得，当面说的坏话不算坏话，背后说的好话才是好话。因此，人们更愿意相信背后所说的好话，会更欣赏那些在背后赞美自己的人。

2. 巧妙引用第三方的话

杰克是一家燃气公司的推销员。一天，他来到某小区，准备向准客户詹先生推销自己的产品。简单介绍之后，詹先生的回答很让人失望。

"我没用过你们公司的产品，不敢相信你们，万一有个好歹，后悔都来不及。"

"詹先生，您多虑了，如果我们公司的产品真的出过事故，那么，我还会站在这里与您交谈吗？而且，产品的质量是我们推销最有力的武器。"

"这倒也是，不过口说无凭，我还是不敢相信你。"

"詹先生，您看，这是上半年我们公司的销售情况表……"说着，杰克便把一本销售目录拿出来给客户看。

詹先生一看，他所在小区居然有一大半以上的用户都使用了杰克推销的燃气。为了确定杰克的推销目录的正确性，詹先生还拨通了这些邻居的电话，证明了杰克所说属实。后来，詹先生二话不说，购买了杰克的燃气。

杰克之所以能打消詹先生对产品质量的疑虑，说服詹先生购买自己的燃气，就是因为他出示了最有力的证据——这张销售目录表，其他客户的购买就是产品质量的最好证明。从这则案例中，我们便可以发现巧借第三者干预在消除客户拒绝中的重要作用。

心理课堂：

研究表明，客户虽然有千万个借口来对销售人员的推荐做出拒绝的反应，但根源往往归结为习惯性使然。客户对产品存在这样的异议，并不是因为客户真的对产品不满意，而是因为他们与生俱来的对新事物的防备。如果我们一味地向客户推销产品、高谈阔论的话，那么，很有可能招致客户的反感。有些话点到为止，让客户自己去想、去看，反而更易让客户接受产品。

“王婆卖瓜，自卖自夸”，如果我们一味地正面陈述事实，对方未必会相信。此时，不妨换一种方式来说这件事情，就可以大大消除对方的疑虑。巧妙引用第三方的话，向对方证明你的观点，这是打消对方疑虑的好方法。比如，你可以这样说“我的邻居已经用了三四年了，仍然好好的”。这句话暗示出产品质量绝对能过关，虽然邻居并不在旁边，但这已经有效地打消了对方心中的疑虑。

不得不说，有时候，我们把话说得再漂亮，也未必能让对方信服，而此时，“第三者干预法”能很有效地打消对方的顾虑，为我们节省很多力。

利用“从众心理”影响对方

在日常生活中，我们习惯于这样说“大家都这么认为的”、“他们都说”、“咱们都认为是这么回事”等。于是，当大家的意见无法统一时，绝大

多数时候都会遵循“少数服从多数”的游戏规则。虽然，某些人心里还想着“真理掌握在少数人的手里”，但是他们的语言或行为还是挡不住随大流的趋势，这就是典型的“从众心理”。当大家都认为是这么回事的时候，即便你有什么反对的意见，也会不自觉地隐藏起来，主动表示“赞同”。

生活中的人们，也可以将这一心理暗示方法运用到人际交流中，以此来影响对方的观点或意见，也就是在说话时表示这是大众观点，令其从众。

小李是一名化妆品推销员，她销售的品牌并不是什么名牌，但却一直销量很好。这是因为她有一个销售秘诀：每当客户对自己的推销产生质疑时，她都会拿出其他客户所填的意见表以及销售业绩表，她知道，这才是最有力的证据。

有一次，公司来了一位女士，要购买一套护肤品，小李劝了半天，对方还是担心产品的质量：“现在的化妆品质量太没有保障了，化学成分太多。”此时，小李明白，要想说服这位客户，就要拿出最有力的证据。于是，她一边从包中拿出客户意见表，一边说：“您担心产品质量，是可以理解的，毕竟，我一个人的话可能显得空洞，但众多姐妹都这么说，现在，每天都有一些女性朋友结伴来我们店购买这套护肤品。”

“嗯，你说得没错，我看你的皮肤也很好，我相信你，你是一个喜爱并相信自己产品的销售员，我又有什么理由不相信你呢？”

案例中，销售员小李之所以能打消客户顾虑，将产品推销出去，就在于她的巧妙暗示，用“客户都这么说”来打动了客户。在购买心理上，人们都害怕吃亏，而只有当周围的人都已经购买并反应良好时，他们的这种危机意识才会有所消减，这就是人们所说的从众心理。这也就是顾客对产品的反馈情况常常被作为一种证明产品信誉、口碑和质量的事实依据的原因。

在社会中，总会有一些大规模从众行为，似乎每一个人都是凭着“他们都说”、“大家都这么认为”来决定自己应该相信哪些是真实的，这时候他们放弃了自己的主见。当听到对方的话里带着“他们都说”、“大家说”等字眼，就会自然地觉得这个消息是正确的，而自己没有任何理由来拒绝相信这样的事情。他们并没有把自己的看法作为判断标准之一，而是以“大家”、“他们”来判断这件事是否值得相信。

从众心理的作用，就在于会让人不由自主地选择了身边人的言行作为参照物，不断地寻找出人们一致的社会认同。由于它本身的神奇作用，所以，它常常被人们加以利用，比如用在管理、营销等行业。一些商家会利用从众效应来谋取利益，推销者也会利用从众心理来吸引顾客购买产品。

心理课堂：

所以，明白了从众心理的特性，我们也可以利用“大家都这么认为”来暗示对方的心理，从而操控其心理，比如在说话时表示这是大众观点，令其从众。

1.“大家都这么认为”

当在陈述某件事情的时候，为了表示自己的所见所闻是真实的，同时也为了增强说服力，很有必要说明“这件事大家都看到了，并且我们都认为是真的”。

2.“很多人都这么说”

有时候，当我们在阐述一些信息或事实的时候，对方有可能会表示出怀疑，甚至不愿意相信这是真实的。这时候，我们可以表示这是大众观点，“很多人都这么说”。比如，小王为了表示“生肖龙和兔确实不和”，不惜说“很多人都这么说的，我朋友身边还发生了这样的真实案例”。

3.依靠强有力的第三方“他们”、“亲戚们”

有的人为了说明自己产品的质量，他们搬出来强有力的第三方，比如“邻居们”、“亲戚们”、“他们”等。比如“这个吸尘器真的很好用，我的邻居、亲戚都向我反映说‘十分方便’，特别适合你们这样的家庭主妇”。

可见，在实际生活中，每个人都有不同程度的从众倾向，总是倾向于大多数人的想法或者意见，以此来证明自己不是孤立的。所以，你可以利用人们的这种从众倾向，利用大多数人的观点和意见来暗示对方，以此达到自己的目的。

主动袒露心声，暗示你们的立场一致

生活中的人们，想必你肯定有闺蜜或者死党，还记得你们是如何结交友谊的吗？你一定不能否认一点，那就是交换秘密。当彼此互诉衷肠以后，你们就敞开心扉了。当一个人想与另外一个人建立特别亲密的关系时，最直接的办法就是分享秘密。

的确，人与人之间之所以由陌生人成为朋友，就是因为情感的共鸣！从心理学的角度看，人际关系的疏近，是与其交谈的话题有一定的关系的，关系越密切，所谈话题越个人化、私密化。但交谈之初，交往双方往往是互存芥蒂之心的，而这对于整个交流无疑是毫无益处的。此时，如果我们能主动跨出交往的第一步，向对方透露自己的一些私事，那么便能给对方一个心理暗示：我们之间关系很好，你可以向我倾诉你的心事。

可见，主动袒露自己的心声是一种很好的心理暗示技巧。

下班了，办公室里空空荡荡的，只有刘敏和陈云还没有走。刘敏开始打电话："你在哪儿呢？什么时候回家？啊……可是……我都买好菜了……好吧……就这样吧！"挂了电话，刘敏的眼眶湿润了，心里像办公室一样空落落的。今天是他们结婚七周年的纪念日，可是老公不仅忘记了，而且连晚饭都不回家吃。刘敏已经记不清楚有多少夜晚是自己独自一个人度过的了。

"怎么了？"一双温暖而干燥的手搭在刘敏的肩膀上，原来是新来的陈云，除了刘敏之外，办公室里就只有陈云了。刘敏牵动了一下嘴角，说："都下班了，你怎么还不回家？"陈云不屑地撇了撇嘴巴，说："家？要是家里就我自己一个人，还能算家吗？还不如待在办公室里心里清静呢！"

刘敏看了看面前的这个三十多岁的女人，尽管同事们都说她很难相处，但是，此时此刻，刘敏分明从陈云的脸上看到了一种和自己相似的落寞。看到别人也有落寞，刘敏反倒放松了，她噌地站起来，大声说：“咱们一起去吃韩国烤肉吧，我请客！”想不到，结婚纪念日居然要和一个刚刚认识的同事一起度过，刘敏不禁讽刺地笑了笑。直到酒过三巡，刘敏才和陈云说今天是自己结婚七周年的纪念日。想不到，陈云一点儿也不感到惊讶，反而说自己的好几个结婚纪念日也是一个人度过的。

刘敏愣住了，泪水突然一串串地滚下来。在一个和自己有着相似经历的人面前，她彻底崩溃了，把自己心里的苦闷一股脑儿地说了出来。

夜深了，陈云把已经喝多了的刘敏送回了家。工作这么多年来，刘敏从来没有把任何同事带到自己的家里，因为她觉得家是只属于亲人的地方。但是，就是吃一顿饭的工夫，刘敏已经把陈云当成了自己最要好的朋友。

这则故事里，是什么让这两个刚认识不久的女人成为朋友？是相同的经历！交谈之初，刘敏并没有打算向陈云交代自己的心事，但一听到陈云有着和自己相同的难处，便敞开了心扉。

随着社会的进步，人们越来越渴望交往，于是，就有了社交。但无论是哪一种社交形式，都需要交谈双方的主动意愿，都要起到传递信息、交流感情的作用。可是，又是什么能带动交谈双方吐露心声呢？很简单，答案就是“秘密的交换”。因此，在交流中，如果你能主动先透露自己的“秘密”，那么，就很容易赢得对方的信任，对方也就愿意向你袒露心声。

心理课堂：

那么，日常生活中，我们该如何通过交换秘密来暗示对方敞开心扉呢？

1. 适度自曝短处

暴露自己，要达到让对方产生如“这个人有点小缺点，但是其他方面挑不出毛病来，是个相当不错的人”之类的想法。然后，对方也会时不时地向你“爆料”一些个人私事，甚至愿意把你当成知心朋友。

2. 把握暴露秘密的度

提倡“自我暴露”，并不是让你把自己的“老底”都揭给对方看，不分场

合和对象地将自己“暴露无遗”。我们不妨选择暴露那些不会影响到整体形象的“小事件”或者“小缺点”、“小毛病”等，正因为这些小瑕疵的存在，我们会显得更真实，更可爱。

总之，学会以上暗示他人的小技巧，在与难以相处的人打交道时你会更有效率，而且你会发现这些人似乎不那么难以相处，与此同时也提高了自己与人沟通、人际交往的能力。

正话反说，让对方心知肚明

人际交往的过程中，有时候，我们正面说服别人似乎总是达不到想要的效果。我们可能忽视了一点，那就是人们都有不服输的逆反心理，越是被否定，越是要证明自己；越是受压迫，越是要反抗等。因此，我们不妨反其道而行之，采用正话反说的心理暗示方法，诱导对方进入圈套，从而最终让对方心知肚明。

正话反说是运用隐晦的语言旁敲侧击，从而表达自己的主观意愿。

一天早上，在上班高峰期，一辆公交车上挤满了人。突然，一个急刹车，一个老人一不小心踩了站在旁边的一个姑娘的脚。年轻人脾气大，姑娘立即说了一句：“你个老不死的！”

车上的人都看着姑娘，也都想看看老人是怎么回答的，没想到老人一点也没生气，反而笑着说：“谢谢！谢谢！”

老先生为什么这么回答？车上的人都糊涂了。人家骂他“老不死的”，他不但不生气，反而乐着说“谢谢”，想必老人已经老糊涂了。

此时，就有一人问老先生：“人家骂你，你还谢人家，这是为何呢？”

老先生说：“她哪里骂我了？她这是祝福我呢。她说，第一我老了，第二我不会死，这不是给我祝福吗，我不应该感谢她吗？”听到此话，周围的人都笑起来了，而姑娘也惭愧地低下了头。

事实上，老先生的做法就是对的，他运用的就是正话反说的语言暗示法。面对年轻姑娘的无礼，他心中肯定不满，但却没有当即用语言反击，而是采用一种语言转移暗示法，将不利于自己的话，转化为有利于自己的话，让姑娘认识到自己的失礼。

人际交往中，如果我们反对他人的意见，但又不想因此得罪人，把气氛搞僵，不妨运用这种正话反说的语言，既不伤对方的面子，又能收到想要的效果。

心理课堂：

那么，具体来说，我们该如何通过正话反说达到让对方心知肚明的效果呢？

1. 先肯定

一般来说，没有人喜欢被直接指出错误，批评的副作用也是可想而知的；而相反，人人都爱表扬，但这并不意味着不需要批评。日常生活中，面对他人的缺点、失误以及小错误的时候，我们不妨先采取正面鼓励、肯定和表扬的方式，这样，会把对方的错误意识上升到最高点，在后面的批评指正工作中，对方的领悟也就越深。

2. 矛盾法得出正确结论

这种方法能制造幽默，因为它常常把人置于几种不同的环境中，突显出人类的弱点，令我们惊讶、羞惭、深思，让我们觉得有趣、可笑、意味深长。

总之，要让他人心知肚明，目的不在于批评，而在于指正，正话反说更能起到暗示的效果，更发人深省！

第11章

社交心理学——人际交往中的心理策略

不与小人正面争执，巧妙击破其软肋

在我们的生活中有着这样一群人，他们喜欢造谣生事，唯恐天下不乱，但是他们并不仅仅是以此为乐趣，而是另有目的，这种行为的背后往往隐藏着更大的阴谋。例如有的人擅长挑拨离间，为了某种目的，他们可以利用同事间的某些误会或者一些不确定的因素去挑拨，使同事们在感情上不合，从而使自己从中获利。还有的人在用到别人时溜须拍马，好话说尽，但是事情办完了，或者此人没有什么利用价值了就一脚踢飞，根本不去理睬。这种人被人们称为“小人”，以上这些只是他们种种劣行中的一部分。在社交中如果遇到这种人一定要提高警惕，避免吃亏上当；另外不要硬碰硬，要用巧妙的方法击破小人内心软肋，使其阴谋破产。

郑伟是一家公司公关部门的主管，他经常利用自己手中的权力为自己牟私利，不顾公司的死活，让公司蒙受了较大的损失。后来公司经过调查发现了郑伟的不正常行为。领导批评他，说他工作做得一塌糊涂，应该做的没做好，不该做的却做了，一顿劈头盖脸的批评让郑伟一时没有话说。但是郑伟的态度看起来很端正，他对领导主动承认错误，并且向领导保证之后不会再犯。领导看郑伟的态度十分诚恳就没有再说些什么，说了句“认识到错误就得改”后就走了。领导走了之后，郑伟不但没有改正自己的错误，反而变本加厉，同事们都因此大受其苦，最后郑伟被公司开除了。

郑伟这个人是典型的阳奉阴违的小人，他为了满足自己的利益不惜牺牲公司的利益，牺牲同事们的利益，在领导教育批评时满口承认错误，并答应以后不再犯，然而转脸就为了发泄私愤继续做着伤天害理的事情，最后被公司清除出门是理所当然的。小人的种类有很多，这些人大多为了自己做着那些损人的事情，他们不仅不会因此感到羞耻，反而会因为别人的揭露或者批评而愈加阴险，变本加厉。所以在遇到此类人时，不要一时冲动硬碰硬，因为我们很难去改变他；另

外，他们很可能会怀恨在心，寻机报复，所以要用巧妙的方式予以回击。

很多人提倡以其人之道还治其人之身，这是一种办法，因为大凡君子都谦谦有礼，而谦谦有礼是对付不了小人的。这并不是教人学坏，因为小人是不会知道惭愧的，你的忍让只会让他变本加厉地欺负你，所以你要做的就是比他更绝。例如，当小人对你进行人身攻击时，千万不要与其进行鏖战，因为这样你就落入了他的圈套，在对骂上君子是骂不过小人的。因为小人是什么恶毒的话都能骂出口的，如果招惹了小人，小人会不顾一切与你战斗到底的，并且不择手段。所以在遇到小人攻击时，要用自己的君子本色，要大度，让小人尽管展示，让人看清其丑恶嘴脸小人德性，这样便是其最大的失败；然后你再调查找出其生活中的弱点，寻找破绽。

心理课堂：

有些人不擅长斗争，那么遇见小人的时候大多采用不去理睬的态度，平时多回避，不主动接触，其实这也是一种处理方式。不过，要留心的是，如果小人主动找你说话，不能轻易相信他的话，要思考，哪些可以说，哪些不可以说，哪些可以信，哪些一听就有疑点，自己心里要有个数。如果他对你说的话里有刺，那么你以德报怨，不但不发火，而且风度翩翩，就让他碰个软钉子。如果找不到什么好说的就不去理睬，自己做好自己的事，因为为这些人生气是不值得的。

运用心理策略，让你的赞美与众不同

每个人都喜欢听别人肯定自己，夸赞自己，只不过有的人反应比较明显，而有的人则反应比较平淡。不过在别人对自己进行一些比较肯定的评价时，人通常都会有比较愉悦的心理反应，这种反应会使其愿意打开本来关闭的心扉，从而和人有比较畅快的交流。赞美一个人需要了解对方的心理动向，根据对方的心理来赞美，这样效果会更加明显。因此，运用心理战术说美言，可以将赞美技巧熟练掌握。

刘政是从事公关工作的一名青年，平时有很多饭局，虽然面对的人纷繁复杂，但是他每次的表现都有亮点，在很短的时间里就成为了一名社交能手。一次，在与客户吃饭的时候，饭桌上大家没有什么话题，一时很沉寂，于是刘政看了一眼坐在自己旁边的一名女士，发现女士脖子上的项链很特别，于是他说："您佩戴的这个挂坠很少见，非常特别，不过很适合您。"这挂坠是女士在法国买的，并有一段有趣的故事，这段故事一下就打开了大家的话题，于是饭桌上的氛围轻松了许多，这名女士也对刘政有了一个比较深刻的印象。

刘政的话语非常得体，他对事不对人，赞美了女士的挂坠，不但让女士因为自己的心爱之物被赞美而感到开心，而且使大家纷纷向女士投去欣赏的目光，让女士顿时成为了饭桌的中心，大家的话题瞬间被打开了。这样一来，在刘政再次与这名女士谋面时，肯定就有"饭桌趣事"的话题了，女士也肯定会因此对刘政的行为有一个比较深刻的印象，从而为刘政与这名女士的交流打下良好的基础。

赞美一个人最好不要以对方的性格作为赞美对象，尤其是初次见面，你的一句"你人真好"会让别人误会，甚至引起戒心，因为初次见面怎么就能知道一个人的好坏。所以把对方取得的成绩或者一些配饰之类的所属物作为赞美对象，往往会收到比较好的效果。赞美也分好坏，好的赞美可以让人的心情美好，可以使人获得乐趣，不断地回味；相反，不好的赞美就像一颗臭了的瓜子，嗑到嘴里让人难受。

心理课堂：

要建立良好的人际关系，恰当地赞美别人是必不可少的。每个人都希望得到别人的赞美和赏识，所以我们不要吝啬自己的赞美之言。然而，周围

充分理解自己言行的人并不多，而我们自己也很少注意周围发生的事和人们所做事情的闪光点。所以人们一旦被别人赞美或者自己去赞美别人，心中的那扇门就会被推开，从而以一种愉悦的态度去交流。所以正确运用这门艺术，会使被赞美者心情愉快；作为赞美者自己，也会从中感到快乐甚至幸福。

让对方获得心理优势，有助成功沟通

让对方占据心理优势，能够使对方内心产生一种比较舒服的感觉，从而使对方感到你是一个非常容易接近的人；另外，因为可以从你这里得到一种心理优越感，对方会更加乐意去和你接近。让对方占据心理优势不是示弱，而是一种以退为进的好办法。通常人们在心理上不处于上风时，会比较被动，不会主动地说话、交流，这样就不会有成功的沟通。所以在交流时，不要只是顾着让自己心里感到舒服，而是要适时地让对方获得一种心理优势，只要对方感觉良好了，就会愿意与眼前的人接近，从而获得更好的沟通效果。

1. 给对方展示的机会

每个人都需要别人的肯定，这往往会成为一个人前进的重要动力。但是并不是自己所有的行为都会得到别人的认可，这样的状态持续的时间长了，就会使一个人自我表现的欲望变得强烈。所以，现在很多人与人交往时，往往会使出浑身解数不厌其烦地来表现自己，生怕别人忽略了自己的存在。殊不知，这样做的效果常常会适得其反。

在提到给对方心理优势这个问题时，有的人可能会说现实是一个充满竞争、崇尚自我、弘扬个性的时代，所以往往会不分场合地展示自身的优越，情不自禁地高谈阔论，生怕别人把自己看低了，不知不觉中把别人的优越压了下去。殊不知这样一来，对方的荣誉感和自尊心都受到了一定的伤害，最后不愿意继续与你交往下去。所以一定要注意展示自己的时机和对象，要恰到好处，不要乱来。

因此，我们平时在与人交往时，可以适当提供一个让对方展示自己的舞台，这样能让对方感到他自己很重要，至少在你的眼里是这样，从而对你产生好感，愿意与你接触。

2. 意见在事后提

在别人说话时一定不要打断对方，当对方说到自鸣得意的时候，更要倾听，这样对方会有一种被尊重的感觉，会有一种继续和你说话的冲动。在这个过程中也许对方会出现错误，那么不要马上指出他的错误，尤其是周围还有很多人在听的时候。但是既然是想诚心诚意地交流沟通，那么就不能有错不管，可以在对方说完话后找到他，告诉他哪里是错的，这样对方不仅会因为你能够认真倾听，让自己心理上感到一种优越感而愿意与你接触，而且还会因为你在众人面前为他着想而感激你。这样一来，不仅这次交往获得了成功，还为之后的交往铺平道路，打好基础。

3. 在沟通出现问题时主动道歉

在人海中摸爬滚打，再小心谨慎的人也会与人产生矛盾，就像在熙熙攘攘的大街上会与人摩个肩、接下踵一样平常。冒犯他人不要紧，要紧的是化解矛盾。道歉是一种不错的选择，因为诚恳的道歉不仅可以化解矛盾，而且可以使对方有一种心理优越感，从而更愿意与你交往。

心理课堂：

法国哲学家罗西法古说：“如果你要得到仇人，就表现得比你的朋友优越吧；如果你要得到朋友，就要让你的朋友表现得比你优越。”所以平时交往中一定要注意让对方有心理优势，这对你们的进一步交往是很有用的。

主动坦露真诚，多为他人着想

同理心就是在交往的过程中能够体会他人的感受和想法，并且能够理解他人的立场，懂得换位思考，想他人所想，站在他人的角度思考和处理问题的心理。同理心的通俗说法就是换位思考。所以在交往中，自己要先真诚，要设身处地为他人着想，理解他人的难处，对他人的缺点错误能够包容，感动对方，获得良好的人际关系。

杰克打完仗回到国内，从旧金山给父母打了一个电话："爸爸，妈妈，我要回家了。但我想请你们帮我一个忙，我要带我的一位朋友回来。""当然可以。"父母回答道，"我们见到他会很高兴的。"儿子继续说："他在战斗中受了重伤。他踩着了一个地雷，失去了一只胳膊和一条腿。他无处可去，我希望他能来我们家和我们一起生活。""孩子，"父亲说，"你不知道你在说些什么，这样一个残疾人将会给我们带来沉重的负担，我们不能让这种事干扰我们的生活。我想你还是快点回家来，把这个人给忘掉，他自己会找到活路的。"就在这个时候，儿子挂上了电话。父母再也没有得到他们儿子的消息。然而过了几天后，他们接到旧金山警察局打来的一个电话，被告知，他们的儿子从高楼上坠地而死，警察局认为是自杀。悲痛欲绝的父母飞往旧金山。在陈尸间里，他们惊愕地发现，他们的儿子只有一只胳膊和一条腿。

杰克的悲剧之所以会产生，就是因为父母没能站在杰克的角度考虑一个因为战争残疾的人的痛苦，同时，杰克也没有站在父母的角度去考虑他们只想自己的儿子能回来，而不是带一个残疾的战友回来一起生活，结果双方产生了误会，悲剧就这样发生了。

现实生活中人们常说："人同此心，心同此理。"强调的也是同理心。无论在日常工作还是生活中，凡是有同理心的人，都是善于体察他人意愿、乐于理解和帮助他人的人。其实这样做不但能够让他人感到温暖，能够使自己更加受到大家的欢迎，获得大家的信任，而且也可以让自己心里感到舒服。把同理心作为一种思维方式和道德标准，是东方和西方都赞同的一种行为。同理心不仅为人们的交往奠定了一定的基础，而且也为人们以后的发展打牢了基石。社会学家发现，同理心是人的社会化的一个重要环节，而社会化则是一个人发展与成功的前提。

心理课堂：

有些人总是喜欢将自己的想法强加于别人，这样不仅会让他人感到不舒服，而且会使自己陷入一种不满足、不满意的自我折磨状态。这时，要做的不是想为什么别人不按照自己的想法去做，而是要在既定已发生的事件上，把自己当成是别人，想象自己因为什么心理导致这种行为，从而触发这个事件。因为自己已经接纳了这种心理，所以也就接纳了别人这种心理，才有谅解这行为和事件发生。正所谓“己所不欲，勿施于人”，要换位思考，理解他人。利用同理心原则，自己要先真诚才能使双方的交流更加有诚意。

寻找双方共同兴趣，制造巧妙的“心理共鸣”

心理共鸣是交流中非常重要的一环。如果两个人在交流时没有共同的东西，那么交流一定只能停留在表层，因为没有共鸣就不能有深入的交谈，没有深入的交谈又怎么能深入人心？所以要想在交流中深入人心就一定要寻找双方共同的东西，尤其是那些能够产生心理共鸣的东西，因为这能够无声无形中抓

住对方的兴趣点，从而打开对方的心扉，获得深入交谈的机会，这样的机会不容错过。

心理共鸣是在自己和对方都感兴趣的事的基础上产生的，一般情况下，这种共鸣要先从对方感兴趣的问题找起。

赵晓丽是一名中学教师，她平时上课很严谨，总是能把问题分析得非常透彻，但是她的语言总是非常学术，缺乏一些生活语言，缺少一些比较形象的例子，不但使学生们理解起来比较费劲，而且时间长了，还会让学生们失去兴趣。这让赵老师有点头疼。不过，之后赵老师备课时都注意加入一些比较生动的例子，并把一些费解的语言转化成一种通俗易懂的话语。这些工作使赵老师的教学有了明显的改变，同学们不仅提高了兴趣，而且经常主动和赵老师讨论一些问题。这些可喜的变化使全班同学的成绩都有了明显的提高。

赵老师认识到了自己之前教学中的一些问题，主动改进了自己的教学，使同学们的成绩有了显著的提高。这里，很重要的一点就是她成功地抓住了学生们的兴趣点，调动了他们的学习积极性。生活中，很多交流都和教育十分相似，当听者感兴趣时，交流的效果自然会好，所以一定要注意打破“一言堂”的教育或者交流方式，努力寻找对方的兴趣点，然后根据实际情况调动自己对相关内容的了解，从而使双方在交流中产生共鸣。

心理课堂：

在说服别人时，我们往往会遇到一种情况，那就是对方并没有听我们说，而是手头做着一些其他的事情，要么就是嘴里应付着，注意力却放在别处，要么就是转移话题，说一些不着边际的话。遇到这种情况，应该放弃你的话题，寻找对方的“兴趣点”。苏格拉底曾说过：“世间有一种成就可以使人很快完成伟业，并获得世人的认识，那就是讲话令人喜悦的能力。”所以，想深入人心，一定不能错过“心理共鸣”的机会。

多给爱占便宜的人一些好处

生活中有这样一些人，他们看到促销派送就想方设法多拿一些，看到什么事情有利可图就赶紧介入。虽然这样的人给人们的感觉总是非常不好的，但是这样的人的心理是每个人或多或少都会有的，那就是占便宜心理。所以在交流时不妨尝试一种满足对方此类心理的方式，多给对方好处，让对方因为自己占到了便宜而感到欣喜，从而为打开对方的心扉铺平道路。

张玲是一名销售人员，她的业绩在公司总是处于上游，并且总是会遇到回头客，这让许多同事都羡慕不已。后来人们发现张玲经常会让利于客户，虽然这一点点的让利不足挂齿，但是也正是这些小的让利让张玲的客户源一直保持着旺盛的状态，是她的业绩居高不下的重要秘诀。

张玲的销售思路比较具有前瞻性，她不会只在乎眼前的利益，而是放眼于未来，所以她会在与客户商谈时让利于客户，让其在得到好处后有一种占便宜的心理，从而愿意与张玲谈，愿意与张玲达成协议。创业者每每会琢磨的最大问题就是怎样把产品卖出去，很多人的第一思路就是教育别人，然而这种教育方式往往会让人厌倦。例如，有的人会把产品的各项优势描述得无比充分，无比不容质疑，然后对客户没有任何让步的意思，客户得不到一点点实惠，怎么可能愿意购买？一个好的经营者都会具备一种能力，那就是让买家占便宜。钱散则人聚、钱聚则人散的说法不是没有道理的。其实让买家占便宜并不难，不是非要让买家能够以较少的价钱买到东西，而是可以采用很多其他的方式，例如可以送些小礼物。

心理课堂：

占便宜是大多数人都喜欢干的事，不要去否认这样一个事实。只是有些人

能更理性地克制占便宜的欲望，使其不被无限扩大而已，爱占便宜是人们心里都存在的事实。其实，说到便宜，谁不想占呢？我们可以去观察年幼的孩子，能够“六岁让梨”的已是少见，他们身上最具有原始的占有欲。我们在让对方占到便宜时，其实不仅会让其感到心里舒服，还会使我们自身有一种轻松的感觉。“吃亏是福”是一种大智慧，这样的人往往有比较长远的目光。所以在交往中不妨抓住这种心理，让对方有一种满足感，从而更加愿意与你进行进一步的交流。

暴露自己的小缺点，反让对方喜欢亲近

有些人很喜欢展示自己强势的一面，总是把自己优秀的一面秀给人们，这样的做法并无错误，但是这样的人往往不能获得人们的认可。因为你的优秀遮挡了他人的光芒，这让别人感到很窘迫，所以你不仅不会获得他人的夸赞，反而会令对方感到反感。所以适时暴露一些无伤大雅的小缺点，不仅不会有大碍，而且还会令对方对你产生好感。

正所谓“金无足赤，人无完人”，一个人没必要太在意自己在别人面前暴露缺点，在面对这些缺点的时候要坦然。其实这样的做法说起来容易，做起来是很不容易的，这是需要勇气和自信的。一个不自信、胆子小的人是不会主动将自己的缺点暴露的，因为在他们内心深处不愿意被人们否定，所以会极力地掩饰，这种掩饰往往就表现为向他人展示自己的强势，给人们一种他很强、很完美的印象。心理学家认为，如何对待自己的缺点实际上反映了一个人内心深处的动机。不敢正视自己的缺点，想方设法“藏短”的人背后的深层动机是自我美化，而敢于承认并改进自己缺点的人，背后的深层动机则是自我提升。所以很多时候那些总是表现自己优点，努力给他人一个好的形象，从来不会给别

人机会、时间注意自己缺点的人往往是一些比较缺乏自信的人，因为他们没有勇气去面对自己的缺点。

所以我们在平时要正视自己的缺点，要以一颗平常心来对待缺点，从而在与人交流时更加自然。不时暴露一些无伤大雅的小缺点，不仅会让自己显得更加真实，还会让对方因为你的这种真实愿意与你交流。另外，其实敢于暴露自己缺点的人才是内心强大的人，他们能够更容易达到自我的实现。马斯洛认为，能够接纳自己缺点的人不会因为自己的过失而过分担心或自责，相反，他们会以积极的态度去改进自己的缺点，而对那些不可改变的缺点，他们则会顺其自然，不会跟自己过不去。

心理课堂：

人无完人，每个人都是有一些缺点的。不用故意掩饰缺点，因为这些缺点是掩盖不住的，早晚都会被人发现。人们发现你掩盖缺点后，会觉得你这个人比较虚伪，太假了，从而影响社交。所以，适时地暴露一些小缺点，并且抱着一种虚心接受批评的心态，这样对方不仅不会因为你的缺点而责备你，而且会被你的真诚态度打动，从而对你产生好感，这对你们的深入交流是非常有益的。从另一个角度来看，他人的意见还会使你真正认识到自己的不足，从而能很好地改进自己，获得自我的提高。

第12章

交友心理学——看懂心理助你慧眼识人

多结交对自己有帮助的人

李采在公司里担任业务骨干多年，一直梦想着成为销售部的主管，但是却始终没有晋升。今年，张副总调来主管公司的教学工作，因此，李采就把自己的前程寄托在了张副总身上。在工作上，事无巨细，他都要向张副总汇报、请示；在生活中，每逢过年过节，他总是拎着大包小包的礼品往张副总的家里跑；甚至张副总的孩子要小学升初中了，李采也搞得比自己家的孩子要升学还忙。

原本，李采指望着多年媳妇熬成婆，眼看着自己马上就要在张副总的授意下得到晋升，但是，张副总却因为几年前主管一个项目的时候资金上比较混乱，被公司调去研发部门搞管理工作了。实际上，这是公司把张副总打入冷宫了。

无疑，张副总如今已是泥菩萨过河自身难保，怎么可能还会扶持李采呢？这个突如其来的变动使李采措手不及，眼瞅着煮熟的鸭子飞了。在追悔莫及之际，李采一改往日对张副总殷勤备至、阿谀奉承的样子，连正眼都不看张副总一眼。

如今，已经成为研发部主管的张副总不由得慨叹人心莫测、世态炎凉。因为内交外困，所以他的心境低落到了极点。这时，研发部的小宋看到张副总失意的模样，非常同情张副总。趁着节假日，小宋偷偷地来拜访张副总。这让张副总深感意外："我如今哪里还是什么张副总啊，虽然名义上挂着个研发部主管的头衔，但是，我已经没有任何实权，你还来找我干什么呢？"

听着张副总伤感的言辞，小宋毫不介意地说："张主管，我并不是来求您办事的。我只是认为福祸相依，坏事也有可能变成好事。其实，公司把您调到了研发部，你正好可以借此机会搞搞研发，我听人家说您最早的时候可就是咱

们公司里的顶尖专家啊！”

张副总似乎有些感动，自从落马以后，之前那些在自己身边鞍前马后的人都远远地躲着自己，根本没人这样安慰过他。然而，这个看上去还有几分稚气的小姑娘说的话确实很有道理。最后，小宋说道：“实际上，很多时候环境是无法改变的，假如我们不能让自己完全妥协，至少我们可以决定自己面对逆境时的态度。不管在什么环境条件下，我们都应该尽自己最大的努力，这样才不会后悔。”张副总重重地点了点头，眼中似乎有泪光在闪动。

半年后，由张副总牵头的一个力学科研项目取得了重大突破，获得市级技术进步奖，为此，张副总被评为科技进步带头标兵。此后，好运接踵而来，从监察部门传来消息，张副总当年负责的工程账目已经理清了，事实证明，张副总非常清廉，没有任何经济上的问题。经公司董事会研究，一致认可任命张副总为公司主管科研的老总！

晋升没多久，张总进行了一番重大的人事调整，他不仅升任小宋为研发部主管，而且把李采调到了后勤部门做协助工作。

在上述事例中，李采和小宋通过不同的起点到达了不同的终点。一个与人交往功利性太强；另一个在别人苦难的时候结识别人，终修得正果。不过，李采和小宋有一个共同点，即他们都结识了对自己有所帮助的人，所不同的是，他们与人交往的心态不同。在痛恨李采见风使舵的同时，我们不禁从心底里欣赏小宋的智慧。不管怎么说，小宋抓住时间认识了有可能对自己有所帮助的人，从而使自己的工作更加顺利，前途更加光明。可以想象，如果李采不是那么势利，看到张副总被打入冷宫就马上见风使舵，那么，最终他也肯定能够得到张副总的提拔。

心理课堂：

人是群居动物，不可能脱离社会，而在社会上生活，要想成功，很难离得开别人的帮助。在生活中，人们经常说某人的成功是因为有贵人相助。其实，每个人都有贵人，而这个所谓的贵人，就在你的关系网中。在这个关系网中，你有很多各行各业的朋友，当你遇到困难的时候，他们可以从不同的角度为你提供不同的帮助。在初步交往中，你很可能看不清这种交往，因为你根本没有看到交往的价值。其实，生活中贵人无处不在，不管是你的亲戚、朋友，还是同事，甚至是萍水相逢的人，都有可能成为你的贵人，关键在于你要去结识他们，这样才能在需要的时候求助于他们，让他们助你一臂之力。

抓住偶然出现的“关键人物”

李景全是香港著名的实业家，曾经荣获香港十大杰出青年的称号。其实，李景全原本只是一个非常平凡的人，不仅一文不名，而且默默无闻。但是，因为偶然遇到了生命中的“关键人物”，并且得到了对方的帮助，所以他发展了自己的事业，渐渐地走向了成功。李景全的成功之路给人们带来了启发。

李景全自立门户的时候才刚刚18岁，创业的艰难是不言自明的。不过，他现在已经不再对曾经的艰难生活念念不忘了，而是时刻牢记着大贵人曾文忠在他的创业历程中对他的种种帮助。18岁辍学的李景全，迫于生计，首先来到了一家电子公司当电子零件推销员。说得好听叫推销，其实他就是一个送货员。不过，这份工作虽然很辛苦，但是却使李景全有机会接触到了很多电脑行家，其中就包括大贵人曾文忠。

在做电子零件推销员的时候，李景全渐渐地对电脑业产生了浓厚的兴趣。终于，他拿出自己的所有积蓄——2万港元和别人合伙开了一家小公司，主要负责替电脑商装嵌电脑界面板。然而，自己创业当老板比想象中难多了。因为缺乏经验，再加上合伙人对他的轻视，最后，李景全退还了合伙人2万港元，与合伙人分道扬镳。从那之后，公司完全属于李景全一个人了，他也开始了孤军奋战的日子。虽然公司在名义上属于李景全一个人了，但是，却欠下了10多

万港元的债务！为了集思广益、走出困局，李景全找来昔日要好的同学们帮忙出主意。同学们纷纷出谋献策，终于帮助李景全在半年的时间里还清了所有的债务。不过，公司的生意却始终不见起色，直到他再次遇到曾文忠为止。

此时，曾文忠已经是香港著名的电脑商了，在电脑界一呼百应、举足轻重。曾文忠很想扩展公司的业务，因此想设厂进行生产。他觉得李景全是一个很理想的合作伙伴，因为李景全不仅年轻有朝气，而且踏实肯干。就这样，身陷困境的李景全遇到了事业上的贵人。双方一拍即合，不久就签订了合作协议。与曾文忠合作后，在曾文忠的支持和提携下，李景全的公司渐渐步入正轨，业务量芝麻开花——节节高。没过多久，李景全就来到深圳设厂，而且还招揽了很多台湾的业务。1990 年，李景全的建超实业成为了香港生产小型电脑板的厂家之一，公司每年的营业额高达7000万港元。

在上述事例中，李景全和曾文忠既不是亲戚，也不是朋友，只是因为偶然的机会，他们认识了。也正是因为这个偶然的机会，李景全才有机会得到曾文忠的认可和信任，所以他们才会成为合作伙伴。在实力上，李景全无疑与曾文忠相差甚远，但是，曾文忠看重的正是李景全身上优秀的品质。因此，李景全才有机会成就自己的事业。由此可见，不要轻易错过偶然遇到的关键人物，很多时候，正是他们改变了你人生的轨迹。

在生活中，每个人都向往成功，都希望自己能够事业有成。然而，成功是需要很多因素的。古人云，天时地利人和。在现代社会中，要想成功，同样也需要很多必不可少的条件。其中，人脉关系是成功必不可少的重要因素之一。很多时候，人脉关系的范围很广。有的人认为人脉关系就是指自己的亲戚、朋友，至多包括同事。其实，客户、萍水相逢的人都有可能成为能够助你成功的关键人物。例如，在上述事例中，曾文忠就是李景全的客户，后来，他们才发展成为合作伙伴。需要注意的是，在把握关键人物的时候，也是有章可循的。众所周知，人的时间和精力是有限的，所以不可能全身心投入地和很多人交往，这就要求我们要有一定的目的性。例如，你想在写作的道路上有所发展，那么，你就要尽量找机会认识更多的作家、记者等；如果你想成为一名儿童教育家，那么你可以多结识在研究儿童教育方面颇有建树的人；如果你想成为歌星、演员，那么，你就要想法设法地认识演艺圈内的人士或者结识著名的经纪人，这样才能获得引荐和包装从而顺利地进入演艺界发展。如果你有针对性、目的性，在把握偶然认识的关键人物时就会事半功倍。

心理课堂：

其实，在与人交往的过程中，我们可以通过很多方式和途径拓展自己的人际关系网络，其中有一个重要的原则，就是不要轻易错过偶然遇到的关键人物。不管是萍水相逢的陌生人，还是有一面之交的普通朋友，我们都要好好去把握，发展彼此之间的友谊，这样才能在需要的时候得到对方的援助。机会，往往就在偶然之间！

维护好真正亲近的友谊

王潇和皮亚杰不仅是高中同学，而且还是大学同学。在学校的时候，王潇和皮亚杰就是非常好的朋友。每天，他们一起上课，一起放学，一起吃饭。寒暑假的时候，他们总是一起结伴回家。开学的时候就更不用说了，当然也是一起到校报到的。在同学们眼中，他们好得就像一个人一样，简直是如影随形。

巧合的是，大学毕业后，王潇和皮亚杰成为了同一所中学的语文教师，而且都是从初中一年级开始教起。他们所在的省份对教育抓得非常严格，几乎每个学期，县教育局都要在各个乡镇进行评比，因此，每个乡镇也都要对各个基层中学进行教育评比，其实，最主要的就是成绩排名。如果能荣获乡镇第一名，不仅有奖金，而且还会在大会上得到表扬；反之，假如不幸得了倒数第一名，不仅会被扣掉奖金，还要当着所有老师的面在大会上被点名批评。如此一

来，王潇和皮亚杰两个人的压力陡然大了起来，再也不像上大学的时候那样无忧无虑了。值得欣慰的是，虽然他们两个人都是刚刚踏上工作岗位，但是因为在大学期间的基本功比较扎实，掌握了很多教学技巧，所以他们所在班级的成绩都是中等偏上，而且不相上下。

转眼间，一年过去了，县教育局要在全县树立典型，即在刚刚毕业一年的教师中选出前三名，颁发优秀新人教师奖。得知这个消息后，王潇和皮亚杰都异常兴奋，如果能够被选中，那可就在县城的教育界一举成名了。因此，这两个人都不分昼夜地准备着，都想被选中。在各项综合考察中，王潇和皮亚杰的实力相当，不相上下。不过，还有最后一项，就是同事们的评价。其实，王潇的性格是偏外向的，喜欢和别人谈笑，好处是很活泛，与很多同事都交好，但是，坏处在于他说话口无遮拦，所以也得罪了一部分同事。和王潇比起来，皮亚杰的性格比较稳重、内敛，不喜欢大声说笑，为人比较坦诚，工作勤勉负责，所以也有很多同事欣赏皮亚杰。在最后一轮评选中，起初，王潇的投票略微领先。但是，在投票进行的最后一天，皮亚杰的投票突然直线飙升、遥遥领先。同事们都很纳闷，皮亚杰自己也很纳闷。刚开始的时候，同事们议论纷纷，说什么的都有，大多数人都认为皮亚杰看着老实，其实却在背地里搞小动作。当皮亚杰顺利当选为优秀新人教师的时候，人们才知道，原来是王潇在背地里帮皮亚杰拉选票。很多人都不理解王潇为什么这么做。据知情人士说，王潇之所以这么做其实很简单：王潇和皮亚杰不仅是大学同学，而且是高中同学，所以王潇知道皮亚杰的妈妈得了乳腺癌，而且已经扩散了。皮亚杰不仅经济压力大，而且精神压力也很大。如果能够让皮亚杰的妈妈在离开人世之前不仅知道自己的儿子有了一份稳定的工作，而且做得很好，甚至还获得了很大的荣誉，那么，皮亚杰的妈妈一定会感到欣慰和放心的。

如果说，有所谓真正的朋友，那么王潇与皮亚杰就是。在面对物质利益和荣誉的时候，王潇想的不是怎么取胜，而是站在皮亚杰的立场上考虑问题，只是为了使皮亚杰的妈妈能够在离开人世之前得到慰藉，王潇主动放弃了本应该属于自己的荣誉。在这种情况下，能做出如此举动的，才无愧于朋友的称谓。古人云，十年修得同船渡，百年修得共枕眠。实际上，同学之间的感情也是很深的，因为在年少无知的时候相识，所以几乎没有尔虞我诈的阴谋和陷害，而只有两小无猜的纯真友谊。也正因为如此，在现代社会中，同学的情谊才显得那么珍贵，真正的友情更是可遇而不可求。

虽然现代社会提倡人人平等，但是，其实朋友也是分三六九等的。当然，这里的三六九等的划分依据既不是社会地位，也不是金钱权势，更不是容貌或者学历，而是价值。俗话说，人以类聚，物以群分。不同的人，相互之间的关系也是不一样的，或亲或疏，或远或近，或好或坏。按照关系的远近亲疏以及彼此之间肝胆相照的程度，朋友可以大致分为三类：第一类是一等友，即志同道合、肝胆相照的朋友。他们不仅与你相互理解，相互关心，而且不管有什么事都能主动想到你，为你分忧解愁。在古时候，人们称这种人为可遇而不可求的知己。因此，古人常说“人生得一知己足矣”。在真正的危急关头，知己一定能够舍身为你。第二类朋友是二等友，二等友即虽然不能肝胆相照，但是他们身上却有一些值得欣赏和学习的地方。在平日的生活中，你们礼尚往来。其实，二等友还是占大多数的。针对这种朋友，古人也留下了一句非常精辟的话，即“君子之交淡如水”，通俗地说，就是无须整天腻在一起，但是你们仍然是朋友。在危急的关头，这种朋友会在保证自身安全的情况下尽力帮助你。第三类朋友是三等友，即酒肉朋友。这种朋友没有太大的本事，自然也就没有什么成就。不过，这种朋友能够使你不寂寞，有他们在身边，你的每一天都是热热闹闹的。尤其是对于有权有势的人而言，在光环的笼罩之下，很多酒肉朋友都围绕在他们身边。但是，这种热闹只是暂时的，因为人们常说“树倒猢狲散”。这些酒肉朋友，喜欢围绕在那些有钱有权的人身边，仰视着别人的风光一时，蹭吃蹭喝。而一旦对方陷入困境，或者经济破产，或者权势不在，他们就会一哄而散。无疑，在危急关头，这种朋友不但不会帮忙，而且还有可能落井下石。因此，我们一定要远离这种朋友。

心理课堂：

其实，这只是大致地对朋友进行了划分，细究起来，还有很多不同类别的

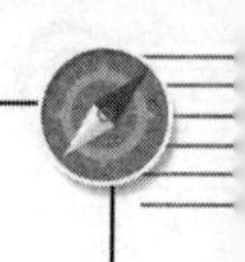

朋友。但是，不管是哪一类的朋友，都不出这三种大的范围。明眼人一眼就能看出来，第一类朋友是最好的，虽然很少交流，但是心灵相通；第三类朋友是最差的，因为物质利益而团结在一起，关系吹弹可破；第二类朋友是生活中的常态，虽然不完美，但是可以相互学习、共同进步。在结交朋友的时候，我们不要被表面现象迷惑，而要看清楚朋友的内心。不管是谁，都无法做到平等地对待每一个朋友，我们所能做的就是正确地认识朋友以及与朋友之间的关系，从而更好地维护朋友之间的关系。

珍惜志同道合的知己

春秋时期，楚国有一位赫赫有名的音乐家，叫俞伯牙。从小，俞伯牙就天赋异禀，非常喜欢音乐，拜了著名的琴师成连为师，学习琴艺。

经过三年的学习，俞伯牙琴艺渐精，成了当地著名的琴师。虽然人们都对俞伯牙的琴艺竖起了大拇指，但是俞伯牙却常常因为自己在艺术上达不到更高的境界而苦恼。成连老师知道俞伯牙的心思后，对他说："如今，我已经把自己的所有技艺都传授给你了。至于音乐的感受力、悟性方面，我也没有领悟好，所以教不了你。我的老师是一代宗师方子春，如今，他住在东海的一个岛上。他不仅琴艺高超，而且对音乐有独特的感受力。你去拜他为师继续学习吧，好吗？"俞伯牙听了之后大喜过望，连声答应！

不久，他们就乘船去往东海。一天，船行至东海的蓬莱山，成连对伯牙说："你先在蓬莱山等一下，我去接老师，很快就回来。"说完，成连就头也不回地划船离开了。伯牙等了很多天，始终未见成连回来，非常伤心。他回首望岛内，山林一片寂静，只有鸟儿在啼鸣，像在唱一首忧伤的歌；他抬头望大海，只见大海波涛汹涌，了无人迹。伯牙触景生情，即兴弹了一首充满忧伤的曲子。俞伯牙身处孤岛，每天与树林飞鸟为伍，与大海波涛为伴，感情渐渐地发生了变化，逐渐领悟到了艺术的本质。此后，俞伯牙的琴艺得到了很大的提高，创作出了很多真正的传世之作。最终，俞伯牙终于如愿以偿地成为了一代杰出的琴师，不过，没有几个人能真正听懂他所弹奏的曲子。

一日，俞伯牙乘船沿江旅游。船行到一座高山旁时，突然下起了大雨，因此，船停在山边避雨。伯牙耳听着淅沥的雨声，看着雨打江面的景象，不禁琴兴大发。正当伯牙弹得兴致高涨时，突然感觉到琴弦上有异样的颤抖。伯牙知道，这是琴师的心灵感应，说明此刻附近有人在听琴。伯牙走出船外，果然看到岸上树林边坐着一个打柴人正在侧耳倾听。这个人就是钟子期。

伯牙赶紧把子期请到船上，说："我为你弹一首曲子听，好吗？"子期马上表示洗耳恭听。伯牙即兴弹了一曲《高山》，子期情不自禁地赞叹道："多么巍峨的高山啊！"接着，伯牙又弹了一曲《流水》，子期再次称赞说："多么浩荡的江水啊！"伯牙又钦佩又激动，对子期说："在这个世界上，只有你能听得懂我的心声，你真是我的知音啊！"就这样，两个人结拜为生死之交。

伯牙与子期约定，一旦周游完毕，就会亲自去子期家登门拜访。一日，伯牙如约前来子期家登门拜访，但是却听闻子期已经不幸因病去世了。得知这个消息后，伯牙伤心欲绝，奔到子期墓前为他弹奏了一首充满悲伤和怀念的曲子，然后站起身来毫不迟疑地把自己珍贵的琴砸碎于子期的墓前。从此，伯牙与琴绝缘，再也没有弹过琴。

自古以来，因为钟子期能够听懂俞伯牙的琴声，所以，人们就把俞伯牙与钟子期的惺惺相惜当成是知己的典范。顾名思义，所谓"知己"，就是知道、了解自己内心的朋友。每个人都有很多朋友，但是真正的知己却很少。真正的知己，不会受到外物的限制，就像伯牙鼓琴志在高山，钟子期曰："善哉，峨峨兮若泰山！"志在流水，曰："善哉，洋洋乎若江河！"伯牙所念，钟子期必得之。那是心有灵犀的奇妙，是一种无须言说的理解，是心灵长久的感动，是两人情操智慧的共鸣。

心理课堂：

朋友有很多种类，有莫逆之交，有点头之交，而知己则是朋友关系中最亲密的。很多人觉得莫逆之交就是知己，其实，莫逆之交也比不上知己。王勃在《送杜少府之任蜀州》中说："海内存知己，天涯若比邻"。就是这样一句浅显而情意感人的诗句，就表达了王勃对朋友深切的关心，而且也表现出了他与这个朋友的心灵是相通的。

那么，什么样的朋友才算得上是真正的知己呢？首先，知己要能够互相欣赏、互相体谅、互相关心，真诚相待，没有任何欺诈、瞒骗。仅这简单的一句话，大多数人都做不到。此外，还要有共同的兴趣和爱好，例如，俞伯牙喜欢弹琴，钟子期喜欢听琴，所以他们才能成为知己。反之，假如他们没有共同的兴趣爱好，相处时就会无话可谈、尴尬冷场，从而感到沉闷枯燥。其实，所谓的有共同的兴趣爱好就是指志同道合，有共同的志向和志趣、理想和信念。宋代陈亮的《与吕伯恭正字书》之二中说："天下事常出于人意料之外，志同道合，便能引其类。"总而言之，知音难觅，知己难求，遇到志同道合者一定要珍惜。

平日多联络才能让友情愈加浓厚

三国时的刘备，之所以能够成就大业，创建蜀国，是因为他得到了很多人的帮助。早在读私塾时，刘备就因为讲义气、聪明，成了同学中的领头人。在几年的时间里，他经常帮助别的同学，与他们的关系非常好。后来，长大了，每个人都走上了自己的人生轨道，所以刘备与这些要好的同学全都各奔东西了。

虽然分开了，但是刘备却一直与同学们保持联系。在刘备的同学中，有一个叫石全的人，是刘备读书时最好的朋友之一。读完书后，为了供奉老母亲，以尽孝道，石全回到了家中，靠打柴卖字画为生。刘备非但没有因为石全家境贫寒而疏远他，反而经常邀请石全到他家做客，一起探讨天下大势。

之后，为了实现心中宏伟的目标，刘备带领一支队伍参加了东汉末年的大混战。刚开始的时候，刘备因为军事实力很薄弱，所以只得依附于他人。在一次交战中，刘备所带的军队中了埋伏，只有他一个人侥幸逃脱。石全不顾生命危险把刘备隐藏了起来，帮助刘备躲过了一劫。正因石全的舍命相救，刘备才有了后来的丰功伟业。

乔旭与宋晓是高中同学，住在一个宿舍的上下床，每天一起吃饭，一起睡觉，情如姐妹。后来，乔旭考进了本省的一所师范院校，宋晓则考到了西北的一所大学。刚开始的时候，她们还保持联系，经常写信互诉衷肠。随着时间的推移，她们在大学里结交了新的朋友，融入了新的生活。渐渐地，她们的书信越来越少，甚至于后来有了手机，也很少打电话。有几次，宋晓回老家看望父母，乔旭虽然知道宋晓回来，但是都推说有事情而没有与宋晓见面。乔旭毕业后回到小县城当了一名教师，每个月拿着死工资，过着按部就班的生活。宋晓毕业后去了上海，进了一家广告公司，从事广告设计工作。

突然有一天，乔旭打电话给宋晓，很怀旧地说了一些高中时代的事情，又说了一些近况，谈话之间，两个人都不胜唏嘘，觉得时光飞逝。让宋晓措手不及的是，乔旭话锋一转，唐突地说："你如今发达了，在上海工作工资一定很高吧，你看，你能不能借我些钱，我想在县城买套房子。"宋晓还没有从兴奋之情中转过来，不由得愣住了。虽然宋晓在大城市工作，但是因为刚刚毕业，工作经验少，而且刚到新单位，所以，只是一个普通得不能再普通的小员工，每个月的工资除了付房租、车费、生活之外，所剩无几，哪里有能力帮助乔旭呢？况且，宋晓在大城市生活，也想早日扎下根来，所以，虽然她在毕业的一年里攒了一万块钱，但是都买基金了。

这件事过后，乔旭和宋晓又恢复了之前的状态，虽然有彼此的电话，但是很少联系。

在上述两个事例中，刘备因为念及旧情、与同学保持联系，而在危急时刻保全了自己的性命。而乔旭因为平日里不与朋友保持联系，突兀地请朋友帮助自己，所以尴尬地遭遇了拒绝。试想，假如刘备嫌贫爱富，对石全这样的贫寒之友爱答不理，甚至充满蔑视，那么，石全还会在危急深刻不顾自己的生命安危去救刘备吗？再试想，假如乔旭在大学期间及工作以后一直与宋晓保持联系，维系高中时代亲如姐妹的感情，那么，宋晓有没有可能卖掉基金帮乔旭缓解一时的经济拮据呢？如果答案是肯定的，那么结局一定会大不一样。

人是感情动物，感情是人与人之间交往的基础，而感情则来自于交流。只有平时保持适度的交流，才能获得感情，从而维系感情的温度。虽然现代社会流行一句话“认钱不认人”，但是“人情生意”却从来没有间断过。在生活中，很多人都过这样的感受：假如一个经常保持联系的朋友找你帮忙，即使你觉得有些为难，也一定会尽力帮助对方：反之，假如一位很长时间都没有联系过的同学或朋友找你帮忙，你大多数情况下都会拒绝，或者，即使你勉强接受了，但是却心不甘情不愿，当然就不会尽力帮忙了。由此可见，与人交往的时候是需要“感情投资”的。有一点必须注意，这种“感情投资”必须是健康的。假如一开始就带有明显的目的性，那么感情就会变味，变得不再是感情了。此外，感情投资的特点是放长线钓大鱼，最忌急功近利或者临时抱佛脚。所以，这种“感情投资”还应该是经常性的，假如长时间不联系，彼此之间就会变得陌生，自然就很难开口找人帮忙了。或者，即使你开口托他们帮忙了，对于一些比较重要的、关系到他们利益的事情，他们也很难心甘情愿地帮助你。

心理课堂：

总而言之，一定要注意联络感情。只有平时联络，同学、朋友之情才能越来越浓，而不至于疏远。我们应该在平日里时常问候朋友，与朋友保持联系，或者喝喝茶，或者聊聊天，甚至打个电话、发个短信都可以。只有时常问候，保持联系，才不会在有求于人的时候遭到拒绝。

远离尖酸刻薄的损友

最近，唐霞很郁闷，因为她有一个朋友，总是喜欢给她泼冷水，让她原本挺好的心情变得越来越沮丧。

唐霞是一个公司的前台，中等长相，为人比较开朗。虽然公司里有很多人追唐霞，但是她一个都看不上眼，因为她给自己定下了目标，要找一个“有房有车、月薪过万”的男朋友。在唐霞发出这个口号之后，公司里的很多小伙子都吓跑了。在北京这个城市，房子是一般的外地人不敢想象的奢侈品。很多女同事都在背地里嘲笑唐霞，觉得她的目标不切实际。的确，唐霞长相一般，虽然找对象不是难事，但是以她提出的标准，却很困难。在将近一年的时间里，唐霞都把眼睛盯在来公司的客户身上。的确，这些客户都是成功人士，但他们不仅有房有车，而且有老婆有孩子。找了将近一年之久，唐霞渐渐地降低了标准，与一个“无房无车、底薪三千”的做销售的小伙子谈起了恋爱。这个时候，很多与唐霞要好的人心里都松了一口气，觉得她终于走上了正常的轨道，眼睛不再只盯着房子、车子和钱了。唐霞也挺高兴的，毕竟年轻人谈恋爱，感情应该放在第一位。这时候，唐霞的一个女性朋友龚花荣见了唐霞之后，询问唐霞男朋友的情况，唐霞如实告知。龚花荣说：“哎哟，你不是说要找个有房有车、月薪过万的嘛！现在怎么也接受无房无车、底薪三千的了？你这个男朋友条件可不怎么样啊，还不如我们家××呢（她的老公）！”听了这话，唐霞的脸色突然变得很难看，而这个女朋友却仍然准备自顾自地说下去。这时，旁边的一个朋友小米赶紧打圆场，说：“你知道什么呀，这是我们唐霞具有献身主义，愿意和一个一无所有的男孩子一起开创自己的未来。想当初，咱们不都是从一穷二白过来的嘛！”

此后，唐霞的心情一直很郁闷，脑海中回想着龚花荣说的话，觉得非常刺

耳。当然，既然选择了，就是经过深思熟虑的，她当然不会因为这几句话就与男友分手。不过，她渐渐地疏远了龚花荣，很少再与这个女朋友见面、打电话了，即使偶尔碰见了，也只是寒暄几句，而对自己的私事闭口不提。

在上述这个事例中，龚花荣无疑就是典型的损友。其实，大家都知道唐霞之前的择偶观是错的，对人品没有任何的要求，而只是要求对方“有房有车、月薪过万”，这是典型的拜金主义，这与商品待价而沽又有什么区别呢？后来，在找寻一段时间无果后，唐霞渐渐地转变了自己的观点，踏踏实实地找了一个彼此之间有感情的男孩子谈恋爱。不管是谁，看到了唐霞身上的这种转变都应该觉得高兴，都应该鼓励唐霞。但是，龚花荣却偏偏哪壶不开提哪壶，非要往人家的伤口上撒盐。说是朋友，其实，龚花荣的话比敌人的话更尖酸刻薄。这种人，不是损友又是什么？相比之下，小米所说的话虽然未必是坦诚直言，但是最起码是有一定道理的。如今，想与男友一起为未来奋斗的女孩子越来越少，而更多的女孩子梦想着一步登天，坐享其成。虽然没有任何经济基础的奋斗的确很苦，但是最起码能够收获爱情；虽然坐享其成很轻松，但是依赖别人生活并没有想象中那么容易和幸福。所以，在选择男朋友之前，女孩子一定要考虑清楚自己到底想要什么。

在现实生活中，像龚花荣这样的损友很多，虽然每个损友的动机和表现形式不一，但是目的却大同小异，即让对方变得不快乐、郁郁寡欢。大多数时候，这些损友之所以口下不积德，都是因为妒忌。在这里，我们必须分清楚妒忌与羡慕的不同之处。所谓妒忌，会严重地破坏朋友之间的关系，这种人一般争强好胜，事事都想强过别人。一旦看到别人过得比自己好，他就抓耳挠心，坐立不安。例如，你换了辆十几万的车，但是他家的车却是4万块的奇瑞QQ，那么，妒忌的人甚至会说：“哎呀，其实在市区里面没有必要开好车，因为即使你开一百多万的宝马也只能和我们家4万块钱的QQ开得一样快。”这就是典型的、不加掩饰的妒忌，看不得人家比他强，所以才会说出如此赤裸裸的话来。与妒忌不同，羡慕你的朋友虽然也想变得像你一样或者拥有你所拥有的，但是，他会真诚地祝福你、赞美你，然后把你当成是一个榜样或者是对他的激励，然后通过与你竞争来超越你。

心理课堂：

在生活中，如果发现自己身边有这种损友应该怎么办呢？其实，如果对方只是妒忌，而没有明目张胆地对你进行人身攻击或者恶意诅咒，那么，最好的办法就是不理他。就像龚花荣一样，这种损友一般都喜欢逞口舌之快，假如你说她一句，他肯定会有十句话等着反驳你，更深地伤害你。所以，你要想保护自己，就应该默默地疏远他，不给他破坏你的心情的机会！

别把酒肉朋友的情谊看得过重

田磊的爱人在街上开了个小小的超市，因为诚实守信、老少不欺，再加上服务周到，所以生意还不错。常言道，树大招风，就是这样一个小买卖，也有人嫉妒。一些心术不正的人看到超市的生意挺好的，就有意找茬。田磊和爱人特别头疼，但是他们都是老实巴交的人，所以只能无奈地一忍再忍，忍气吞声地生存着。

有一次，田磊和爱人去外地办事了，委托正在读大学的妹妹照看几天超市。他们刚走的第二天，就有一个街面上的小混混来到超市，说与田磊夫妇的关系很好，所以想赊一箱酒。妹妹看到来者气势汹汹，心里就先怯了三分，信以为真地赊给了他。但是，妹妹却不知道价钱，因此，那个青年故意把八十多块钱一瓶的酒说成了三十块钱，并且装模作样地说："放心吧，如果钱不够，等老板回来让他找我要。"话已至此，妹妹只好赊欠给他。

过了两天，田磊夫妇回到超市，发现八十多元的一瓶酒只买了三十元钱，一箱子酒就赔了三百多元，心疼不已。因此，田磊只好打电话找那个人，想不到的是，那个人却翻脸不认账，蛮不讲理地说："是你们自己愿意卖的，跟我

有什么关系！”田磊听了特别生气，但却毫无办法。妹妹的心里更是窝囊，直埋怨自己。无意中，田磊和对门饭店的老黄唠叨了这件事。谁知，老黄当场就拿起电话打给了那个人，斩钉截铁地说：“你小子！居然吃到我的头上了！你知道那是谁吗？那是我家的亲戚！”镶着大金牙的黄老板刚刚放下电话，那个买酒的人就把电话打到超市里了，并且连连道歉，说是一场误会。果然，不到十分钟，另一个青年就骑着摩托车风驰电掣地把钱送来了，又说了很多道歉与宽慰的话。等那人走后，田磊叹了口气说：“哎呀，真是法不行，人行。”为了表示谢意，田磊特意让妻子炒了几个拿手菜招待了老黄。从此以后，田磊与老黄就成了酒肉朋友。不过，田磊想不明白老黄为什么要帮自己。老黄是开饭店的，比田磊有钱，而且老黄从中也得不到任何利益，和田磊也没有太多的交往。直至通过老黄认识了一些“混事”的人，田磊才明白老黄是为了仗义。此后，再也没有人敢找田磊超市的麻烦了。

每隔一段日子，田磊就会和老黄大口喝酒、大块吃肉。不过，他们的关系仅限于酒肉朋友。就这样，相安无事地过了几年。突然有一天，老黄的饭店被查封了，经过四处打听，田磊才知道原来老黄涉嫌贩毒。知道这件事情之后，田磊不禁后怕起来，自己经常与老黄喝酒吃肉，幸亏保持了距离，没有继续深交，否则，恐怕自己也要一起进去了。

在上述事例中，田磊与老黄的关系就是典型的酒肉朋友的关系，没事的时候在一起乐和乐和，平日里各忙各的，互不干扰。而正是因为他们互不干扰，田磊才能洁身自好地与老黄在一起喝了几年的酒、吃了几年的肉。

朋友有很多种，诸如患难朋友、忘年朋友、发小朋友、知心朋友、坏朋友、酒肉朋友等。其中，酒肉朋友是关系最浅的一种，但却是在一起的时候最乐和的一种。在朋友的各种定义中，酒肉朋友是最容易混淆和干扰朋友概念的一种朋友。当一个人生活达到一定层次之后，酒肉朋友就和扑克、麻将一样是一个乐子。有了的时候喜欢他，没有的时候想他。宴席间，觥筹交错，推杯换盏，恨不得把心都掏出来给人看。大家称兄道弟，不亦乐乎。分了手，电话频频，日隔三秋。但是，真正有危难的时刻，如果你只有酒肉朋友，那么，你将无法获得任何真心的、竭尽全力的帮助。也就是说，酒肉朋友是那种不能没有，但又不能依靠的朋友。人们常说，有茶有酒皆兄弟，急难时刻无一人。这句话用来形容酒肉朋友最合适不过。就像明察秋毫的乾隆皇帝，尽管他明明知道和珅又贪又奸，但是仍然不会杀和珅，因为和珅是他的乐子。

心理课堂：

总而言之，酒肉朋友就是寻乐子的朋友，虽然不会害你，但是也绝不会帮你。只有有钱有闲的人，才有时间和精力结交这种富贵朋友！一旦你没有钱了，你的那些酒肉朋友就会一哄而散，消失不见。其实，酒肉朋友就是花钱买乐！所以，在与酒肉朋友交往的时候，不妨把这种交往当成一种休闲，就像去蒸一次桑拿一样，酣畅淋漓地出一身汗，蒸完了就忘记了，谁也不会天天去蒸！

第13章

沟通心理学——灵巧回旋搞定难缠之人

谈话之前先暖场，好氛围中好沟通

生活中，我们与人打交道，会遇到这样的情况：大家似乎都不愿意主动开口而导致了场面冷清、尴尬，此时，我们该如何是好？要知道，开口交谈是人际交往中最重要的步骤之一。处理好这一步可以使交谈气氛迅速融洽起来，使我们结识很多有趣的朋友。而处理不好会引起尴尬，失去很多机会。可见，用语言暖场是我们要掌握的重要心理策略。而用语言暖场，并不是毫无章法的。我们来看看下面这个故事：

有一个人请客，时间过了一大半，有些人还没来，大家等得焦急。主人心里也很焦急，便说："怎么搞的，该来的客人还没来？"一些敏感的客人听了心想："该来的没来，那我们是不该来的了？"于是便悄悄地走了。主人一看，又走了几位好友，便越发急了，便说："怎么这些不该走的客人走了呢？"剩下的人一想："走的是不该走的，那我们剩下的便是该走的了。"于是又都走了。最后只剩下一个跟主人比较亲近的朋友，看了这种局面，就劝他说："你说话前应考虑再三，否则说错了，就不容易收回来。"主人大叫冤枉，急忙解释说："我并不是叫他们走啊！"朋友一听，心想："不是叫他们走，就是叫我走了。"于是也走了。

在这个故事中，主人本是想打破沉寂，活跃一下现场的气氛，但却因为说错话，让在座的客人认为自己是"该走的"而相继离开。可见，暖场的话也不是随便说的。有人因为会表达而说出让大家都舒服的话而受欢迎，有人则因为表达方式不当而在人际交往中吃亏。因此从人们的心理角度看，每个人都希望别人能说出自己喜欢听的话。

心理课堂：

因此，我们要想做好暖场工作，需要从以下几个方面努力：

1. 保持良好的说话态度

曾有这样一个故事：

一天，一位年轻的女孩来到一位神父面前倾诉自己的烦恼。神父明白了女孩的缺点，就是喜欢说些闲话伤害别人，其实她心倒不坏。神父说："你不应该谈论他人的缺点，我知道你也为此苦恼。不过为了赎罪，你要到市场上买一只鸡，走出城镇后，沿路拔下鸡毛并四处散布。你一定要不停地拔，直到拔完为止。你做完之后告诉我。"女孩照办了，然后去见神父。神父说："你已经完成了赎罪的一部分，现在你要进行第二部分。你必须回到原来的路上，捡起所有的鸡毛。"女孩难为情地说："这可能吗？风已经把鸡毛吹得到处都是了。我只能捡回一些，但不能捡回所有的。""没错，我的孩子。你那些脱口而出的愚蠢话语不也是如此吗？到后来想收也收不回来？当你想说别人的闲话时，请闭上自己的嘴，不要让那些愚蠢的言行如同邪恶的羽毛散落在路旁一样，想收也收不回来。"

从这个故事中，我们可以得出这样的启示：人际交往，我们说出的话就像那些"散出去的鸡毛"，是很难收回来的，尤其是在公共场合，我们的每一句话都会产生或好或坏的影响。正是这样，无礼的言行就像留在他人心中的伤疤难以愈合。就像一针见血地指出人的缺点，他人可能会错把你的好心当成恶意对待，这岂不是费力不讨好。因为说话方式不妥当，别人会把你的忠言当做胡言乱语，要么敬而远之，要么置之不理。说话太鲁莽，不经过大脑思考说出来的话，只会伤人伤己。

2. 以对方感兴趣的话题暖场

一般而言，说话时要选择大家都感兴趣的话题，而不是只顾自己说，否则他人就会感到厌倦。如果我们能很好地找到共同感兴趣的话题，就会使他人感到自己很亲切，很了解他，找到了知己，双方也会快乐不已，使感情更加深厚。那么，在公共场合，我们可以选择大家都关注的一些话题，比如时事政治、体育、房价等，即使在场的人不是很了解这些，但也能说上几句，也不至于插不上话。当大家你一句我一句地开始谈话时，我们的语言也就起到了暖场的作用了。

3. 幽大家一默

公共场合，适度幽默能迅速引起大家的注意，并能起到良好的沟通作用。有这样一个故事：

公共汽车上，一中年妇女提着带鱼上车，蹭脏了中学生小刚的新衣服。中年妇女说："衣服脏了没关系，回家洗洗就行了。"小刚笑了："阿姨，我该说的话让你给说了，我只有说'对不起'了！"

众人向小明投来赞许的目光，中年妇女也被这幽默的批评羞红了脸。

可见，公共场合，说话中巧妙运用幽默能够起到很好的效果，它既体现出一个人的道德修养，又能使交往和谐，化解矛盾与冲突。

古人曰："口者，心之门户也。"语言表达的技巧是沟通心灵的桥梁。会说话，不仅使自己开辟出更广阔的交往空间，而且能使他人感到快乐与温馨。人际交往中，尤其是在公共场合，学会暖场是掌握说话艺术的重要部分！

平心静气地解释误会，效果更好

由于每个人的脾气性格都不一样，相处起来，发生矛盾、产生误会在所难免。有了误会之后，最想做的就是尽快解释清楚，可是往往很多时候，你越想解释清楚，越解释不清楚。你的焦急和迫切的心情并不能让误会烟消云散，反而因为影响解释思路而错过和解的最佳时机。

之所以想解释，是因为在乎彼此之间的关系，越是在乎越会着急。但是你要明白，着急解决不了问题。如果你能心平气和地和对方沟通，那么对方的情

绪也会很平静。你的紧张和骚动也会让对方情绪不稳，这样更加说不清楚了。

王刚和赵鸣曾经一起在小区门口卖菜，慢慢地关系熟了起来，有时候王刚进的菜没有了，便会从赵鸣的菜摊上拿一些去卖。同样，赵鸣也享受着和王刚同样的待遇。两家互相帮助，生意越做越好，两家的感情也越来越好。

后来，由于小区治安管理，王刚和赵鸣在小区内各自办了一个蔬菜门市部。两家虽说不在一起卖菜了，但是感情依旧是非常深，依旧享受着互惠互利的待遇。

这天，王刚的菜店里没有了辣椒，他打发妻子去赵鸣的店里拿一些辣椒过来。王刚的妻子来到赵鸣的菜店里说明了来意，赵鸣的妻子笑着说："我们店里的辣椒也不多了啊。"可是王刚的妻子清清楚楚地看到一大筐新鲜的辣椒摆在一边。她二话不说，愤愤地离开了。

第二天，赵鸣的店里缺了蘑菇，他火急火燎地跑到王刚的店里去借菜。王刚的店里有大量的蘑菇，但是王刚就是不同意借给赵鸣，为此两人吵了起来。在争吵中赵鸣才知道之前发生的事。他一再解释说自己当时不在店里，可是王刚夫妇说什么也不相信。

一边是赵鸣急等着要蘑菇，一边是王刚夫妇因为之前借菜被拒绝，不肯原谅，亦不肯借菜给他。赵鸣急得像热锅上的蚂蚁，团团转，可是情绪急躁，说话就没了把持，最后竟然对王刚夫妇说道："你们到底帮不帮忙？今天这个忙不帮也得帮！"

王刚生气地说："不帮！怎么，还想抢不成？"

赵鸣急得额头直冒汗，辩解到："我不是这个意思……"

王刚进一步说："那你什么意思，威胁的话都说出来了，还不是这个意思，你想怎么样？要是想动粗，我奉陪到底！"

赵鸣越急越说不清楚，最好被王刚夫妇赶出了菜店。

故事中的赵鸣在跟王刚夫妇道歉，可是因为心情急切，将道歉的话说成了威胁，结果不但没能消除误会，还加剧了彼此之间的矛盾。由此可见，当双方发生误会的时候，最好心平气和地和对方沟通，而不是火急火燎地只顾着表达情绪，这样会让对方觉得你是撂挑子，是在责怪他人。

心理课堂：

那么，当发生误会的时候，究竟该如何才能做到心平气和地交流和沟通呢？

1. 稳定心绪，心态缓和一些

发生了矛盾，产生了误会，这是双方谁也不愿意看到的。但是，误会既然产生了，那么就要想办法解释清楚。很多人想着尽快消除彼此之间的误会，但是却忘了，别人也有情绪。你只是一味地解释，为自己开脱，但是别人并不那么想。相反，你的焦急心情加剧了对方的对抗情绪。这时候，不妨接受已经产生误会的现实，心平气和地来解决矛盾。

2. 说话语气中别带不满情绪

有些人很在乎彼此之间的情感，觉得出现误会是很不应该的，所以总想在第一时间内将误会解除。可是心情一急，话语间就有了情绪，对方的心情本身就不好，而你说话的时候带了情绪，会让对方更加烦恼，这样，双方的心情都很焦躁，事实上是不利于沟通和协调的。因此，说话的时候千万别带情绪。

3. 别抱怨，多找自己的问题

出现了矛盾，这是既定的事实，再抱怨也改变不了这个事实。但是，有些人就是没有办法接受这个事实，出了问题就知道抱怨。要么是抱怨自己，要么是指责他人。不管是怎样，你的抱怨语气会增加彼此之间的误会，因为别人会觉得你在为自己开脱，或者是推卸责任。试想，这样去沟通，误会能解除吗？

4. 沟通的态度不妨诚恳一些

既然你想要解除彼此之间的误会，那么沟通的时候态度不妨诚恳一些，让对方感受到你想要和解的诚意。如果你说话很冲，那么对方觉得你不是在沟通，不是来解决问题、消除误会的，而是来找麻烦的，那么对方自然不会给你好脸色看了。这时候，诚恳的态度是消除误会必不可少的。

5. 多站在对方的立场上考虑

双方产生了误会，很难说问题出在哪个环节。很多人觉得是别人不理解自己，别人心眼小，总是把眼光聚焦在别人的身上找问题，要求别人理解你。可

是他们却忘了，恰恰是因为自己的错误，伤害了彼此之间的情感。这样，你越想消除误会，双方的误会也会越深。所以，这时候，不妨站在对方的立场上来考虑，你的所作所为对对方造成了怎样的伤害。

透露你的诚意，降低对方戒备

生活中，当双方发生矛盾、产生隔阂的时候，往往会拉远心的距离，继而让对方对你产生不信任的情绪。如果别人不信任你，那么就会处处提防着你，给你的生活和工作带来不便。这时候，就需要你在一些微不足道的小事上透露出你的诚意，让对方对你的戒备慢慢降低，最终解除戒备，和你和好如初。

张峰和邓海是一个班的同学，又住在同一个宿舍，由于他们来自于同一个省，因此觉得分外亲切。自从到了大学之后，两人便形影不离的，一起学习，一起玩。可是最近，两人却闹了一场不小的矛盾。

原来，他们两个人出去吃饭的时候，总是邓海在买单。有时候张峰感觉到不好意思了，就借故说自己没拿钱包，让邓海先付，自己下次再付。可是下次，张峰依旧装作很无辜的样子，吃完饭依旧没有想要买单的意思。

时间久了，邓海开始远离张峰，再也不和他一起学习，一起玩，更不和他一起去吃饭了。张峰几次主动找他，都被他以各种理由给推脱掉了。而且，对海对张峰充满了敌意。张峰也意识到了自己的错误，但是邓海并没有给他机会解释。

从那以后，张峰时不时地关心邓海的学习和生活。晚上闲了没事，也会买一些零食和邓海分享。一开始邓海对他严词拒绝，慢慢地邓海对他的提防少了很多。有时候他们还会聊聊天，但是，却不像从前那样亲密。

一次，晚上闲来没事，张峰买来了很多的酒，和邓海一起分享。喝酒之时，张峰有意无意地提及以前两人在一起的快乐时光。邓海刚开始没怎么发言。酒过三巡，邓海说：“你这小子，真不够意思，咱俩兄弟一场你还老算计着我，老子跟你做朋友真是倒了八辈子的霉了。”

张峰趁机说：“是啊，后来想想，我这人还真不怎么地。邓哥，你大人不计小人过，别跟我一般见识。”

邓海喝着酒说：“没事，兄弟，以后咱还是好朋友，只是你可别再算计我了。”

张峰笑着说：“邓哥，哪能呢。”

……

故事中的张峰在遭到好朋友邓海的远离之后，通过在小事上表露自己的诚意，最终获得了邓海的原谅。由此可见，在两人发生矛盾，产生不信任的时候，不妨在小事上表露你的诚信，让别人感受到你的诚意，进而原谅你。

心理课堂：

那么，如何在点滴的小事上表露你的诚意呢?

1. 多关注对方生活

双方产生了矛盾之后，对方对你有了很强的心理戒备，所以也就没有了信任。这时候，如果你想化干戈为玉帛，就要关注对方，在必要的时候给予对方温暖和关怀。尽管这时候，别人或许对你的好意无动于衷，但是，你要记住，对方在看你的表现，不要因为一次被拒绝而放弃。用你的诚意去感动别人，当对方感受到你的真诚后，自然会原谅你。

2. 适当地学会吃亏

人与人之间产生矛盾，往往是因为互相算计，太计较个人的得失，而损害了别人的利益。所以，当你发现对方对你不够信任的时候，不妨主动吃一些亏，从而让别人感觉到你的诚意。不要觉得亏白吃了，对方会记着你的好，继而在以后回报给你。

3. 对别人表达热情

人与人之间在相互付出和回报。当别人感觉到你并不值得交往的时候，

内心之中就会形成很强的戒备。这时候，不妨主动一些，对他人表现得热情一些，让别人感觉到你还是很在乎他，还是愿意为你们之间的关系付出的。当别人得到了这些信息的时候，心理戒备会慢慢消除。

4. 一步一步地走进

很多时候，一开始双方感情很好，慢慢对方对你有了想法和成见，继而远离你，因为对方有了心理戒备。你感觉到别人开始不信任你了，如果你还是当做什么事也没发生，还是试图和对方走得很近，那么势必会遭到对方的抗拒。这时候不妨一步步地慢慢向对方靠近，等着对方再次对你建立信任。

5. 勿忽视身边细节

当你发现你身边的人对你不信任的时候，不要忽视身边的一些细节。对方觉得你值得或者是不值得交往，往往是通过一些细节问题上判断的。因此，要想尽释前嫌，还是要在细节之处表达你的诚意，让对方心受感动。

用幽默沟通令彼此冰释前嫌

当双方产生误会、发生矛盾的时候，往往双方的注意力都在矛盾上。这时候如果你和对方来辩解谁对谁错，事实上没有任何的意义，不管问题出在哪里，都无法平息双方之间产生的裂痕。更有甚者，还会使关系进一步恶化。

这时候，不妨采取幽默一些的沟通方式，给对方讲一个笑话，或者是自我嘲解一番，转移他人的注意力。当对方忍俊不禁笑起来的时候，便没有心情再和你纠结了，事实上你们之间的误会已经化解了。

画眉是机械系大三年级的学生会主席扬帆的女朋友，两人牵手也有半年多了，感情在稳步发展着。像很多恋爱的人一样，他们常常也会因为一些小事而发生矛盾。这天，他们为一顿饭又吵上了。

画眉想去吃火锅，但是扬帆最近老是上火，想吃清淡一些。两人争执不下，画眉赌气往学校走。要是真的回去了，那么这场矛盾有可能成为一场闹剧。这时候，只见扬帆三步并作两步，追了过来，愣是堵在了画眉的前面。画眉往左走，他往左堵，往右走，他往右堵。画眉抬起头，盯着他看。

这时候，扬帆笑着说：“看啥啊，没见过刘德华二世吗？”

画眉忍不住想笑，但是最终没笑出来，说：“呸，还刘德华二世呢，我看像马德华再世（马德华是猪八戒的扮演者，这里是暗示丑陋）”。

扬帆：“管他是牛（刘）还是马，敢拉出来在你面前溜，那说明还是获得了特别通行证的，所以遇到了贵宾你得让着走。”

画眉眉开眼笑地说：“懒得理你！”说完，不再回学校了，径直向前走去。扬帆快步地赶了上去，牵了她的手，两人说说笑笑地向一家川菜馆走去。

故事中的扬帆和女朋友画眉吵架了之后，画眉往学校走，继而拉远和扬帆的距离。如果这时候扬帆不及时阻止，那么两人之间势必有了隔阂。也就是在这个时候，扬帆急中生智，用幽默迅速转移了注意力，化解了这场别扭。

心理课堂：

那么，在双方有了隔阂之后，如何用幽默迅速地冰释前嫌呢？

1. 急中生智，将矛盾玩笑化

当双方发生矛盾的时候，尤其是矛盾正激烈的时候，如果继续纠结下去，不管结果怎么样，都会让双方陷入痛苦中，这时候要急中生智，将矛盾玩笑化。有些事，当较真的时候，对方比你还较真；如果你当作一个玩笑说出来，对方也会把它当作玩笑一样。事实上，这时候你是给了自己一个台阶，也是给了别人一个台阶。

2. 要自嘲自己的相貌和动作

当一个人说别人的相貌和动作的时候，便是嘲笑；当说自己的相貌和动作的时候，便是玩笑，能制造出幽默的效果。比如两人因为吃饭的问题产生了矛盾。你不妨这样说：“我都如此激情燃烧了，再烧我就会成为一缕青烟，轻轻

地来，也轻轻地走了。”我想，对方听到你这么说，也不好意思再和你纠缠下去了。

3. 关键时候，说两句经典话

现在网络的发展非常迅速，网上的经典雷人话语非常多。当双方产生隔阂之后，要及时地根据现场套用一两句经典的话，调动对方的情绪。比如对方要求你做一件你非常不愿意做的事情的时候，你不妨来一句：“这个真没有。”让人很快想起了赵本山的小品《不差钱》。

4. 在幽默话语中暗含恭维话

如果能在说幽默话的同时暗含一些恭维的意义，让对方在情绪愉悦的情况下再被恭维，即使是再深的矛盾，也会瞬间释然。比如两人因为钱的事情有了矛盾，这时候，不妨学着《大话西游》里面的唐僧来段“only you”，既表达了幽默的意思，又恭维了对方。即使对方内心再不高兴，也会原谅你。

5. 不妨讲一个捧腹的短笑话

当双方剑拔弩张的时候，你不经意的一句话、一个动作都会引起对方的强烈反应。但是无所作为，只能让矛盾越积越深。这时候不妨讲一个捧腹的笑话，让对方笑出声来，只要对方开怀大笑了，便不好意思再绷着脸和你较真了。当然笑话一定要有可笑度，而且不能太深、太长，以免对方无法领会，或者是厌倦而起不到相应的效果。

言语暗示讲和，轻松化解隔阂

很多时候，两个人之间产生了隔阂，互相都不肯服输；更多的时候，两人都有了想要和好的意思，但是却因为好面子，而不肯轻易做出退让。这样一来，本就是很小的一个矛盾，却因为面子问题而导致了更大的矛盾发生，给双方的情感造成了很大的伤害。

向对方做出让步无疑是承认自己错了，这对于很多人来说，很难接受。但是在言语中适当地用一些暗示的话，让对方明白你想要和好的意思，对方也会踩着你给的台阶及时地下，这样一来，双方在保留了面子的前提之下，毫无尴尬地化解了彼此之间的矛盾。

小雨和小鱼是双胞胎姐妹，但她们从来没有见过面。在她们十五岁那年，爸爸妈妈把小鱼从姥姥家接到了城里。

刚出生的时候，小雨身体很差，妈妈找算命先生求签，结果是，要想让两个孩子都平安无事，就必须把她们分开，等到她们都十五岁的时候才能团聚。就这样，两姐妹一分开就是十五年。

因此，小鱼一直都很记恨小雨，她觉得要是没有小雨，自己也就不会失去父母疼爱。见面后，小鱼从来都没有叫过小雨一声姐姐，而且只要是她看中的东西，总是会想方设法地从小雨手中抢过来。小雨虽然很生气，但是想到妹妹失去爸妈的疼爱那么多年，所以也就一再忍让。

其实小雨一直想和妹妹和好如初，不管小雨怎么做，小鱼始终是敌对态度。她讨厌姐姐说“什么什么东西是我的”“这是我家的”之类的话，因为小鱼觉得小雨一再在她面前提“我”，是在向她宣誓专属权。

刚开始小雨并没有意识到这些，对妹妹很关心，她希望可以和睦相处。这天吃午饭的时候，小雨说了一句：“这个菜我最喜欢吃，而且只有妈妈做的我才会喜欢。”其实说者无意，可是小鱼听着很不舒服，她冲着小雨就吼道：“你喜欢吃，全给你吃，吃死你。”然后很生气地离开了餐桌。

后来，小雨思索了半天，才发现原来妹妹很在意她说“我”，于是小雨决定改变策略，以此来暗示想和妹妹化敌为友。

第二天，吃饭的时候，小雨看着满桌子丰盛的饭菜，幸福地说：“今天妈妈做了我们最爱吃的饭菜，谢谢妈妈。”说话的时候，小雨暗暗地看了小鱼一眼。小鱼一改昨天的对抗，脸上挂着幸福的微笑。事实上，尽管今天的菜不是完全适合小鱼的口味，但是她还是吃得津津有味。

在以后的日子里，小雨总是会把“我”有意识地改成“我们”，不管是在

吃饭还是做别的事，小雨都会说“我们怎样怎样”，就这样，时间不长，妹妹慢慢地不再敌对她，也开始叫小雨“姐姐”。

故事中的小雨将“我”说成“我们”，这给了小鱼暗示，自己想要和她搞好关系，从而化解矛盾。由此可见，言语的暗示，能传递你想要化解矛盾的意思，同时又让你不失面子。

心理课堂：

那么，究竟如何言语暗示，才能让别人明白你想要和好的意思呢？

1. 多顾虑对方的感受

说话做事的时候，我们要多顾虑别人的感受，不能脑子一热，想说什么说什么。尤其是想要表达和对方化敌为友的意思时，更要多顾虑一下对方的感受。当对方听到你理解他，你在考虑他的感受，就会感到你无疑是向他传达你的友善，表达你想要和他化敌为友、和睦相处的意愿，内心深处自然不好意思再和你纠结，也会考虑你的感受。

2. 积极肯定对方的表现

一般情况下，产生矛盾的双方看到的是对方的缺点，觉得他应该怎么样，而不应该怎么样。当你想要和对方化解矛盾时，不妨积极地肯定对方的表现。这样，挑刺就变成了肯定，对方自然也不好意思盯着你的不应该而不放。这样一来，双方的隔阂也会在互相的赞许声中毫无尴尬地得到化解。

3. 多说“我们”少说我

“我们”是一个集体，而“我”是一个个体。当你在说话的时候，多说“我们”，少说“我”，这样给对方传达的信息就是，我们是自己人。这样的“称呼”能显示自己的心胸，能向对方暗示你的包容和豁达，对方和你隔阂再深，也不好意思再纠结下去，从而毫无尴尬地化解了彼此之间的隔阂。

4. 为共同进步做出表率

要想和对方化干戈为玉帛，暗示和对方和好如初，那么就要积极做出表率。你所做的别人会看在眼里，会记在心里，也会跟着你做出相应的举措。这样一来，双方都在积极为化解矛盾而努力，两人之间的隔阂也就慢慢地得到化解。这样避免了言语间的尴尬，又顾全了面子，可谓一举两得。

5. 适当地做出牺牲

有时候彼此之间都不妥协，最终会导致两败俱伤。但是一方妥协，就意味着要做出相应的牺牲。因此，如果双方剑拔弩张，你不妨做出一点牺牲，向对方暗示：我在保护你，我在努力向你靠近。这样，当对方看到你牺牲自己的利益来维护对方的利益，自然明白了你希望和对方化解矛盾的想法。

敬语用多了，反而容易让人疏远

一般情况下，关系比较好的人之间说话往往比较随意，有时还会调侃几句，但是遇到自己敬畏之人时，我们往往会用一些敬语如“您，请”等。有些时候，面对难缠之人，他们往往和我们的关系还不错，但是你确实又不想和他纠缠下去之时，你不妨利用敬语，让他感觉到你们的关系其实并不亲近，识趣之人往往会主动走开。

王山是一家公司的财务部会计，平时干活兢兢业业。经常有人来找他报假账，常常遭到他的拒绝，因此，公司里有很多人都对他不满。

有一次，公司采购部的李经理跑到财务部的办公室里去转，看见王山后，李经理悄悄地说道：“小王，我的儿子想考会计证，今天下班后能不能麻烦你帮他辅导一下？”

王山一听不是报假账方面的事情，为了搞好人际关系，就答应了。

下班后，李经理开车把王山接走了，当车开到一家大饭店门口就停了。王山有些诧异，问道：“李经理，你家原来在开饭店呢？”

李经理笑道：“我家哪是开饭店的，我请你帮我儿子辅导会计方面的知

识，总得先吃完饭吧？”

王山一听，甚觉有理，便没有再说什么。

到饭店以后，李经理点了一大桌子的好酒好菜，王山连忙说：“李经理，你用不着这么破费，我帮你孩子辅导一下功课只是小事一桩。”

李经理有些得意地笑了笑，并没有说话。

席间，当李经理有些喝醉的时候，他说道：“小王啊，现在我就跟你实话实说吧，反正你酒也喝了，饭也吃了。”

王山有些诧异，但还是继续听李经理说话。

李经理说道：“其实我们公司最近又采购了一批货物，大概你也听说了吧。我是想让你在报账的时候帮帮忙，多报一点，反正又是公司的钱，不拿白不拿。事成之后，我给你两万，如何？”

王山说道：“李经理，你喝醉了，我们还是改天再说吧。”

李经理有些不高兴，说道：“别假正经了，我再给你五万，如何？”

王山没有回答李经理，直接叫人将李经理送回家中了。

第二天早上，李经理又跑到财务部，看见只有王山一人在办公室，于是说道：“昨天晚上我们说的那事，你考虑得怎么样了？”

王山假装没有听见，眼睛盯着李经理，大声说道：“您说什么？我没听见，您能不能大声地再说一遍？”

李经理见状，有些尴尬地笑了，说道：“你怎么还跟我客气了，昨晚上我们不是说得好好的吗？”

王山大声地说道：“您昨晚上跟我说什么事情了，请您再说一遍行吗？”

李经理顿时明白了王山是不想帮自己的忙，于是灰溜溜地走回采购部了。

在这个案例中，面对李经理的无理要求，王山多用敬语和他交流，让李经理感觉到两人的关系其实也不是那么的亲密，最后李经理只好灰溜溜地走了。

心理课堂：

在生活中，多用敬语，利用“特别尊敬”往往能疏远难缠之人。那么，如何才能做到这一点呢?

1. 说客气话的时候态度要严肃

在用客气话来拉远双方的距离的时候，一定要注意，说话时的态度一定要严肃一些，让对方感觉到你是很认真地在跟他说话，而不是开玩笑。关键时候，不妨将你的话重复两遍，让对方明白你的态度。你言语虽然没有拒绝，但是在态度上拒绝了对方。

2. 口气要缓和，但是要坚定

在用客气话和对方拉远距离的时候，说话的口气要缓和一些，不要为了表达拒绝的意思而咬牙切齿，这时候，对方知道你在表达拒绝的意思。但是如果你的口气带了情绪，势必引起别人的不满，从而和你发生争吵。所以，说话的口气一定要缓和，但是要坚定，暗示对方不可能再有回旋的余地。

3. 要盯着对方的眼睛

说客气话拉远距离的时候，要用眼睛盯着对方，用眼神暗示对方：我很认真，我问心无愧，我做决定是经过深思熟虑的。这样对方从你的眼神上，从你的口气上，从你所说的客气话上自然能判断出来你的意思。

说话中听，忠言也可以不逆耳

俗话说，尺有所短，寸有所长，每个人都有可能犯错误。犯了错误，并不能说明我们一无是处；反之，一个人做了件好事，也不能说他做的每件事都是好的。在人际交往中，我们发现交际对方的过失而必须指出来时，不能不顾对方的颜面。我们只有注意方式方法，做到忠言也能顺耳，才能让他人不仅不怨恨反而感激；而如果我们坚持“忠言逆耳，良药苦口”的原则，说话过急或过火，必然会招致对方厌烦。当然，过轻或过迟，对方则可能根本意识不到。所

以，只有及时和含蓄地提出批评或建议，让忠言变得不再逆耳，才能发挥应有的作用。当然这里说的含蓄应遵循不失实、不就轻的原则。

心理课堂：

那么，我们怎样才能做到忠言顺耳又能说到对方心里去呢?

1. 先讲自己的过失

在日常生活中，所有的批评和建议如果只提对方的短处而不提他的长处，对方肯定会感到心理上的不平衡，或者感到委屈。最有效的办法之一就是先讲自己的缺点和过错。

因为你讲出自己的错误，就能给对方一种心理暗示：你和他一样都是犯过错的人，这就会激起他与你的“同类意识”。在此基础上再去批评或给对方建议，对方就不会觉得失面子了，因而也就更容易接受你的批评和建议，你的忠言也通过顺耳的方式传递给了对方。这也算含蓄的一种方法。

2. 委婉表达，含蓄指出对方的过错

人都是有自尊心和荣誉感的，有的人之所以不愿接受批评或建议，主要是由于怕触伤自己的自尊心和荣誉感。为此，我们在给他人批评和建议时，如果能找到一种含蓄委婉的方法，反而更能达到使其改正错误的目的。

齐景公在位的时候，雪下了三天不转晴。景公披着狐皮大衣，坐在朝堂一侧台阶上。晏子进去朝见，站了一会儿，景公说：“奇怪啊！雪下了三天，可是天气不冷。”晏子回答说：“天气真的不冷吗？”景公笑了。晏子说：“我听说古时候好的君主自己吃饱了却想到别人的饥饿，自己暖和了却想到别人的寒冷，自己安闲了却想到别人的劳苦，现在您不曾想到别人啊。”景公说：“好！我受到教诲了。”于是命人发放皮衣、粮食给饥饿寒冷的人。在里巷见到的，不必问他们是哪家的；巡视全国统计数字，不必记他们的姓名。士人已任职的发给两个月的粮食，病困的人发给两年的粮食。孔子听到后说：“晏子能阐明他的愿望，景公能实行他认识到的德政。”

这段文字记述晏子同齐景公的一段对话，提醒执政要重视百姓疾苦。晏子劝谏，并不是采取直言的方式，而是从天气入手，让齐景公自己认识到自己不顾百姓疾苦的过失，进而产生了“我受到教诲了”这样的感叹。俗话说，伴君如伴虎，直言劝谏很可能招来杀身之祸，委婉劝谏才是既能让君王接受又能保全自己的最佳方式。

现代社会，人际交往中，采用委婉的方式表达对方的过失也不失为一个好方法。

3. 欲抑先扬，给足对方甜头后提出

一家皮革厂接了一笔生意——为某私营单位生产一批皮具。双方订立合同，限定日期必须生产完成。如果到期还未完成，皮革厂须承担责任，赔偿损失。皮革厂经理原以为可以按时交工，但不料进的一批料子出了问题，必须停止生产，寻找材料。眼看限期已迫在眉睫，依照合同要负担相当大的损失赔偿，情急之下，皮革厂不得不派一位协调员去该单位当面交涉。

派去的协调员走进那家单位，恰好碰到了经理。这位协调员首先问道：“在这地方，尊姓是否只有你一家呢？”

那位经理听了这样一句突然的问话，惊奇地说道：“什么？是真的吗？你怎么知道？”

协调员笑着说道：“这是我今天早上想要到你这里来时，从电话簿上看出来的。”

经理被好奇心打动了，随手将电话簿翻开来检查，果然不错，于是很高兴地说道：“啊，这我还是第一次知道呢！如果不是你告诉我，我还不会知道这么有趣的事呢！我的姓氏本来是很少的，我的祖先从前住在××，那里与我们同姓的人家本也不多，我现在搬到此地来营业，还不到二十年。”

经理说完后，那位协调员再接着赞美经理办公室布置优美，业务发达，工厂的规模宏大，产品精良。经理听了他的话乐不可言，并请他到厂中去参观一下，最后还邀他一同吃午餐。

协调员在与经理用餐期间一直不提自己的来意，因为经理心中早已知道他的来意了。如果他自己提出来，经理一定会设辞推托。饭后，经理忽然自己开口说道：“你今天的来意，我早已知道了，想不到你对我这么宽容和气。其

实，那批货我们也不是急着要，这样，我把提货的日期再往后延迟半个月吧，请你放心好了。”

协调员的目的终于达到了。

当我们遇到这样的情况，可能会直陈对方合同的不合理性，然后直接告诉对方让其推迟提货日期。但若真这样，皮革厂就会至少承受一半赔偿损失的危险。因为在你的严斥下，该单位经理可能一气之下置之不理，那么，到头来损失最大的还是皮革厂。而这位协调员的聪明之处就在于先对该经理进行一番夸赞，然后让对方看清自己的目的，这样，他就在无声中完成了劝说的任务。

我们说：“良药苦口利于病，忠言逆耳利于行。”说的是一个道理，但却不是日常交流中能运用的法则。人和人的感情不仅需要培养，更需要维护，而且规劝批评别人，正是以维护的目的去做的，那么，我们何不让苦口的良药也裹上糖衣呢？把劝谏的话说甜，甜到对方心里，对方必定接受并感激你！

不伤和气对付小人的方法

生活中的小人无处不在，很难躲避，但是我们往往又不能忽视他们的存在，因为一着不慎，可能全盘就输在小人的身上了。这个时候，如果我们能够掌握好对策，就能在沟通中不伤和气地将小人制服，比如夸赞对方还没形成的优点，暗示对方去培养。

王强和刘明是一家公司销售部的两名员工，王强为人正直，心胸开阔，说话直率，刘明比较有心计，喜欢将同事之间私下说的事情向领导打小报告。

有一天，下班后，有一个经常和他们公司有业务往来的熟人郑凌，由于朋友关系，想请王强吃饭，但是刘明也在，于是便把他们两个一起请了。但是王强担心刘明打小报告，因为公司有规定，不准员工私自让客户请客。

于是，在饭桌上，王强对刘明说道："刘兄，咋俩一起敬郑凌一杯如何？"

刘明说道："好啊，一起来吧！"

当喝酒喝到一定程度的时候，王强假装醉意朦胧地说："刘兄，我发现我们就是公司里的两个好伙伴，是不是？"

刘明敷衍了事地说道："嗯，是的。"

王强继续说道："我知道你很恨私下里给领导打小报告的人，其实我也恨，你放心，这次绝对没有其他人知道我们和老郑来喝酒，只有我们三人知道，哈哈！"

刘明也跟着赔笑。

王强继续说道："我告诉你一个小秘密，我已经盯上了一个喜欢打小报告的人，一旦我逮到机会，我会将他弄死。"

听完王强的话，刘明吓得酒杯掉在地上，满脸都是大汗。

王强见状，心中大喜，但是假装困惑地说："你怕什么呀，我又不是说你，你最恨打小报告的人了，你怎么可能会打小报告呢？"

刘明连忙唯唯诺诺地点头。

从此，在公司里，再也没有发生过有人给领导打小报告的事情了。

在这个案例中，王强面对喜欢打小报告的刘明，没有正面表示对他的不满，而是旁敲侧击，在和气的表面下暗示他打小报告的后果，使刘明再也没有打过小报告。

心理课堂：

在生活中，对待小人，沟通中不伤和气但也无需情意。如何才能做到这一点呢？

1. 夸赞对方还没形成的优点，暗示对方去培养

夸奖对方还没有形成的优点，是一种不满情绪的表达，是一种赞扬性的批

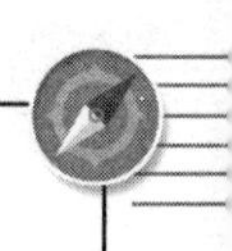

评。因为对方在这方面没有优点，甚至有严重的失误，或不可弥补的缺点。本应该受到批评，但是却受到了表扬，而且缺点成了优点。乍一听是赞扬，实际上传递的却是不满。强调这些方面，能引起对方的注意。

2. 夸赞对方表现过度的优点，暗示对方过犹不及

表现自己的优点可以让别人更容易了解自己，但是如果不把握好度，表现得过多，就会变成骄傲，惹人讨厌。这时候，我们不妨采用赞扬对方的优点的方式，来提醒和暗示对方：你的表现过头了，引起别人的讨厌了。这样既不会伤害到彼此之间的和气，也还可以很好地表达自己的不满情绪。

3. 自言自语，不经意说出对对方的不满

人们都不太容易接受直接的指责，但是只要你在表达自己不满情绪时，以一种无意的心态说出，更容易让对方接受。比如，你觉得这件事对方做得不对，但又不好直接说出来，这时候你就要学会对自己讲，让对方听。因为没有针对性，所以没有攻击性，自然就不会有反击，但是却有暗指对象。一般面对这种情况，对方更容易从心理上意识到你对他的不满情绪。

4. 表现对其关注淡漠，暗示其自我反省

在人际交往中，如果自己对对方有不满情绪，那就在相处过程中表现出对对方的冷漠，不要过度地关注对方，一改自己往日热情好客的生活态度，对对方表现出淡漠，使得对方意识到问题的存在，从而更好地在自己的身上找毛病。表现对其关注的淡漠，很好传达了自己的不满情绪，暗示对方进行自我反省，改正自己的缺点和毛病。

5. 搭幽默的顺风车暗示对方的缺点

幽默的表达方法，将对方的缺点形象化地表达出来，这样可以避免过于严肃的指责和埋怨，也避免了彼此之间的尴尬，避免伤害感情。比如对方总是太懒了，在向对方暗示的时候，不妨学几声猪叫。这样对方知道自己的毛病，再加上你形象化的表达显出了幽默的效果，这样一来，对方会意识到自己的缺点，也会愉悦地接受你的批评。

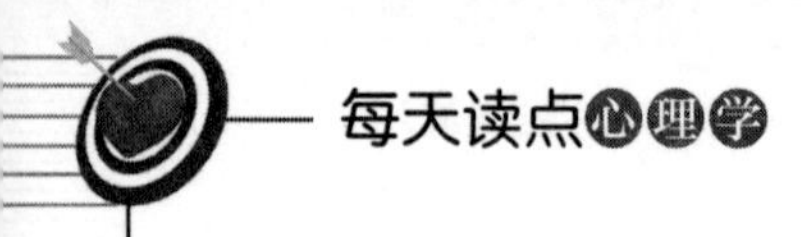

放点狠话，明确自己的决心

生活中，有一些人在请求被别人拒绝之后，并没有就此放弃，而是采用死缠烂打的方式，消磨对方的意志，力求使对方屈服。所以，当你承诺了自己并不喜欢的事情之后，往往觉得很后悔，觉得自己被人强迫了。

这些人之所以死缠烂打，是因为他们从你的言谈和神情中看出，你并不是非常反感。这样，他们便会用他们想要你妥协的意志来控制你并不坚决拒绝的决心。因此，要想不委曲求全，就要适当地放点狠话，让他们明确地感觉到你的强烈态度。

小丽已经做到了主管的位置，再加上有姣好的容貌、魔鬼般的身段，还有那不错的家庭背景，她在公司里成了所谓“金枝玉叶”。有很多人都以能够娶像小丽这样的女子为荣耀。

有一天，小丽和老板一起外出应酬客户。在酒桌上，小丽认识了一位名叫赵德玉的年轻小伙子，对方的父亲刚好是小丽所在公司的合作伙伴。由于业务上的关系，小丽和赵德玉经常在一起工作。慢慢的，赵德玉对小丽有了感情。

之后，赵德玉就对小丽展开了进攻。他经常约小丽一起吃饭，也会送小礼物给小丽，下班的时候总是在公司门口等小丽。面对赵德玉的穷追不舍，小丽总是选择逃避。赵德玉约小丽吃饭，小丽总说没空；送东西给小丽，小丽总是拒绝。可是，赵德玉的追求热情不但没有减退，反而越来越强烈，这给小丽的工作和生活带来了相当大的压力。

这天下午，下班后，小丽刚走出公司，就看到赵德玉双手捧着玫瑰花，站在不远处向她招手。小丽很无奈，但是今天她没有像之前那样不予搭理、径直走开，而是微笑着迎了上去。

他们一起去吃了饭，一起去看了场电影，之后，赵德玉满心欢喜地将小丽

送回了家。在家门口，小丽说："今晚玩得很开心，谢谢你送我回家。不过你的花还是要还给你，我们俩真的不合适。真的很抱歉。"

赵德玉紧追着问："为什么啊？难道我配不上你吗？"

小丽说："这跟配得上配不上没有关系，我对你没感觉。"

赵德玉："感情可以慢慢培养啊，你知道我喜欢你。"

小丽："培养出来的是习惯，不是感情，再说了我也没有兴趣和你培养下去。"

赵德玉走上前去，拉住了小丽的手说："给我个机会吧！"

小丽狠狠地甩开，说："放手，你想干什么啊？我不是告诉你了吗？我们不合适，你还要我说多少遍，你再这样，我们连朋友都没得做！"

这时，赵德玉尴尬地笑了笑，道了声"拜拜"，钻进车里离开了。从那之后，赵德玉再也没有为难过小丽。

故事中的小丽在拒绝赵德玉的时候，之前选择逃避，结果对方的猛烈攻势让自己相当被动。后来她选择了直面相对，在赵德玉死乞白赖的纠缠下，放了狠话，破灭了赵德玉的侥幸心理，成功地拒绝了对方。

心理课堂：

由此可见，在面对别人的死缠烂打的时候，千万不要心软，否则伤害的就是你自己。这时候要学会说狠话。那么，在放狠话的时候要注意哪些方面呢？

1. 不要担心得罪人

如果你总是担心话说狠了，会给别人造成伤害，会得罪人，那么你永远也说不出狠话，也拒绝不了别人的死缠烂打。别人既然敢死缠烂打，那么必定做好了相应的心理准备，你的言语肯定是伤害不了他的。这时候，你的话说得越狠，对方才会越有所顾忌。因此，要想不委曲求全，就不妨把话说得再狠一些，千万不要担心会得罪人。

2. 口气一定要强硬

通常，人与人之间的博弈不是通过言语的对错，而是通过气势。要想表达你强烈的拒绝情感，说话时的口气一定要强硬，让别人在你的气势中感觉到没有任何后退和考虑的余地。当别人明白了这个事实之后，自然也就放弃了。对于没有任何希望的事情，如果再坚持就是在虐待自己。你明白，别人一样也明白。

3. 表情要极端严肃

很多时候，有的人嘴上说着绝对不行，可是脸上却堆着笑容。别人不会因为你的一句“绝对不行”而就此放手，相反他们从你脸上的笑中，感觉到你说的话是违心的，是可以打折的。这样无形之中，又给了别人希望。既然有希望，别人自然不肯随便放弃。因此，在表达你的拒绝时，表情一定要严肃，用你的神态来拒绝他人。

4. 不妨来一些威胁

如果你一再表明了态度之后，对方还是不依不饶，不肯罢手，那么你不妨来点儿威胁。告诉他人，如果对方再这样，你将会采取怎样的措施。当然你采取的措施要给他带来一定的伤害，这样才能起到威胁的结果。比如故事中的小丽，面对别人的纠缠时，威胁他以后做不成朋友，结果对方为了避免这种事情发生，只好放弃了。

5. 敲打外物来警示

如果你的拒绝没有引起别人的重视，对方还对你百般纠缠，这时候不妨敲打外物来给予对方警示，比如摔碎某件东西，或者是敲打桌面和墙壁等来发泄你的愤怒情绪。这样，就会暗示别人，你已经很愤怒，对方再纠缠就会有被你暴力回击的可能。你的拒绝情绪表达到这个份上，就没有人再敢死缠烂打了。

第14章

防范心理学——与人相处不可无防人之心

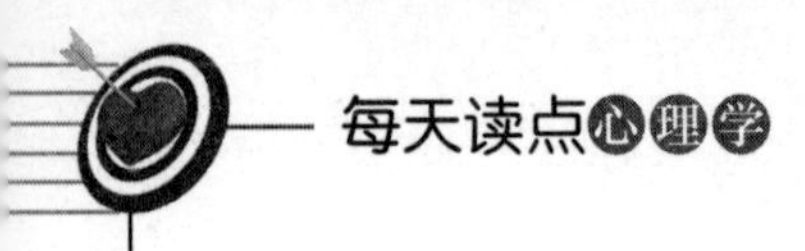

别接受无缘无故的热心

从大学毕业后，小夏一直在某家外企工作，现在已经五年了。去年，她结婚了，今年顺利地怀了宝宝。为了减轻小夏的工作负担，公司又新招了一个大学生叫小麦，并且叮嘱小夏多教教小麦。这样，等小夏休产假的时候，小麦就可以承担一部分工作了。

小麦刚刚大学毕业，为人热情开朗，一口一个夏姐的，叫得小夏都不好意思了。来公司没几天，小麦在午休的时候告诉小夏说她的姑姑是这家公司中国地区的负责人。虽然在公司五年了，但是小夏很少见到公司的高层，因此根本无从考证中国地区的负责人是否真的是小麦的姑姑。此外，小夏也不是那种八卦的人，她的性格比较内向，觉得工作的时候最好不要聊一些闲言碎语，只要好好工作就好了。到底是年轻人，精力比较充沛，小麦每天都精神抖擞的。但是，每到中午的时候，小夏可能是因为怀孕的缘故，所以总是昏昏欲睡。看到小夏困倦的样子，小麦就主动要求帮小夏按摩一下，还说按摩能活血，可以防止孕妇的腿水肿。小夏觉得很感动，笑着说："小麦，想不到你年纪轻轻，但是却这么体贴人。现在，像你什么善解人意的小姑娘可是很少见了！"小麦咧开嘴笑了笑，说："夏姐，我们都是女人，如果连女人都不知道心疼女人，那么还有谁来心疼我们呢？"说着，小麦还拿出了精心准备的热带水果给小夏吃，说是可以补充维生素，对胎儿有好处。这股殷勤劲儿，就连小夏的老公都难以望其项背。

原本，公司招聘小麦的目的是给小夏配一个助手，这样一则可以减轻小夏的工作量，二则可以在小夏休产假的时候，让小麦配合小夏的接班人做好工作。谁想到，小麦进公司一个月以后，就熟悉了工作流程，因此，她开始旁敲侧击地让小夏教她更多的东西。一天中午，小麦又在给小夏按摩，她一边按摩

一边说："夏姐，其实我觉得我已经熟悉我现在负责的工作了，还是挺清闲的。我是这样想的，你看，我还年轻，精力也比较充沛，而你呢，还有三个月才休产假，我觉得，要是你在这段时间多教我一些东西，等你休产假的时候，我就能够做更多的工作了。"小夏享受着小麦不容推辞的按摩，怎么好意思拒绝她呢？于是，在剩下的三个月里，小夏教了小麦很多东西，偏偏小麦的脑子比较灵活，上进心又强，所以，小麦进步得非常快。转眼之间，小夏到预产期了，开始休产假。原本，公司领导准备再派一个老员工接手小夏的工作。但是小麦软磨硬泡地央求领导给她一个独当一面的工作机会，还立下了军令状，所以公司领导同意给小麦一个星期的时间独立主持工作，看看她能否胜任。结果让公司领导大吃一惊，短短的半年时间，小麦已经不是那个初进公司时整日嘻嘻哈哈的小姑娘了，她变得成熟、干练，最重要的是把工作打理得井井有条，丝毫不比小夏差。

结局可想而知……

休完产假回到公司后，小麦已经完全适应了小夏之前的工作，甚至比小夏更为出色。而小夏呢，则恰恰相反，因为剖宫产生宝宝伤了元气，再加上带宝宝很辛苦，所以小夏每天哈欠连天、不在状态，与之前有了很大的不同。结局可想而知，在给小夏挂了半年的闲职之后，公司领导找了个机会劝小夏回家全职带宝宝。小夏当然知道这是什么意思，只是，她很愤愤不平。从她休完产假之后，小麦一改往日殷勤备至的模样，对小夏爱答不理。小夏很后悔，自己当初太心软，架不住小麦软磨硬泡，把自己的看家本领都教给了小麦。如果不是小夏手把手地教，小麦至少还要工作两年才能积累丰富的经验，当然也就谈不上现在的进步了。从这个事例中我们不难发现，如果一个人对你过分热情，而且她又不是你的亲人、密友，那么，你就要小心了，因为她很可能有什么目的。

心理课堂：

人们常说，没有天上掉馅饼的好事，世界上没有免费的午餐。的确，在生活中，既没有无缘无故的爱，也没有无缘无故的恨。在这个世界上，只有父母能够毫无所求地爱孩子。除此之外，人们对一个人好，总是处于特定的原因或者为了实现某些目的。人们还经常说一句话，吃人的嘴软，拿人的手软。就像小夏一样，如果没有接受小夏的按摩和热带水果，也就不至于在面对小麦拜师学艺的请求时不好意思拒绝。总而言之，做人不能贪图小便宜，更不能随便接受别人无缘无故的热情，因为在热情背后总是隐藏着别样的用心。

对爱说别人的隐私的人要敬而远之

梁静刚刚大学毕业，孤身一人来到北京打拼。北漂的日子无疑是艰辛的，梁静每天都早出晚归地找工作。就这样，过了一个多月，身心俱疲的她终于找到了一个相对满意的工作。梁静很珍惜这次工作的机会，在单位里任劳任怨、尽职尽责。每天，她都主动提前半个小时到办公室打扫好卫生，把办公室整理得纤尘不染。甚至，老板还在会议上表扬他们办公室是全公司的楷模。渐渐地，同事们都喜欢上了勤快的梁静。梁静不太爱说话，除了工作之外，每当有同事们找她交流，她也多以倾听为主，以微笑面对他们。所以，在这个飞短流长的办公室里，虽然梁静已经工作半年了，但是没有任何关于梁静的负面新闻。

过了没多久，公司里又来了一个新人，叫柯以敏。柯以敏的性格和梁静截然相反，她每天都咋咋呼呼的，喜欢大呼小叫。职场人士都知道，休息室、茶水间和洗手间是办公室里流言的发散地。过了没多久，同事们就发现，只要是有人在闲谈的地方，就有柯以敏的身影。她不仅喜欢暴露自己的隐私，还喜欢打探别人的隐私，最关键的是她像一个高分贝的喇叭，不管什么事情，只要她知道了，几乎就相当于整个公司都知道了。有一次，梁静和一个处得比较好

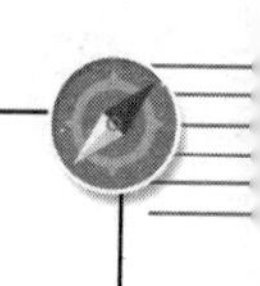

的同事在洗手间说一点儿私人的小秘密，结果，柯以敏突然进来了。虽然当时柯以敏没有说什么，但是当天下午，梁静和那个同事所说的话就传遍了整个公司。经历了这件事情，同事们都知道了柯以敏是个高分贝喇叭，自此，不管是女同事还是男同事，只要见到柯以敏就会绕着走。就这样，过了没两个月，柯以敏就没脸在公司待下去了，主动提出了辞职。

而梁静，因为一直谨言慎行，所以同事们都很喜欢她，在公司开辟新部门的时候，同事们一致推选她为部门主管。自此，她的事业发展得越来越顺利。

从上述事例中，我们不难发现，没有人喜欢长舌妇，当然人们也不喜欢大嘴巴的男人。总而言之，不管是男人还是女人，都应该管好自己的嘴，不要总是把别人的隐私挂在嘴边。通常情况下，只有爱挑拨离间的人才喜欢在背后议论别人。也正因为是在背后议论别人，才使挑拨离间者得以生存。在生活中，不管是在大学校园还是在职场，大家都有过不同程度的体会，总有这样一群人，他们非常虚伪，言行不一致，人前、人后不一致。很多时候，这样的人当着别人的面时奴颜婢膝、无比热情，但是，不等人家转过身去，他就口出恶语，把人骂得狗血喷头，甚至还会凭空捏造一些子虚乌有的事情陷害别人。几乎在每一个社交圈里，都会有一两个这样的人。通常情况下，他们的特征很明显，即看上去很开朗、毫无心机，其实是想以此来麻痹别人，借机打听别人的私生活。为了让你敞开心扉与他交流，他甚至会故意在你面前说某人的坏话，例如领导的，而一旦你顺着他的话说下去，他就会于第一时间内赶去领导面前打小报告，这种行为是典型的诱骗。因此，如果有人在你面前说别人的坏话，即使你心里很认同他的观点，也不要随声附和，而要提高警惕。你一定要记住，如果一个人能够在你面前说别人的坏话，那么，这个人就肯定会在别人的面前说你的坏话。

那么，到底应该怎么办呢？最好的办法是既不要附和，也不要反对，而要这只耳朵进，那只耳朵出。一旦你发现某人喜欢在一个人面前说另外一个人的坏话，首先，你就要怀疑说话者的人品，然后在下次遇到他之前绕道而行，不给他在背后说人坏话的机会，至少不给他在你面前说别人坏话的机会。在职场中，有人擅长坐山观虎斗，有人喜欢搬弄是非，对你来说，假如希望自己的职业生涯能够顺利一些，少一些节外生枝，最好的办法就是离那些喜欢说别人隐私的人远远的，躲得越远越好。否则，这个人这一刻还在你面前猛夸你的长处，痛斥他人短处，下一刻，在你还没有来得及转身的时候，他很可能就会改变句子的主语把同样的话再对别人重说一遍。职场中有句话非常流行，叫“大公司做人，小公司做事”。事实的确如此。在大公司里，人员比较多，鱼龙混杂，需要同事之间彼此配合完成的工作也比较多。所以，要想把工作做好，首先要搞好同事之间的关系，只有把人际关系搞好了，工作上才会更加顺利。而在小公司，环境相对简单，员工也比较少，因此往往一人身兼数职，合作沟通起来也没有那么困难。和柯以敏比起来，梁静的为人处世无疑更加成功，得到了同事们的认可和肯定，而梁静之所以能够成功，关键之处就在于她远离了是非，远离了那些喜欢说别人隐私的人。

心理课堂：

在生活中，在职场中，有一种人天生就是“长舌妇”，当然，这里的“长舌妇”并不专指女人，也包括那些大嘴巴的男人。这些人，只要一天不说些飞短流长的话，就会觉得不舒服。碰到这种人的时候，有的人会因为不好意思直接走开而随口敷衍几句，但是，即使是这样，也会带来无法预料的后果。也许到不了明天，我们就会发现自己随声附和的话居然变成了不折不扣的评价传到了当事人的耳朵里，而且，某人已经无数倍地夸大了你附和的原意。如此一来，轻则对方找上门来，重则人家在心里给你记好了这笔账，以找准合适的时机再与你算账。那么，既然长舌妇这么可怕，有没有什么化解的招数呢？当然有，方法有二：其一是顾左右而言他，在对方讲述他人是非的时候，你可以驴唇不对马嘴地自顾自地谈美容、谈健身、谈时装、谈娱乐八卦新闻，总而言之，所有与工作或者同事无关的无关痛痒的话题都可以，但就是要坚持不说谁是谁非；其二是保持沉默，任由“长舌妇”说得唾沫横飞、天花乱坠，你只要管好自己的嘴巴，不发表任何言论就行了。这样一来，时间长了，他就会觉得尴尬无聊，再也不会在你面前说东道西了。总而言之，作为职场人士，要

想洁身自好，必须记住一句话：是非的漩涡特别深，一旦掉进去，就会越陷越深。

逢人只说七分话，别把老底儿兜出来

小徐与小唐都是刚刚毕业的大学生，又是同时被招进公司的，所以他们俩的关系非常好，在公司里走得很近。小徐和小唐都在公司业务部，专门在全国各地跑业务。

有一次，公司在海南搞了一个大项目，需要销售人员去联系一些相关业务。但是，因为业务量大，老总担心一个业务员能力不够，所以决定派两个业务员一起拿下这笔业务。这样一来，小徐与小唐就被双双派去了海南。虽然是出差，但是两个年轻人在一起还是很轻松、热闹的。在火车上，他们一起打牌、喝啤酒、聊天，彼此之间越来越熟悉了。到了海南以后，他们两个人联手一举拿下了相关业务，比预计的时间提前了好几天，因此，老总特批他们在海南玩三天再回来，差旅费由公司报销，他们每人只要负责自己的景点门票就可以了。因此，这两个年轻人痛痛快快地玩了个够！在海南的最后一天，他们专门找了一家饭店好好地大吃大喝了一顿。席间，小唐说："小徐，咱们这个老板可真不错，还奖励咱们公款旅游了三天，这可是大方的老板呀！回去以后，咱们一定要好好干，既给老板多挣钱，也给自己攒钱买房娶个媳妇儿！"小徐有点儿喝多了，说话都不清楚了，大着舌头说："是呀，咱们一定要抓住这个机会好好挣钱。"接着，小徐又说："小唐，来公司这一年，你老实告诉我你攒了多少钱了。"听了这话，小唐惊讶地张大嘴巴说："攒钱？怎么可能呢？咱们每个月的工资才两千多，每次出差，虽然公司报销差旅费，但是看到喜欢的东西会买下来作为礼物送给亲戚朋友，所以，我几乎每个月都花光了。"

小徐坏坏地笑着说："我可没说工资啊，我说的是别的钱。咱们是一起进公司的，我都攒了两万了，你还会少？我可是数了，你联系成的业务比我多6个呢！"小唐还是不明所以，说："这和业务有什么关系啊，你忘了咱们第一年是试用期，不计算业务量的，只有基本工资。"小徐不耐烦地说："你小子还和我装，回扣啊，你可别告诉我你没拿过回扣，谁信哪！"小唐至此恍然大悟，连声说："小徐，你喝多了，咱们赶紧回去睡觉吧，明儿一早还要赶火车回去呢！"小徐酒醒之后，很担心自己说了什么不该说的话。不过，又过去了半年，大家相安无事，所以他也渐渐地放心了。

半年后，原来的销售主管升为副总了，所以公司想提拔一个新人当销售主管，因为觉得新人有热情，富于创新性。在正式公布结果的前一天，几乎全公司的人都知道已经定下来要提拔小徐了，但是，第二天公布的人选却是小唐，而且公司还把小徐开除了。这个结果，出乎大家的意料，不过，小徐、小唐以及相关领导的心里都清楚是怎么回事。尤其是小徐，肠子都快悔青了。

在上述事例中，小徐在酒过三巡之后和小唐互诉衷肠，说出了自己拿回扣的秘密。说完之后，他又后悔了，因为这个秘密事关自己的前途。但是，过了半年还是相安无事，所以小徐的心渐渐地放下来了，他觉得自己或者根本就没说，或者即使说了，小唐也当成醉话了，不会给捅出去的。其实，小徐想错了。小唐之所以没说，只是因为他与小徐之前没有利益冲突而已。到了生死存亡的关头，或者是小徐晋升，或者是小唐晋升，那么，为了自己的事业和前途，小唐还是在最后一天把这件事情汇报给领导了。至于结果如何，大家都已经知道了。

心理课堂：

很多时候，人们都说同学和战友的友谊是最值得珍惜的，因为纯洁，因为真诚。和同学情谊、战友关系比起来，同事关系就显得不那么牢靠了。在职场上，每个人都在竭尽全力地往上爬，或者是为了加薪，或者是为了升职。所以，同事之间的竞争关系是很激烈的，尤其是实力相当的同事之间。人在职

场，要想有个好前途，得到提拔和重用，除了要努力提高自己的工作能力之外，更要努力提高自己的职场修养，管好自己的嘴巴。当你兴奋地过了头、想把自己的秘密告诉别人时，你最好三思而后行，因为，一时的痛快，很可能会毁了你得来不易的前途。

闲谈莫论人非，小心他人的“挑唆”

李强是某公司的销售员，业绩一直处于中等水平，既不高，也不低。不过，因为李强的妻子是公司副总的小姨子，所以，李强被提拔为销售部主管。原本大家都是同事，而且业绩不相上下，很多同事甚至比李强做得更好，但是，如今李强一步登天，居然成了销售主管。不管对于谁来说，这都无异于一记重磅炸弹。虽然的确有一部分同事是出于酸葡萄心理，但是，也确实有一部分同事本身就比李强的资历深，业绩也比李强优秀。背地里，大家你一言我一语，众说纷纭：“哼，论资历，他比我晚来公司两年；论业绩，他的业绩也没有我好，但是人家有裙带关系啊！”“真是的，升官也要升得人们心服口服啊，升他当销售部主管，有谁能服气？”一时间，销售部的同事们群情激愤，你一句我一句的，把李强数落得一无是处。

小记是刚刚应聘到公司销售部工作的大学生，他看到大家越说越激动，也借此机会说了很多关于李强的坏话，例如李强工作能力不强、疑心太重、与同事之间有隔阂等。不过，俗话说，画虎画皮难画骨，知人知面难知心。在这些人中，有一个两面三刀的同事朱某，朱某虽然当着大家的面也义愤填膺地说李强的坏话，但是，他其实是李强的耳目，私下里与李强的关系特别好。大家不禁纳闷，既然他与李强是好朋友，他又为什么要说李强的坏话呢？其实，这是李强与朱某的计谋，即让朱某假装说李强的坏话，这样一来，在朱某的“挑唆”下，大家就会无所顾忌地说李强的坏话。而过不了当晚，朱某就会找机会把大家所说的坏话告诉李强。

其实，李强也知道销售部有很多资历和业绩都比他强很多的人，所以他这次晋升为销售部主管一定会引起大家强烈的不满。为了了解大家的真实的想法，更好地展开工作，避开工作中同事们的情绪暗礁，李强特派朱某“带头”说他的坏话，从而更好地了解大家的情绪状态。

当朱某把大家的不满和不服气纷纷传给李强之后，李强想：其实，这些同事们的不满都在我的意料之中。但是，出乎我意料的是，小记这个乳臭未干的臭小子居然也敢当众说我的坏话。他进公司刚刚才两个月，有什么资格说我呢？！自此以后，李强在工作中处处为难小记，给小记小鞋穿。结果，又过了几个月，小记迫于无奈主动辞职了。直到最后小记也不明白：自己并不是第一个也不是唯一一个说李强坏话的人，为什么李强单单容不下自己呢？

在上述事例中，小记的确不是第一个也不是唯一一个说李强坏话的人。但是，为什么李强唯独容不下小记呢？原因就是小记大学刚刚毕业，不仅没有任何业绩，而且没有任何资历，所以，他确实不应该在这种时候出头。小记的错误，就是典型的在别人的“挑唆”下说出了对某个人不满的话。其实，小记真的对李强有那么大的意见吗？未必。很有可能，小记只是为了迎合大家，才一时说出了那样的话来。归根结底，他还是被朱某的“挑唆”蒙蔽了，害得自己失去了得来不易的工作，成了背后说别人坏话的牺牲品。其实，人与人之间的关系是很复杂、很敏感的。尤其是在办公室里，几个人在一起难免会闲聊起来。有时，说到某个人时，大家还会同仇敌忾地说出一大串坏话来。每当这种时候，总是有很多人把持不住自己，也随声附和着说起某人的坏话来，其结果不难想象，早晚有一天，这种坏话一定会被添油加醋地传到当事人的耳朵里。即使对方是人品高尚的人，也难免会有些心里过不去；万一对方是一个心胸狭隘的小人，轻则以其人之道还治其人之身，重则暗地里下刀子，伺机报复。

心理课堂：

人们常说，多个朋友多条路，少个朋友多堵墙。无一例外，每个人都不喜欢别人说自己不好听，而都喜欢别人说自己好听的。俗话说，世上没有不透风的墙，不管一个人说了别人什么，别人迟早会知道的。如果你在背后夸奖别人，那么，当你说别人好的时候，别人知道以后一定会很开心。反之，如果你在背后批评、指责别人，当别人有一天知道后，一定会心生不快，甚至为你们以后的交往埋下隐患。在日常生活中，我们难免会遇到别人在自己面前说某个人的坏话。此时，我们一定要端正自己的态度，不要为了迎合他人而跟着他人一起去指责、批评某人。最好的办法是，如果发现别人在你面前说某个人的坏话，你就赶紧走开，即使走不了，也不要插嘴，只要微笑一下就可以了。总而言之，每当遇到有他人围在一起说某人坏话时，不管你是否确定那些人中有故意“挑唆”的托儿，都要谨言慎行，只有这样，才能更好地与人相处，也不至于使自己陷入被动的尴尬处境。

说话做事留余地，给自己留退路

魏文帝曹丕，对人冷漠无情，心胸狭隘。曹操在位时，鲍勋担任魏郡西部都尉的官职，负责邺城（今河北临漳县）西部的治安。那个时候，曹丕还是太子，他的夫人郭妃之弟因为触犯了法律，被鲍勋依法收捕了。为了此事，曹丕出面求情，但是鲍勋为人清正廉明，拒不答应，依法惩办了郭妃之弟。自此以后，因为这件事情，曹丕一直耿耿于怀，总是想伺机报复鲍勋。

曹丕即位后，鲍勋不仅没有避让风头，反而更加直言不讳地向曹丕进谏。因为鲍勋进谏的方式和措辞过于直接，有几次惹得曹丕勃然大怒。然而，如今的曹丕已经不同于往日了，他掌握着满朝文武的生杀大权，完全可以任意处置鲍勋。

有一次行军宿营，鲍勋担任营中执法官。一天，他的一个朋友来军营探望他，因为军营还没有建好，所以朋友从中抄了近道。按照军规，军营内是不许抄近道的。军营令要以违犯军规处置鲍勋的那个朋友，鲍勋以营垒刚刚打桩画线、还没有建成为由，为朋友据理力争。

曹丕知道这件事情后，大喜过望，他终于抓住了鲍勋的把柄，因此马上下令道："鲍勋指鹿为马，应交办治罪！"

执法大臣接到命令后非常为难，因为鲍勋自己并没有违反军规，而只是念及朋友情谊保护了友人而已，性质根本没有这么严重，更不至于被比成大奸臣赵高呀！曹丕勃然大怒，说道："鲍勋罪在必死，如果你们胆敢袒护他，我就将你们一并治罪！"

事已至此，朝中的一大批元老重臣都认为曹丕未免有公报私仇之嫌，因此全都出面为鲍勋求情，就连主持司法的大臣高柔，也舍生取义地坚决拒绝执行处斩鲍勋的诏命。这下子，曹丕更加生气了，他把高柔召到朝堂软禁起来，亲自出面派遣使臣杀了鲍勋，然后才放了高柔。

在上述事例中，虽然曹丕的确是冷漠无情、心胸狭隘的，但是，鲍勋其实也是有一定的错误的。古人常说，伴君如伴虎，作为大臣，在和帝王相处的时候，一定要讲究方式方法，既要据理力争，也要保全自己的性命。而鲍勋的错误之处恰恰在于他只看到眼前的事情，而没有长远考虑身后的事情，做事情的时候有欠考虑。也许，他至死都不知道曹丕为什么一定要因为这点儿小事而处死自己。由此可见，在做事情的时候，一定要三思而后行，特别是对地位比自己的高的人，在交流和相处的时候更是要谨言慎行，这样才不至于在不知不觉之间给自己惹来杀身之祸。当然，现代社会已然没有了这种杀身之祸。但是，人在职场，如果因为言行不慎而导致自己失去工作，不也是很可惜吗？！

著名的哲学家、教育家苏格拉底曾经说过："一颗完全理智的心，就像是一把锋利无比的刀，会割伤使用它的人。"在这个世界上，没有任何事情是完全绝对的，每件事情都像一枚硬币似的具有两面性。这就告诫人们，不管是说话还是做事，都要给自己留有回旋的余地。看书的时候，我们总是发现书页

的四围留有一些空白的地方；仔细观察水泥路面，我们不难发现每隔一段距离，水泥路面之间就会有缝隙；即使是农民种庄稼，也会在行与行之间留下空隙……其实，这些都是留有余地。做人做事也是一样，只有给自己留有余地，一旦事情发生变化，才不至于使自己陷于尴尬的境地，进退两难。做人的艺术，就是要讲究平衡，既要左顾右盼，又要瞻前顾后。做事情的时候，一定要讲究三思而后行，事先考虑周全。要想更好地生活在这个世界上，千万不要让自己的言行和思维沿着一个方向发展，走向极端。不管面对什么事情或者是人物，在你做出论断的时候，一定要给自己留下余地。对于别人所说的话，我们一定要结合实际情况综合考量，不可片面地主观臆断。在社会上生存，不管是处事还是做人，人们都应该学会给自己留有余地，留条后路，事情不要做得太绝，话也不要说得太满。只有凡事都给自己留有余地，才能在回头的时候有路可走，从而避免自己彻底失败的命运。

心理课堂：

总而言之，人有很多种智慧，然而，真正能够称得上是人生智慧的就是给自己留点余地。话说要有弹性，做事要有分寸，凡事都讲究灵活的安排，以使自己回旋的余地更大。否则，一旦被别人抓住把柄，就会在无形之中给自己的人生设置障碍，甚至改变自己的人生轨迹。

过于依赖别人，容易被人利用

一个人在屋檐下躲雨，突然看见远处走来了一位撑着伞的禅师，因此，他大声喊道："禅师！佛法讲求普度众生，你可以度我一程吗？"禅师说："我走在雨里，你躲在屋檐下，我被雨包围着，而你藏身的屋檐下却根本没有雨，你为何需我度你呢？”

听到禅师这么说，那个人赶紧走出屋檐，站在雨里，说：“您看，我现在也在雨里了，如今，您可以度我了吧？”禅师还是说：“我依然不能度你！”那个人疑惑不解地问道：“刚才我在屋檐下你不度我，现在我在雨里，你为什么还是不度我呢？”禅师说：“此时此刻，咱们的处境是一样的，即都在雨中。唯一的区别在于我带伞了，而你没有带伞，所以我没有淋雨，而你却淋雨了。确切地说，我之所以没有淋雨，是因为伞度我，因此，我根本无法度你。假如你想找人度你，那么，你根本不必找我，正确的做法是找伞！”

虽然那个人被大雨淋得浑身都湿透了，但是，直到最后，禅师也没有度他。

那人愤愤不平地说：“既然你不愿意度我，就应该早点儿说明。绕了这么大一个圈子，是故意想让我淋雨吧。人们都说佛法讲究‘普度众生’，我看佛法是‘专度自己’！”

禅师听了，丝毫没有生气，而是平心静气地说：“想要不淋雨，出门的时候就要记得自己带伞。有的人总是想依赖别人，即使看到天马上就下雨了，也不带伞，一心只想着别人肯定会带伞，肯定会有人帮助他。实际上，这种想法是最害人的。如果一个人不依靠自己的努力，而一心只想着依赖别人，到头来终将毫无所得。”实际上，真正悟道的人是不会被外物干扰的。人生来就有自性，只是有的人因为平日不去寻找，所以还没有找到而已。如果自己不做任何努力，只把眼光放在别人身上，想依靠别人成功，那简直是不可能的。

有一天，一个老人和一个年轻人一起来到沙漠里栽种胡杨树。等到树苗成活以后，老人很少来，即使偶尔来了，也只是扶一扶被风刮倒的树苗，不浇一点水，任由胡杨自由地生长；年轻人却觉得沙漠里太干旱了，树苗很难长成大树，所以每隔几天就来给树苗浇水。转眼间，几年过去了，老人种的胡杨树看着很干枯，似乎在沙漠中渴了很久的枯树一样。而年轻人种的胡杨树则不一样，它们郁郁葱葱，长得很粗壮。沙漠里的气候很恶劣，突然有一天，刮起了罕见的沙尘暴。风停后，人们惊讶地发现老人种的胡杨树只是被风吹折了一些

树枝，吹掉了一些树叶，而年轻人栽的胡杨树几乎全都被风刮倒了，有的甚至被连根拔起。年轻人疑惑不解，就问老人这是问什么，老人缓缓地说道："这是因为你总是隔三差五地来给树浇水施肥，这样一来，它们自己就不会努力把根往泥土深处扎以吸收养分和水分。而我种的树则不同。自从树苗成活以后，我从来没有给树浇过水，因为生存环境的恶劣，所以它们不得不把自己的根扎到地底下的泉源中去。你想，树有这么深的根，怎么可能轻易地被风刮倒呢？"

以上两个事例都说明了一个道理，过分地依赖别人，必将使自己在面对困境的时候手足无措。就和胡杨树一样，任何时候，人都应该靠自己，只有这样，才能使自己从容地面对人生的风风雨雨。这个道理也同样适用于职场。虽然职场不讲求佛法，环境也不像沙漠那般恶劣，但是，职场却同样要求每一个人勤奋努力，依靠自己获得成功。

现代社会，竞争越来越激烈，职场人士的压力也越来越大，在巨大的生存压力下，人们之前钩心斗角、尔虞我诈的现象越来越明显。在职场中生存，就犹如逆水行舟，不进则退。通常情况下，同事之间是合作的、互惠互利的关系，而很少有同学之间那般纯洁的友谊和战友之间那般换命的交情。因此，同事之间只能合作，而不能依靠。在职场中，假如一个人总是依靠别人的帮助，那么，一旦他们之前的合作关系破裂，他就会遭受巨大的创伤。或者，即使他们之前的合作关系保持完好，合作关系也是与利益有关的，也很难保证在面对更加巨大的利益时，合伙人不会利用对方成就自己。

心理课堂：

其实，人生就是一个过程，是一个历练自己、成就自己的过程。歌中有云，不经一番寒彻骨，哪得梅花扑鼻香。不管是在生活中，还是在工作中，我们都要依靠自己，自立自强。如果过分依赖别人，轻则被别人釜底抽薪，重则被别人利用，不管是哪一种，都是我们所不愿意看到的。

对叛逆心重的人，要避重就轻

陈红雷在读大学期间，谈了一个女朋友。刚开始的时候，父母是表示强烈反对的。因为陈红雷是家里的独子，所以父母一心想让他大学毕业后回到家乡工作。而陈红雷谈的这个女朋友也是家里的独生女，她的父母也想让她大学毕业后回到家乡工作。这样一想，陈红雷的父母不禁头都大了，这到底去谁家好呢？显然两人是不合适的。最合乎理想的是陈红雷大学毕业后先回到老家找一份稳定的工作，然后在本地找一个知根知底的女朋友，按部就班、万无一失地结婚、生子、过日子。但是，陈红雷显然不愿意听从父母的建议。其实，陈红雷的父母心里很清楚，陈红雷从小就主意正，自己拿定主意的事情很难改变想法，而且，陈红雷的逆反心理很重，如果父母说得不对他的心意，他就会坚定地选择与父母对着干。因此，父母想来想去，虽然表示了强烈的反对，但是却一直没有采取具体的行动，因为他们生怕起到相反的效果，导致事与愿违：万一儿子一生气决定去女友家发展了呢？

大学时光总是美好的，美好的时光总是容易偷偷溜走，不知不觉之间，陈红雷和女友都即将毕业了。为了去留问题，陈红雷和女友认真地谈过一次。因为陈红雷的家在内蒙古，而女友的家在广东，所以，首先他们从生活习惯方面来讲就很难容忍去对方的家里生活。不管是气候，还是饮食习惯，内蒙古与广东都相差十万八千里。经过反复的考虑，他们最终决定放弃双方父母的意见，而选择在就读大学的城市北京生活。这样一来，他们谁都不必为了谁去适应生活环境的改变，而北京，他们在大学期间已经完全适应和习惯了。商量好之后，陈红雷和女友分别和自己的父母认真地交谈了一次。原本，陈红雷以为父母一定会反对自己，因为父母是一直希望他能够回老家生活的。想不到的是，父母却支持他的决定，并且建议他最好再考个研究生，因为父母觉得学历高一

些毕业的时候更好找工作，而且更有希望把户口落在北京。陈红雷喜出望外，马上就采纳了父母的建议。其实，陈红雷的父母之所以改变自己的想法，做出这样的决定，完全是因为他们知道陈红雷的叛逆心很强，如果双方发生言语冲突，他是很有可能在一气之下与女友去广州的。而当得知儿子做出了留在北京的决定之后，陈红雷父母的一颗心终于落地了，毕竟北京比广东距离内蒙古近多了，而且儿子也不用去适应广东那与内蒙古截然不同的环境气候与饮食习惯了。老两口自我安慰道：如果儿子能在北京落户，不也是很好吗？想儿子了随时就可以去看看，比去广州方便多了。而陈红雷的心里也美滋滋的，得到了父母的谅解与支持，他与女友的爱情就显得更加美满了。

在上述事例中，陈红雷父母对待陈红雷，就采取了典型的“就坡下驴”的策略。常言道，知子莫若母。当父母的，辛辛苦苦地养育了孩子二十多年，当然对孩子的一言一行、脾气秉性都非常了解。如果陈红雷的父母只顾一味地反对陈红雷与女友谈恋爱，那么，他们不仅无法达成目的，还会造成很严重的后果。即使陈红雷最终不与女友去广东，也定会与父母闹得不欢而散。对于陈红雷这种有主见、逆反心理重的孩子而言，“就坡下驴”无疑是一个两全其美的好办法。这样一来，陈红雷与女友不仅不用再为到底去谁的老家定居而发愁了，还可以在父母的支持下，共同努力，在北京为自己安一个家，使生活和事业都走向正轨。对于这两个年轻人而言，北京是他们的母校所在地，完全可以说是他们的第二故乡。在读大学期间，他们已经熟悉了北京的环境，适应了北京的风土人情，而且，他们的同学之中也一定会有很多人留在北京工作，这样一来，他们就有了丰富的人脉。此外，北京还是全国的政治、文化中心，是中国的首都，是国家化的大都市，无疑对他们未来的发展十分有益。一举多得的事情，何乐而不为呢？

心理课堂：

在生活中，很多人不理解“就坡下驴”的意思。其实，从字面上来理解，就坡下驴就是说：人骑在驴子上，由于驴子比较高，所以要想下来，很容易摔倒。为了安全起见，最好先找个陡坡，让驴子停在低处，人就可以顺势从驴子上下到陡坡的高处。这样一来，驴子的身高显得不那么高了，人下来的时候也就比较容易了，从而能够避免摔跤。在现实生活中，“就坡下驴”通常用来指找个借口下台阶，以避免难堪。其实，不管在生活中还是在工作中，总是有一些人的性格特立独行、叛逆心强。只要我们深入理解就坡下驴的意思，并且在生活和工作中灵活运用，就能够避重就轻，减少与人交往时的冲突，从而更好地与身边的人相处。此外，就坡下驴还可以减轻人的逆反心理，使逆反者更加心甘情愿地采纳你的意见或者建议，这样一来，你不就离实现自己的心愿更近了一步吗？

第15章

职场心理学——灵活的心理策略令你前途似锦

了解上司心理，做符合上司胃口的事

每个人在工作时都会遇到不同的上司，每一个上司都有自己的心理特点，在与上司的相处过程中，要特别注意揣摩上司的心理活动，因为这对自己在公司的发展是很重要的。当一个人非常了解上司的心理时，会比较有针对性地采取相处方式，这会非常合上司的胃口，容易得到上司的赏识。而当一个人对上司的心理不了解时，自己随意做出什么行动，如果上司看得惯还好，但是如果上司不喜欢甚至是厌烦，这个人在公司的日子就比较煎熬了。所以不妨尝试着去了解一下上司的心理，因为上司的心理逃不出以下几种：

1. 工作不知疲惫心理

有一种上司总是精力非常充沛，能够在各种情况下发挥自己的光和热，这种上司就具有工作不知疲惫心理。这样的上司总是认为自己是天下最能干的人，加上精力过剩，热衷于工作，孜孜不倦。所以他对下属的要求也比较高，希望下属都和他一样，变成“工作狂”。在面对这样的上司时，最好不要显露自己强势的一面，更不要有成绩了在他面前夸耀自己，要保持低调，有问题就向他请教，令他永远感觉到你是在他的英明领导下努力工作，并取得成就的，这样不但不会让他感到你很笨，反而还可以得到他的赏识。

2. 疑神疑鬼心理

这种上司比较特殊，因为他总是在怀疑自己的下属偷懒，或者背着他做些与工作无关的事，所以时不时地会做一些看似很荒谬的监督工作，这种监督工作在某种程度上非常类似“警察抓小偷”的游戏。当你遇到了这样的上司，最好的办法就是每天或者几天，最多不要超过一周给上司一份报告，这样就能让他知道你做了哪些工作，掌握你的情况以打消他的疑心，从而使他对你放心，减少因为监督工作产生的压力。

3. 健忘型上司

有一种上司，刚才做的事转眼就忘了，放在一个地方的东西过会儿就找不到了，这种上司被称为“健忘型上司”。因为这种上司的心理特点是只顾眼前的事，所以会经常拿着这个忘了那个，昨天做的事今天就记不清了。他的秘书往往需要很强的能力，因为他经常今天把一个东西放在了一个地方，转天就忘记自己把东西放到哪里了。当你遇到这种上司的时候，最好的办法是，当他在讲述某个事件或表明某种观点时，你可以多问他几遍，或者根据上司的观点提出自己的看法，从而使上司与你讨论，进而加深上司的印象。

心理课堂：

职场中，你会遇到各种各样心理和性格的上司，有的性格温和，为人谨慎；有的脾气暴躁，做事草率。总之，每个人都有与众不同的心理习惯。那么，在对待不同的上司时不能用相同的方式，而应该有不同的相处之道。既然你在他手下做事，当然就要掌握应对的“心理战术大全”，从而使自己在上司面前行动自如，时不时还受到褒奖，让自己的职场充满精彩。

略施小计，让老板对你印象深刻

人才对于一个团队的发展可谓有着无可替代的作用，但是在这个人才济济的时代，人才是需要让自己闪光才能被管理者发现的，所以在上司面前要学会表现自己，使自己的行为让上司满意，让上司对你情有独钟，这样就达到了既定目标。但是这个过程不是简简单单就可以完成的。因为一个人要了解上司的心理，才能对症下药，所以可以根据上司的心理略施心理诡计，让上司中招，从而使自己能够得到上司更多的赏识，让上司对自己情有独钟。

比如，当上司在说一些事的时候，大家多会仔细聆听，上司说完了也没有人提出质疑，这样就不会有人给上司留下比较深的印象。所以，可以在上司说完的时候找一些并不重要的点进行提问，尤其是那些没有明确的具体要求，既可理解成这样，又可理解成那样的问题。这样一来，上司就会对问题再进行一次解答，这个过程不仅会让上司彰显权威，还展现了你认真仔细的一面，会让上司对提问的你有一个印象，使你鹤立鸡群，被上司记住。

上司虽然是管理者，但是他并不是全能，一些问题还是会难倒他，所以在这样的时候不妨伸出援手拉一把，这会有令人意想不到的效果。例如，一些上司会在面对自己不懂的问题时略显尴尬，这时他需要别人来帮助他，但是人们又往往考虑到上司的面子问题不敢轻易去说，这样一来就形成一种比较僵化的氛围。所以，如果你对问题比较了解，可以伸出援手，但是要注意的是一方面要把问题解释清楚，另一方面又不要忘记你是要给上司圆场，所以最后不要忘了说一些“这是上司曾经教导过的”之类的话。这样一来，上司不仅会心怀感激，而且会对你印象深刻，情有独钟。

有的时候，一些上司比较霸道，他们比较喜欢大权独揽，经常威胁下属，让下属服服帖帖地干活。这时，你要做的不是唯唯诺诺，而是要让上司感受到你存在的价值。但是这时要注意的一点就是措辞，一方面要让上司服气，另一方面又不能伤上司的面子。这样一来，本来大家都因为上司的强势而很少说话，你的建设性建议会让上司眼前一亮，从而使自己在上司心中留下浓重的一笔，为自己成为其“情有独钟”的下属做好铺垫。

心理课堂：

与上司相处，保持良好的心态很重要。上司也是一个与你一样的普通人，同样承担着各种压力，多从他的立场上考虑，你和上司之间自然会建立一种和谐的氛围。在对待上司的技巧上，观察是非常重要的一点，上司心里所想、思考的习惯、性格特点等都应该成为你观察的对象。只有摸清了上司的心理特

点，才能真正对症下药，投其所好，使上司对你的好印象与日俱增，最后成为上司眼中“情有独钟”的人。

抓住让上司青睐你的最佳时机

每个上司都希望自己有得力的手下，能在自己处于困境或者需要帮助的时候做出让自己满意的工作，解救自己于危难之间。但是这样的得力干将不常有，所以能够做到及时解决上司的燃眉之急，就能够很好地捕捉到攻破上司心理的最佳时机，从而使上司对自己更加青睐，对自己更加器重。

小丁是一家公司的总经理秘书，他平时工作风格雷厉风行，给人一种非常爽朗的感觉，做事效率高并且错误少的风格很让总经理欣赏。然而，小丁似乎感觉过于良好，一次总经理需要一份发言材料，非常紧急，但是小丁却没有及时出现，理由是自己正在处理一些别的重要的事情。很多同事都说小丁是晕了头，同事小张见状将工作揽了过来，并很好地完成了。结果小丁在公司的地位一落千丈，小张及时解了上司的燃眉之急，成功地获得了上司的器重和青睐。

小丁作为秘书在关键时刻消失，在上司有燃眉之急时不能及时出现，严重失职。而小张则成功地把握了机会，使自己博得了上司的青睐。其实，上司有燃眉之急的时候，对下属来说是最能够展现自己、攻破上司心理的最佳时机。所以，这时不要退缩，要鼓起自己的勇气，没有任何畏惧地把工作揽过来，显示自己的能力。这一方面可以显示出你的魄力，得到上司的赏识，另一方面可以通过完成工作一显身手，获得上司的青睐。所以在面对挑战时，不要退缩，要发挥自己的才能，一举攻破难关。

如果你的工作效率高，能做到又快又好，那么你的为人处事能力就会被上司看中。可是如果交给你的工作你不立即去做，总是因为别的事情拖着，那么你的上司很可能就会认为你怠慢、无意去做，甚至对你的热诚与工作能力产生怀疑。这样的情况千万不能出现，因为有时候你是不会获得解释机会的，那么误会只会耽误了自己的前程。然而，要注意的一点是公私要分明，在办公室里要专心处理公务，不要做私人的事，即使是上司的急事，也不要让同事们发现，要巧妙处理，以免招来流言飞语。

心理课堂：

然而，不是上司一有情况，作为下属就什么都不考虑马上献身。很多时候，面对上司的燃眉之急，需要具备一定的素质和做出一定的准备。例如，需要有好的判断力，在答应帮助上司做事前要想想看上司正在做什么，要思考解决这些问题是不是处在自己的能力范围之内。如果自己不能完成，却大包大揽，结果一定会很惨。所以在能够确定是在自己的能力范围之内了，再主动请缨，展示自己。另外，不要在接过任务前自吹自擂，这样会给自己很大的压力，而且如果真的失误了，上司愤怒，自己则颜面扫地，所以要时刻保持一种谦虚谨慎的风格。再有就是要能体谅他人，上司也是人，他也会有困难，所以，要体谅上司，这样会让上司十分感动。

别人的不良情绪不应该传染给你

工作中总会有一种现象，那就是当上司的上司对上司发泄不满的时候，上司会选择将身上的怒气发泄到下属身上，下属如果无处发泄就会接着找其他人发泄，因为一个人总不能向自己的领导泄愤，除非他不想干了。踢猫效应就是指在自己有不好的情绪时对弱于自己的对象发泄自己的不满，从而使其继续找

泄愤对象的连锁反应。人的不满情绪和糟糕心情，一般会沿着等级和强弱组成的社会关系链条依次传递，呈一个金字塔形状，由塔尖一直扩散到最底层，无处发泄的最小的那一个元素，则成为最终的受害者。

张戈是一家公司的主管，上有经理，下有职员，他的协调工作不容忽视，然而很多时候却是十分难做的，尤其是在领导没有好心情的时候。一次，经理不知什么原因气冲冲地走进办公室，嘴里还叨咕着一些气话。正当张戈感到疑惑的时候，经理将无明火发到了张戈身上，说张戈平时做的工作让人感到遗憾。张戈本来心情不错，这一下跌落到了谷底。张戈回到自己的办公室后看到小李正在整理东西，他也没看清是谁，就开始发泄，吼了小李一顿，说他工作不努力。小李一脸无辜，回到自己的工作位置后心里非常憋屈，只好一个人默默承担。

很明显的一点就是张戈的经理将与他无关的怒气发到了他的身上，这让他一时无法接受这种无理指责，但是不能和经理顶撞，于是他将气转嫁到了自己的下属小李身上，小李无奈只有自己承受，成为最终的受害者。在日常生活中，有一种现象很常见，那就是一个人在受到他人的批评后，不是冷静地想一下自己哪里错了，自己哪里做得不好，而是一味地感到心里不平衡，心里不舒服，总是想找个人把自己心中的不满发泄一下才痛快。被批评，心情自然不会好，但是找人发泄怨气是一种没有认识到错误的表现，会使他人遭受无明火，使他人心中怒火再次燃烧并寻找发泄对象，这样就产生了“踢猫效应”。这样的过程根本不利于问题的解决，反而会激发更大的问题。

所以，在他人因为一些事情将无明火撒到自己身上时，先不要因为这个影响自己的情绪，使自己的情况变得很糟糕，而是可以对这种无端的指责不理睬，微笑面对，置之不理。这样一来，事后发火的人在冷静下来后会发现自己很愚蠢，于是会向你做出一些近似道歉的举动。而如果你被这种情绪影响了，找别人去发泄，那么受这种坏情绪影响的人会越来越多，不但不会把矛盾解决，反而会把矛盾越积越多，最后激发更大的矛盾。

心理课堂：

不过，如果对方说得有理，不要因为自己受到批评就开始发火，要怀有一颗宽容的心，要能够虚怀若谷。这时你如果能够从对方的话中吸取一些东西，不但利于自己减少犯错误的机会，还能够在对方冷静下来后获得信任，让对方认为值得托付，使自己的人际关系网更加发达。相反，如果一听见批评就暴跳如雷，只能让人觉得你不够大度，自己在不冷静的状态下，产生踢猫效应，殃及更多的人。职场谋生，你需要一颗强大的心，所以一定要能够控制自己，不做情绪的奴隶，纵使身边大风大浪，自己要保持风平浪静。

适时创新，走不同的路才能成功

毛毛虫效应是指一些人习惯跟着前面的路线走，结果导致了失败。这往往与人们的惰性心理与不喜欢思考的习惯有关，一个人不能只顾着自己眼前这点事，要把头抬起来，向前展望一下，这样对自己的发展是有益处的。

法国心理学家约翰·法伯曾经做过一个著名的实验，称为“毛毛虫实验”。这个实验的具体步骤是：把许多毛毛虫放在一个花盆的边缘上，使其首尾相接，围成一圈，在花盆周围不远的地方，撒一些毛毛虫喜欢吃的松叶。毛毛虫开始一个跟着一个，绕着花盆的边缘一圈一圈地走，一小时过去了，一天过去了，又一天过去了，这些毛毛虫还是夜以继日地绕着花盆的边缘在转圈，一连走了七天七夜，它们最终因为饥饿和精疲力竭而相继死去。

做这个实验前，人们曾经设想毛毛虫会很快厌倦这种绕圈活动，因为这毫

无意义，它们应该转向它们比较爱吃的食物，但是毛毛虫并没有这样做，很令人遗憾。后来，科学家把这种喜欢跟着前面的路线走的习惯称为“跟随者”的习惯，把因跟随而导致失败的现象称为“毛毛虫效应”。

清朝扬州“八怪”之一郑板桥自幼酷爱书法，经过一番苦练，终于和前人写得几乎一模一样。但是大家对他的字并不怎么欣赏，他自己也很着急，比以前学得更加勤奋，练得更加刻苦了。一个夏天的晚上，他和妻子坐在外面乘凉，他用手指在自己的大腿上写起字来，写着写着，就写到他妻子身上去了。他妻子生气地把他的手打了一下说：“你有你的身体，我有我的身体，为什么不写自己的体，写别人的体？”郑板桥猛然从这句话中受到启发：各人有各人的身体，写字也各有各的字体，本来就不一样嘛！从此，他取各家之长，融会贯通，以隶书与篆、草、行、楷相杂，用作画的方法写字，终于形成了雅俗共赏的“六分半书”，也就是人们常说的“乱石铺街体”，成了清代享有盛誉的著名的书画家。

郑板桥之前为了获得人们的认可去模仿那些成名作家的字体，但是那毕竟是人家的独创，模仿得再好也不能是自己的，在妻子的一番话中他悟出了要有自己的特点，于是他终于不再只是一味模仿，而是有独创，最后自成一家，留名青史。这种模仿其实在生活中是到处存在的，很多在企业中工作的人都认为上班养家糊口就可以了，每天埋头苦干，不管别的，至于企业向哪个方向走，那是领导的事，与自己无关，结果很多时候企业出了问题，工人还没来得及反应工厂就倒闭了，让人措手不及。

心理课堂：

有很多人在跟随前面的人的时候会选择强者，那些强势的成功人士往往会给人们足够的信任感，于是在公司内拥有一大批坚定的“跟随者”。“领导的话就是真理”，理解时执行，不理解时是自己的脑子笨，也要执行。结果很多时候都出现错误了，自己还没有意识到，最后成为了无辜的“牺牲者”。

所以不能盲目追风，不能迷信一些书本理论，崇拜名人。效仿成功人士可

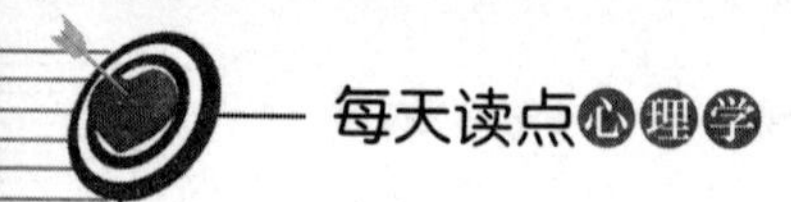

以，但是那些优点自己汲取一下、学习一下就可以了，不能完全复制，没有质疑的迷信是不可以的。所以一定要适时创新，有所不同。

下属需要你的适时激励和夸奖

马蝇效应是指再懒惰的马，只要身上有马蝇叮咬，也会精神抖擞，飞快奔跑。林肯少年时和他的兄弟在肯塔基老家的一个农场里犁玉米地，林肯吆马，他兄弟扶犁，而那匹马很懒，慢慢腾腾，走走停停。可是有一段时间马走得飞快。林肯感到奇怪，到了地头，他发现有一只很大的马蝇叮在马身上，他就把马蝇打落了。看到马蝇被打落了，他兄弟就抱怨说："哎呀，你为什么要打掉它，正是那家伙使马跑起来的嘛！"没有马蝇叮咬，马慢慢腾腾，走走停停，有马蝇叮咬，马不敢怠慢，跑得飞快，这就是马蝇效应。就像一个人，什么时候都需要他人的激励，有的人不是懒惰，而是需要别人的认可，一旦获得认可，他们会有足够的动力和冲劲，把工作做好。作为上司一方面要树立自己的威信，把工作做好，另一方面还要注意鼓励自己的下属，让他们充满自信，这样就会使他们心中更有激情。

另外，马蝇效应不仅是说人需要激励，还有一层意思就是刺激、鞭策。一个人只有被叮着咬着，才不敢松懈，才会努力拼搏，不断进步。

1860年美国大选结束后几个星期，有位叫作巴恩的大银行家看见参议员萨蒙·蔡思从林肯的办公室走出来，就对林肯说："你不要将此人选入你的内阁。"林肯问："你为什么这样说？"巴恩答："因为他认为他比你伟大得多。""哦。"林肯说，"你还知道有谁认为自己比我要伟大的？""不知道了。"巴恩说，"不过，你为什么这样问？"林肯回答："因为我要把他们全都收入我的内阁。"

林肯之所以会说要把比自己伟大的人都收入自己的内阁就是因为他希望这些人能激励自己，让自己看到自身的不足，从而鞭策自己，使自己更加进步。作为一个管理者，你最大的成就就在于构建并统帅一支由各种不同的专业知识及特殊技能的成员组成的、具有强大战斗力与高度协作精神的团队，不断挑战更高的工作目标，不断创造更大的绩效。人的欲求是千差万别的。有的人比较理想，可能更看重精神上的东西，比如荣誉，尊重；有的人比较功利，可能更看重物质上的东西，比如金钱。针对不同的人，要对症下药，投其所好，用不同的方式去激励。总之，要让这匹马儿欢快地跑起来。

心理课堂：

不要放任不管，如果员工不工作自己也不说什么，就等于养闲人。当然，也不要过于严厉，这样只会让员工处于高度压力之下，喘息难度加大，工作效率也不会高，甚至产生抵触情绪。所以，应用马蝇效应，对下属巧用激励之道，做一名深谙激励之术的出色领导。

第16章

成功心理学——抓住命运给出的机会

帕金森定律——成功之人总是把效率排在第一位

现代人很忙，似乎每天的时间都被工作和家务塞得满满的，很难拥有那种完全不受干扰的休闲时光。不可否认，现代生活节奏快，紧张一些也是必然的，可是不知你是否注意到，因为做事的效率太低，有大把的时光浪费在那些无谓的忙碌中，从我们的指缝里溜走了。

英国学者诺斯科特·帕金森，经过多年调查研究，发现一个人做一件事所耗费的时间差别如此之大：他可以在10分钟内看完一份报纸，也可以看半天；一个忙人20分钟可以寄出一叠明信片，但一个无所事事的老太太为了给远方的外甥女寄张明信片，可以足足花一整天：找明信片一个钟头，寻眼镜一个钟头，查地址半个钟头，写问候的话一个钟头零一刻钟……

帕金森的结论是："一份工作所需要的资源与工作本身并没有太大的关系，一件事情被膨胀出来的重要性和复杂性，与完成这件事所花的时间成正比。"一个人在工作中，如果安排不恰当，工作会自动地膨胀，占满一个人所有可用的时间，如果时间充裕，他就会放慢工作节奏或是增添其他项目以便用掉所有的时间。

生活中，很多人因为忙碌而忙碌，却很少有时间去思考自己的效率问题。但是在现实中，衡量一个人成就的标尺不在于他工作了多长时间，而在于由他所创造的价值。工作没计划、缺乏条理的人，大量的体力和精力都是白白浪费掉的。

对于现代人来说，如果想取得事业上的成功，做出令人刮目相看的业绩，首先应当学会读懂帕金森定律，充分利用好自己的时间资源。

艾维·李是现代公关之父，他认为应该计划好每天的工作，这样才能带来效益。

伯利恒钢铁公司总经理西韦伯，为自己和公司效率极低而十分忧虑，就找

艾维·李提出一个不寻常的要求：卖给他一套思维，要李告诉他如何能在短短的时间里完成更多的工作。

李说："好！我10分钟就教你一套至少可以提高效率50%的方法。"

"把你明天必须要做的最重要的工作记下来，按重要程度编上号码。早上一上班，马上从第一项工作做起，一直做到完成为止。再检查一下你的安排次序，然后开始做第二项。如果有一项工作要做一整天，也没关系，只要它是最重要的工作，就坚持做下去。如果你不建立某种制度，恐怕连哪项工作最为重要你也难以决断。请你把这种方法作为每个工作日的习惯做法。你自己这样做了之后，让你公司的人也照样做。你愿意试用多长时间都行，然后送支票给我，你认为这个办法值多少钱就给我多少。"李给了西韦伯一张纸说。

西韦伯认为这个思维很有用，不久就填了张25000美元的支票给李。后来西韦伯坚持使用这套方法，在5年时间里，伯利恒钢铁公司成为最大的不受外援的钢铁生产企业，他本人成了世界有名的钢铁巨头。

后来西韦伯的朋友问他为什么给这样一个简单的点子支付这么高的报酬，西韦伯提醒他的朋友注意：后来的事实证明，我不是给多了，而是给少了，它至少价值百万。这是我学过的各种所谓高深复杂办法中最得益的一种，我和整个班子第一次拣最重要的事情先做，我认为这是我的公司多年来最有价值的一笔投资！

高效率的先决条件一是要有计划、有秩序，二是要分清轻重缓急。如果我们不改变自己天性中的散漫、任性、情绪化的倾向，始终只能是一个徘徊在事业边缘的人，而非真正意义上的成功者。

心理课堂：

时间有限，关键在于怎么安排：

1.嵌入式

即在空白的零碎时间里加进充实的内容。人们由某种活动转为另一种活动时，中间会留下一小段空白地带，如到某地出差时的乘车时间，会议开始前的片刻，找人谈话的等候时间等。对这种零碎的空余时间应该充分加以利用，做一些有意义的事情。

2.并列式

即在同一时间里做两件事，例如做饭时、散步时、上下班的路上，都可以适当地一心两用。不少人在下厨房做饭时，仍能考虑工作问题。

3.压缩式

即延长自己某次活动的时间，把零碎时间压缩到最低限度，使一项活动尽快转为另一项活动，免去很长的过渡时间。

韦奇定律——坚持自我，别轻易受他人干扰

每个人一生中都做出各种决策，大到择业、婚恋，小到出行、购物等。人是一种社会性动物，周围都有家人、亲戚、朋友和同事等人际交往圈，因此，在准备做出决策时，不可避免地会咨询他人的意见。这时，就必然面临韦奇定律的困扰。

美国洛杉矶加州大学经济学家伊渥·韦奇曾说：“即使你已有了主见，但如果有10个朋友看法和你相反，你就很难不动摇。”这种现象就被称为韦奇定律。

当你做出一个决定时，如果身边的人都不支持你，甚至怀疑、否定你，这时，你还会相信自己是正确的吗？你还会有勇气和决心来执行自己做出的决定吗？一些在事业上取得非凡成就的人，都是自己主见的坚持者。

剑桥郡的世界第一位女性打击乐独奏家伊芙琳·格兰妮说：“不要被他人的论断束缚了自己前进的步伐。追随你的热情，追随你的心灵，它们将带你到你想要去的地方。”

她成长在苏格兰东北部的一个农场，从8岁时她就开始学习钢琴。随着年龄的增长，她对音乐的热情与日俱增。但不幸的是，她的听力却在渐渐地下降，医生们断定是由于难以康复的神经损伤造成的，而且断定到12岁，她将彻底耳聋。可是，她对音乐的热爱却从未停止过。

她的目标是成为打击乐独奏家，虽然当时并没有这么一类音乐家。为了演奏，她学会了用不同的方法“聆听”其他人演奏的音乐。她只穿着长袜演奏，这样她就能通过她的身体和想象感觉到每个音符的震动，她几乎用她所有的感官来感受着她的整个声音世界。

她决心成为一名音乐家，于是她向伦敦著名的皇家音乐学院提出了申请。这时她身边几乎所有的人都持反对意见，但是她的演奏征服了所有的老师，顺利地入了学，并在毕业时荣获了学院的最高荣誉奖。

有人说：“每个人都是一个批评家。”当你追求你的梦想并希望得到帮助的时候，这句话尤其显得正确，总有许多善意的人希望保护你，使你远离那些他们认为不现实的幻想。批评家们曾试图打消很多不可阻挡的人的积极性，批评家们说这些人不够资格；他们的想法是不会奏效的；他们的产品是不会有市场的；他们太矮了；太年轻了；太早了或是太迟了。对于你的梦想能否实现，真正有影响的观点是你自己的观点。其他人消极的想法只是反映了他们自身相对于事情的局限性，而不是你的局限性。

每一个渴望成功的人，都不要被别人的论断所左右，从而放弃自己的追求。即使在平常的生活中，我们依然需要面对外界压力的勇气。

娱乐圈的名人小S，是一个大大咧咧、口无遮拦、敢爱敢恨的女人。她从来不在乎别人怎么说她，是夸她还是骂她，是喜欢她还是讨厌她。对于这些，她通通都无所谓，她就是要做她自己。她可以勇敢地说：“从我有记忆以来，我就认为自己很漂亮，即使有那么多人说我姐比较漂亮，我也完全不把她当一回事，我很诚心地投入在自己是美女的世界里。”有多少女人能够在自己还是丑小鸭时，在自己最不美丽、最自卑时，说出这样的话，在姐姐光彩的衬托下依旧能如此自信？她的勇气还表现在爱情上。这些年来，她的感情受过很多伤害，可她偏偏是那种无论多痛都不会留下阴影的女人，失去一段再找一段，直到浪漫王子的出现。他儒雅、体贴，是个能给她安全感的男人，一段以倒追开始的爱情竟然开花结果了。她爱他，她不在乎谁先主动，不在乎周围的流言。在爱里太考虑自己面子的人是最难得到幸福的。她成功了，又一次因为她的勇敢。当他捧着大束的玫瑰和钻戒跪地求婚时，她哭了，像个在爱里迷路的孩子找到了回家的路。

随意地活着，你不一定很平凡，但刻意地活着，你一定会很痛苦，其实人活着的目的只有一个，那就是不辜负自己。

别人的眼光和议论，你不必太在意，又何必介意那些属于我们生命以外的一些东西呢？我们所应牢牢把握的只是生命本身，如果我们一直活在别人的目光下，那么属于我们自己的生命还有多少呢？

毕竟我们在属于我们自己的人生道路上昂首挺胸地一步步走过，只要认为自己做得对，做得问心无愧，就不必在意别人的看法，不必去理会别人如何议论自己的是非。把信心留给自己，永远向着自己追求的目标，执着地走自己的路。

心理课堂：

坚持自己的选择，我们要注意以下几点：

（1）一个人有主见是非常重要的事情；

（2）第一要确定你的主见是建立在对客观情况准确把握的基础上，第二要确信你的主见不是固执的；

（3）对于别人的意见，未听之时不应有成见，既听之后不可无主见；

（4）不怕开始众说纷纭，就怕最后莫衷一是。各说各的理、各讲各的经、最后谁也弄不清的结局就是惨败的开始。

犬獒定律——竞争是始终拥有战斗力的保障

獒是狗中之王，知道獒是怎么产生的吗？当年幼的藏犬长出牙齿并能撕咬时，主人就把它们放到一个没有食物和水的封闭环境里，让这些幼犬自相撕咬，最后剩下一只活着的犬，这只犬称为獒。据说十只犬才能产生一只獒。

这种竞争虽然残酷，却也促成了獒的强大，如果说流血和杀戮是显而易见的刺激，能力退化、萎靡不振，则是潜在的危机。

其实人和动物不一样，并非所有的竞争都是你死我活式的。比斯高公司行政主管肯杜尔认为：在生意上遇到强劲、精明的竞争对手，是用钱都买不到的“好事”。在他看来，竞争乃是重燃斗志、维持成功的真正力量。“有很多人苟且偷生，毫无竞争之志，最后终于白头以终。对于这类人，我只感到悲哀。打从做生意以来，我一直很感激生意竞争对手。这些人有的比我强，有的比我差；但不论其行与不行，他们虽令我跑得更累，但也跑得更快。脚踏实地地竞争，最足以保障一个企业的生存。”

我们应当学会这样看问题：对手是一股让你认真检讨自己短处、催你上进的力量，从竞争中锻炼出来的人，才能拥有抗压抗摔能力。

迈克尔·乔丹是篮球场上最具创造力的人。他曾说过，他各种令人瞠目结舌如天外飞仙般的奇特投篮方式，并非事先设计好的，而是被防守者逼出来的。因为，若要从包夹的人群中穿出来，还要闪过篮下七尺大汉凌空盖下的巨掌，就要在一瞬间更快地多一个旋转，多一秒在空中悬浮，更慢一点让地心引力发挥作用，以及从一个更奇特的角度出手，这不是面对一个空荡荡无阻拦的篮筐所能做到的。

处于职业竞争中的人们也是一样，如果满足你于一份没有竞争压力的“闲差”，自己的潜力就无法发挥出来。

轻松的环境看起来是不错，工作又清闲，压力又小，是个养人的好地方。但这种表面的平静之下，其实隐藏着巨大的危机。员工们每天面对着自然状态下的轻松工作环境，用不了多久，就失去了朝气，陷入了周而复始的古老生活状态中，变成了平凡而庸碌的一群人。即使中间还有有冲劲、有抱负的年轻的个体，时间一久也会被同化。这时候再想出来，已经跟不上外面的节奏了，只能被时代无情地摒弃。

面对对手，我们才有危机感，才有竞争力。在对手的压力作用之下，你不得不发愤图强，不得不积极进取，不得不勇于创新，否则，你只能被淘汰、被吞并。于是，在这种生存竞争中，你已经脱胎换骨，以后再有什么人、什么事想击垮你，就不那么容易了。

在你做事业的过程中，遇到竞争并不可怕，可怕的是你从来没有对手，没有压力，等到某一天突遭变故，你已经没有了拯救自己的能力。

心理课堂：

环境的影响是巨大的，对动植物如此，对人也是如此。有人说，在清华、北大住几年，哪怕不读书也能受到一些熏陶。的确如此，你是否优秀，在某种程度上取决于你身边的人。假如你周围都是庸才，你因缺乏一流的沟通，终将变成庸才；假如你的对手都很弱小，你因缺少有力挑战，终将变得弱小。

注意力作用——专注的人更容易达成所愿

一位哲人指出：“与其花许多时间和精力去凿许多浅井，不如花同样的时间和精力去凿一口深井。”这里所强调的，就是专注的力量。

专注不是说我们一生只能做一件或者有限几件事，它要求我们在做事的时候，把所有的精力都放在眼前这件事上，心无旁骛，直至取得最后的成功。

海涛法师，中国台湾人，36岁出家，出家时正当人生辉煌得意之时，娇妻慧儿，财运亨通，银行里是儿子三辈子也用不完的存款。在一般人眼里，人生至此，夫复何求？好一个海涛法师，竟跑去剃个光头，一身长袍松阔，戴个无框眼镜，当起文质彬彬的和尚来。年轻时，海涛法师的性格是做什么事都很专注，读书是第一名，玩起来也是顶呱呱。做了和尚，风格照旧，出家没几年就崛起为台湾少壮派弘法大才，秉承印顺导师"人间佛教"的精神，深入学校、监狱、军队，用简洁、明白的现代语言传达佛陀的慈悲智慧，加上他极具亲和力的个人魅力，深受大众欢迎。

在海涛法师的生命历程中，尝试了很多的事，他是杰出的人才，所以做什么像什么，他在不断地否定旧我，创造新我。他之所以和那些碌碌无为，在哪里都定不下心、扎不下根的人不同，在于他不论干什么，都要求自己奉献全部身心，达到至高的顶点。

不要以为专注于某一件事，是一项枯燥无味的苦差，因此会失去许多的人生色彩。研究证明，专注于某一项活动能够刺激人体内特有的一种荷尔蒙的分泌，它能让人处于一种愉悦的状态。而且专注于工作，能发掘人的潜能，让人感到被需要和责任，这给予人无比的充实感。

新加坡女作家尤今出过几十本书，作品风靡新加坡及中国大陆。人们难以想象这位担任教师之职、又有3个孩子的女子，怎么会有如此旺盛的精力和丰足的时间。尤今平时不看电影，也不看电视，不去购物中心逛，不去俱乐部玩，不应酬，不串门。每天一下班，她即飞车回家，将自己"囚禁"起来，开始她的精神漫游：

"一入家门，我便把我自己变成一只蜘蛛。文字是丝，我以丝织网，勤奋地织，苦心地织。一种快乐绝顶的感觉，在编织的过程中升腾。38年中，我以我的耐性、我的韧性，将千条万缕的细丝，织成疏密有致的网；然后，我再以我的感情、我的经验，为雏形初具的网设计独特的图案。"

她既是编织美丽的文字之网的著作家，又是一个不断吮吸知识甘泉的读书狂。她像蚕一样，“发狂地吞食，努力地消化。”

这种对事业的专注精神，使尤今保持着乐观的性格和坚定的信念，遇挫折和灾难时，她也深信天无绝人之路，船到桥头自会直。她成了一个不容易向现实低头的人，一个在文字殿堂中不断奋击的勇士。

对事业的专注，足以医治生活中我们患得患失的浮躁心理。不要因为自己常被人拉去做这做那，就以为这是表现自己才干或拓展事业的大好机会。这不是能干，而是生命和能力的浪费。一个人的精力有限，时间有限，在有生之年，把握住自己真正的志趣与才能所在，专一地做下去，才可能有所成就。

专注，不但要有魄力，而且要有定力，这番定力才能促成一个人事业的辉煌。

心理课堂：

一个人，能认清自己的才能，找到自己的方向，已经不容易；更不容易的是，能抗拒潮流的冲击。许多人仅仅为了某件事情时髦或流行，就跟着别人随波逐流而去。他忘了衡量自己的才干与兴趣，因此把原有的才干也辜负浪费，所得只是一时的热闹，而失去了真正的成功机会。

进取心理——为自己找到持续前进的动力

有一个有趣的故事：有一个人死后升上天堂，圣彼得在天堂的门口迎接他，并带他到处参观。走到天堂的车房，那人看见停泊着的车辆中，有很多辆日本制造的小房车，而只有寥寥可数的几辆劳斯莱斯大房车。这位天堂最新的公民有点奇怪，为什么有那么多日本房车而比较少有名贵的汽车，于是要求圣

彼得解释一下。圣彼得摊开双手无可奈何地说："我们也没有办法，下面的人祈祷的时候，绝大多数要求天主赐给他们日本房车，只有很少数的人敢要求拥有劳斯莱斯，所以就有现在这种奇怪的现象存在了。"

这个故事的寓意是什么呢？它是说大部分人都小觑自己的能力，自己限制自己本身的发展，有小小的成就马上以为自己已经到达巅峰状态，于是不肯再冒险，坚决不再向上爬，结果白白浪费了自己的潜能，错过无数向前推进的机会。

为了超越平庸，你必须去梦想，然后做出明确而坚定的决定，采取行动，要努力去追求卓越。然而，由于缺乏真正的欲望，许多人放弃了，因此永远没有充分发挥自己的潜力。欲望是把成功者和单纯的梦想者区分开来的一个因素，欲望就是被人称为"导致巨大差异的额外的一小点儿"的那种因素。你必须渴望成功，渴望卓越；你必须渴望梦想成真；你必须渴望取得伟大的成就；你必须渴望得到它，非常渴望！

原为歌手，却因饰演连续剧"欢喜楼"中的"赖小满"而走红的谢丽金，出生在一个普通的中国台湾百姓家，但很早就有出人头地的梦想。刚进歌坛时，谢丽金就不讳言她对写作有浓厚的兴趣，乐意为杂志社写稿。流畅美丽的文笔，赢得不少赞誉的掌声。"赖小满"的角色也是她努力争取来的，而这次演出也为她的演艺事业带来莫大的转机。后来，谢丽金发现自己和日本明星一色纱英长得颇为相像，所以当一家一色纱英为产品代言人的国际饮料厂商计划在中国台湾发行产品时，这个积极的小女孩再度展露主动进取的特性，希望能争取成为中国台湾广告片的代言人。

心存梦想、力争上游的人，他的每一天都比周围的人更积极、更活跃，这就是量变。如果你能坚持这种积累，必定有不凡的成就。

一个人的优秀是从梦想开始的。心中有梦，能够集中你的注意力及精力，让你清楚地看到未来，给你勇气去开始并坚持到最后。

有时候，一个人能走多远，取决于他能够看多远。

如果你是一位学生，且为分数读书，你会得到分数；如果你为求知而读书，你会得到更好的分数与更多的知识。如果你想做一笔生意，你可能会做成；如果你为了事业而做成一笔生意，你会售出更多产品而且建立你的事业。如果你仅为薪水而工作，你可能得到较少的薪水；如果你为改善公司而工作，你不仅会得到较多的薪水，也会得到满足和同事的敬重，你对公司的贡献将会大得多，你的报酬也会大得多。

坚韧不拔地为事业而奋斗，是成功人士特有的气质。自古以来人们把这种精神称为“气”，没有“气”，我们的挑战就没有了方向。而有梦想的人，就算不能实现这个梦想，也会因为奋斗的过程而实现特别的价值。

心理课堂：

在国外，最为流行的神话之一就是：“我们可以得到我们心中所期盼的一切。如果你相信自己能行，你也可以成为百万富翁、开办一家公司或成为首相。”对你起激发作用并决定你个人价值的就是你的内在力量，首先你要自信自己是个有用的人，只要你相信自己终有一天会成功，就会精力充沛，豪情万丈，活得有滋有味。但是，如果你不能正确认识自我，你取得成功的机会就会减少。在你感到不适应或注意力不集中的时候，你的判断就会动摇。即使你在技术上胜任某一角色，但如果你感到自己无能力、无责任心，你也发挥不出最佳水平。

登门槛效应——目标是一步一步、逐渐完成的

日常生活中，我们或许都有过这样的体会，在你请求别人时，如果一开始就提出较高的要求，很容易遭到拒绝；而如果你先提出较低的要求，别人同意后再伺机增加要求的分量，则更容易达到目标。探讨其中的原因，不得不提到

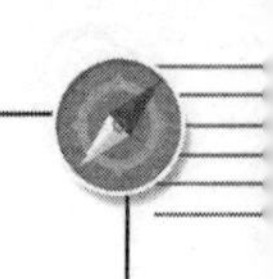

心理学上的“登门槛效应”。

心理学认为，人常常面临着各种不同目标的比较、权衡和选择，在相同情况下，那些简单容易的目标更容易让人接受。当别人提出一个貌似“微不足道”的要求时，人们的心理往往能够承受，出于“近人情”的考虑，通常不会轻易开拒绝之口。但一旦接受了这个小要求，仿佛跨进了一道心理上的门槛，不会轻易做出抽身后退的举动。同时，一个更高的要求和前一个要求有了继承关系，接受也似乎变得顺理成章。而且，一个微不足道的要求，会使人的心理失去戒备，降低了可能出现的心理批判和对抗，从而更容易接受服从。

女记者帕兰要去采访一位很有地位的重要人物，想请他就海洋动物保护问题发表15分钟的谈话。但这位重要人物非常忙，如果知道采访要占用他15分钟，很可能就会拒绝。

帕兰该怎么办呢?

帕兰采取了先小后大的心理技巧。她先打了个电话：“在百忙中打扰您很过意不去，我们想请您就海洋动物保护问题谈谈看法，大概只要3分钟就够了。听说您日常安排极有规律，每天下午4点都要走出工作室到户外散散步。如果可能，我想是不是可以在今天下午的这个时候去拜访您。”

帕兰的3分钟（而且是在对方散步时进行）小要求被接受了。帕兰如约前往，采访于当日下午4时准时进行。当帕兰从这位要人的宅第出来时，时间过去了整整20分钟，也就是说，这位要人破例和帕兰谈了20分钟。而对帕兰来说，把20分钟采访编制成15分钟的谈话，材料已足够了。

对于人际交往而言，“登门槛效应”教我们这样一种技巧：先得寸再进尺，往往能实现目标。把这一原则用在自己的人生规划上，同样会取得很好的效果。

法拉第由一个装订工成为了不起的大科学家，关键在于他能够到当时誉满欧洲的化学家戴维的实验室工作。这样的好条件、好机遇是天上掉下来的吗?不，完全是靠他自己创造的!

法拉第在当装订书报的工人时，听了戴维的报告之后，把所有的报告整理抄清，装上羊皮封皮，一次次邮给戴维。戴维大为感动，请法拉第来面谈。法拉第很想在戴维的实验室找份工作，戴维却拒绝说："你年纪也不小了，什么教育也没受过，还是回到装订车间去吧！"这无异于给法拉第当头泼了一瓢冷水。若是一般人，被人拒绝到这般地步，还有什么可说呢？法拉第则不然，一计不成又生一计。他向戴维请求："不能收我当实验员，就让我当勤杂工吧！"就这样，法拉第创造了机遇，一步一步，终于当了实验室助手，并因此才有了一系列的创造发明，被后人尊称为"电学之父"，最终的成就竟超过了戴维！

人生其实就是一步步的阶梯，当你还默默无闻不被人重视的时候，不妨试着暂时降低一下自己的物质目标、经济利益或事业野心，脚踏实地，做好一个普通人的普通事，这样你的视野将更广阔，或许会发现许多意想不到的机会。

对此，美国哈佛大学行为学家罗布提出了"小目标成功学"。他认为，有些人误以为自己能一步登天，一下成为成大事者。实际上，这是不可能的。一是由于你的能力并不够，二是由于成大事必须经过长久的磨炼。因此，真正能成大事者善于"化整为零"，从大处着眼，从小处着手。

做任何事，只要你迈出了第一步，然后再一步步地走下去，你就会逐渐靠近你的目的地。

人生是一个不断设立目标并实现目标的过程，当每一个小梦想都慢慢实现的时候，我们的人生就真的可以无怨无悔了。这并不是天方夜谭，我们已经朝着正确的方向迈出了第一步，只要我们一步一个脚印地走下去，就一定能够取得胜利。

心理课堂：

人生有许多成长发展的阶段，必须循序渐进。小孩子先学会翻身、坐立、爬行，然后才学会走路、跑步。每一步骤都十分重要，而且需要时间，没有一步可以省略。同理，人生的各个层面，小到学钢琴，或是与同事相处；大至个人、家庭、婚姻与社会上的种种，莫不如此。了解了这一原则，才能少受挫折，最大限度地去实现自我价值。

不值得定律——该放弃时果断放弃才是明智的选择

不值得定律最直观的表述是：不值得做的事情，就不值得做好。这个定律似乎再简单不过了，但它的重要性却时时被人们疏忘。在我们身边，可能也包括我们自己，谁没有做过或者正在做着“不值得”的事情呢？

生活在五彩缤纷、充满诱惑的世界上，我们渴求的东西太多太多，但历史和现实告诉我们：必须学会选择，学会放弃！人生是复杂的，有时又很简单，甚至简单到只有取得和放弃。生活有时候会逼迫你不得不改换爱好，不得不放弃你的远大理想。人生其实就是一个选择的过程，尤其在遇到追求的目标不可能实现时，果断地放弃是一种明智的选择。

一对师徒走在路上，徒弟发现前方有一块大石头，他就皱着眉头停在石头前面。

师父问他：“为什么不走了？”

徒弟苦着脸说：“这块石头挡着我的路，我走不过去了，怎么办？”

师父说：“路这么宽，你怎么不会绕过去呢？”

徒弟回答道：“不，我不想绕，我就想要从这个石头前穿过去！”

师父：“可能做到吗？”

徒弟说：“我知道很难，但是我就要穿过去，我就要打倒这个大石头，我要战胜它！”

经过艰难地尝试，徒弟一次又一次地失败了。

最后徒弟很痛苦：“连这个石头我都不能战胜，我怎么能完成我伟大的理想！”

师父说：“你太执着了，对于做不到的事，不要盲目地坚持到底，你要知道有时坚持不如放弃。”

执着过了分，就转变为固执。创造成功的人生，仅仅具有坚持的决心是不够的。如果你确实努力再努力了，还不成功，那就不是你努力不够的问题，恐怕是努力方向与你的才能不匹配。这时候最明智的选择就是赶快放弃，及时调整，及时掉头，寻找新的方向，千万不要在一棵树上吊死。

如果你以相当的精力长期从事一种事业，但仍旧看不到一点进步、一点成功的希望，那就不必浪费时间了，不要再无谓地消耗自己的力量，而应该再去寻找另一片沃土。目标是一种方向，需要恰当地选择。假如你的一个目标发生了问题，应当马上更换一个目标，这样才能挖掘你自己！

如果你曾经以全部热情去爱一个人，而他留给你的，只有冷嘲热讽的打击，或者视而不见的冷漠，那么赶紧向他挥挥手，去寻找一个能与你相互关怀的爱人。世界之大，可怜你却被那一片执着蒙了眼，被一个人挡住了全部的阳光。不把你放在心上的人，绝不是你的真命天子。回头之后，当你开始享受到爱的回馈、爱的体贴时，就会明白当初那一厢情愿的爱情是多么不值得。

坚持固然是一种美德，但是如果方向错了，我们所有的努力都将是无用功。

心理课堂：

哪些事值得做呢？一般而言，这取决于三个因素。

（1）价值观。只有符合我们价值观的事，我们才会满怀热情去做。

（2）个性和气质。一个人如果做一份与他的个性气质完全背离的工作，他是很难做好的，比如一个好交往的人成了档案员，或一个害羞者不得不每天和不同的人打交道。

（3）现实的处境。同样一份工作，在不同的处境下去做，给我们的感受也是不同的。例如，在一家大公司，如果你最初做的是打杂跑腿的工作，你很可能认为是不值得的；可是，一旦你被提升为领班或部门经理，你就不会这样认为了。

卢维斯效应——谦虚可以成为一种力量

谦虚主要在于一个“虚”字，因为知道自己的学问、胸襟、思想、见识还有不满意的地方，所以就真诚地欢迎外来的补充。

谦虚是不虚假傲慢而妄自尊大，也不自我贬低而卑躬屈膝。谦虚就是接受有关我们自己的事实，在我们对自己的看法中求得平衡。

谦虚是一个人气度的表现。王朔的《我看金庸》一文是对金庸小说进行猛烈攻击的第一篇文章，但金庸对此没有拍案而起，也没有竭力争辩，更没有反唇相讥，他只是心平气和地说：“王朔先生的批评，或许要求得太多了些，是我能力所做不到的，限于才力，那是无可奈何的了。我与王朔先生从未见过面，将来如到北京待一段的时候，希望能通过朋友介绍而和他相识。”

不指责对方的言过其实，反承认自己能力有限，且向对方伸出热情之手，希望与对方交朋友。在这里，金庸不仅做到了以诚待人，也做到了以礼待人。金庸此番话犹如播种分币却收获了大额钞票——王朔闻听此言大受感动，坦言：“比起金庸来，我的确很惭愧。”

对于金庸对王朔指责的反应，很多旁观者都认为太软弱了些。他们认为，金庸先生可以选择的方式是很多的，他可以提笔应战，以自己的博大精深，反衬王朔痞子式的浅薄；也可以置若罔闻，表示“我和你不是一个水平线上的人。”但是金庸却认认真真地回应了，尊重对手，按规则办事，也许看起来不够犀利爽快，但也表现了他谦虚开明的大家风度。

美国心理学家卢维斯指出，谦虚不是把自己想得很糟，而是完全不想自己，以公平的态度，真诚地对待每一个人。

如果把自己想得很好，就不可避免地把别人想得很糟。

小云在一家电脑公司上班，是做动画设计的。她人长得漂亮，性格活泼可爱，一张嘴能说会道的，而且她在工作上的表现也非常出色，设计的动画总是非常富有创意。所以她在公司里非常得宠，从上司到同事没有不夸她、不喜欢她的。特别是一些男同事，工作之余常常找她聊天，以能和她说话为荣，而且常常心甘情愿地为她效劳、给她跑腿。

因为大家都宠着她，慢慢地她觉得自己真的很厉害、很优秀，谁也比不过她，就开始在言谈举止方面表现得很自负。看到她目空一切的样子，大家都很生气，对她的好感也急剧下降。别人都在心里说："就算你优秀，也不用那么自负吧，好像你比别人都高一等似的，真让人讨厌。"可大家都是敢怒不敢言，看着她嚣张的样子也只能无可奈何地叹一口气，"人家就是优秀，就是有骄傲的资本，领导就是重用人家，谁能把人家怎么样？"

后来，公司里又来了一个很漂亮的女同事，没过多长时间，她在工作上就做出了很大的成绩，受到了老板的肯定。她设计的动画比小云的反响还好，可是她和小云不一样，她非常谦虚，待人也很亲切。现在大家都把往日对小云的喜爱转移到了她身上。而且大家都很感激她，因为大家觉得她帮大家出了一口气，让小云知道世界上有比她更厉害的人，以后不要那么嚣张。

现在，小云在公司里成了没人愿意答理的人，大家都对她敬而远之。她很后悔自己以前那么自负，可是一切都无法改变了。

自负缘于对个人的过度自信，它是自信心理的恶性膨胀。自负的人往往盲目乐观，对眼前的困难和危险估计不足，对任何事情都满不在乎，粗心大意，所以这种人做任何事情都很难成功，而且因为他们过于自负，轻视别人，很难获得别人的好感，所以也很难和人相处。

在工作和生活中，如果我们不能正确地评价自己和别人，看自己只看到优点，看别人只看到缺点，就会产生自负心理。为了防止这种自我膨胀，你要用过去失败的经历来告诫自己，试着让自己过于骄傲的情绪冷却下来，以平静的心态去面对身边的每一个人。

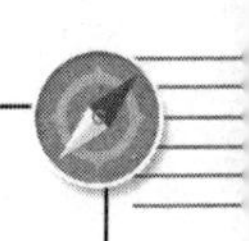

心理课堂：

卢维斯定理在实际生活中的运用：

第一，做人首先要谦虚。如果把自己想得太好，就很容易将别人想得很糟。

第二，谦虚要有个度。谦虚不是把自己想得很糟。

第三，要处理、把握好谦虚的尺度。对自己不懂得或懂的不够的要谦虚学习；对工作职责中本应该由自己完成的部分，要尽自己的才能去完成，不能因过分谦虚而失去显示自己才华的机会。

第17章

爱情心理学——清甜的心理攻势为爱情保鲜

因为爱，所以付出也是一种幸福

记得高尔基曾经说过：“如果你在任何时候，任何地方，你一生中留给人们的都是些美好的东西——鲜花，思想，以及对你的非常美好的回忆——那你的生活将会轻松而愉快。那时你就会感到所有的人都需要你，这种感觉使你成为一个心灵丰富的人。你要知道，给永远比拿愉快。”我们也常说“一分耕耘一分收获”，有付出才有回报，然而对于爱情来讲，却未必全都如此。

经常会听到女人这样的感叹：我非常爱我的老公，为了他我可以付出一切，我以为我们足够相爱，没想到也会走到分手的这一天。这种为了爱不顾一切的女人在我们的生活中屡见不鲜，有的为爱放弃了孝顺父母的机会，有的干脆与家人决裂，有的放弃了工作和自己原来的朋友、交际，也有的放弃了自己求学晋升的机会去成全恋人。爱，没有错，付出，也没有错，然而一个人全心全意付出并且毫无所求以致迷失了自己，这就是大错特错了。这种想法，看似非常伟大，其实是一种很深的自恋。有这种想法的人，没有看到对方的真实存在，她是自顾自地付出，她的付出是她自己的需要，未必是恋人的需要。

我看过这样一个故事：一个体重160多斤的胖妹子，爱上一个帅哥，可帅哥并不喜欢她，想拒绝她又不想令她太难过，于是就随口戏言道：“如果你能把体重减到95斤我就爱你。”可胖妹却把这话当真了，于是就努力减肥，努力到疯狂的地步。很不幸，因为减肥方法不当，胖妹把自己减到了医院，减肥成功时正是她生命结束的时候。她让朋友拨通了帅哥的电话，可是这个帅哥始终没有出现，永远看不到她的美了。

诚然，生活中有这样的例子，有人坚持每天送女孩一束玫瑰花，最后终于把女孩感动了，答应嫁给他。很浪漫吧？可这样的爱情能浪漫多久呢？总不能一辈子天天都送玫瑰花吧？

任何女人，在世界上首先要以一个完整的人的形态来存在，才有可能去完成其他事情。恋爱中的女人，往往以为有了爱就有了一切，但是人不能只靠爱活着。一个温饱不足的人去谈论感情是很累的，就像俗话说的“贫贱夫妻百事哀”。当然并非说穷人便不能恋爱，只是每个人都要看清楚自己的位置，首先要为自己而活，才能更好地经营感情。

也有一些女人，倚仗自己某些优越的条件，不仅对爱情挑三拣四，就是真的恋爱了，也总是想着对方该如何爱自己，对方该为自己做些什么，似乎只有那个真正愿意被自己踩在脚底下的男人才是真正爱她的。男人或许可以为了女人的美貌而苦苦追求，男人或许可以在恋爱时期对女人百依百顺，然而如果一个人的付出换来的只是尊严永远被无情地践踏，那么分手的结果就是必然的。

为爱付出是幸福的，所以女人不能过分地付出而迷失自己，否则便失去了快乐的本质；当然也不能一味索取毫不付出，这样对方不会感到幸福。感情是两个人的事，你不能只考虑自己而忽略另外一个人的存在。

曾经看到过这样一个故事：有一个人登山时，遇到了暴风，不幸迷失了方向，由于他的穿着跟装备无法充分御寒，他的手脚逐渐变得僵硬。碰巧的是，当他在寻找避寒之处时，发现有一个人也因为过度寒冷而倒在地上。于是，他立刻走到那个人的身边，并且脱下手套开始帮他按摩手脚，直到那人逐渐有了反应之后，两个人才一起合力去找寻避寒之地。

事后，故事中的主角说，当他在救助那人的同时也救了他自己，因为他那原本僵硬麻木的肢体，在为对方按摩的时候，竟然也恢复了知觉，所以他们才能够一同度过最艰难的时期，甚至在山难事件之后，他们也成了感情深厚的好友。

心理学家说：有时候不经意的付出，将会为对方带来终生的影响。所以当你无条件地行善时，就注定能够得到一份珍贵的回礼。事实上，在施恩与受惠之间，原本就是互动的，因此有时候，我们无法清楚分辨谁是施恩者，谁又是受惠者。换而言之，施恩者与受惠者的处境跟地位，有时会因为时间和地点的不同而有所置换。但真正重要的是，施者不该以自己的施恩而恃强，受惠者也不应该因为接受了他人的恩惠而矫揉造作，当双方均是打从心底里去感谢对方

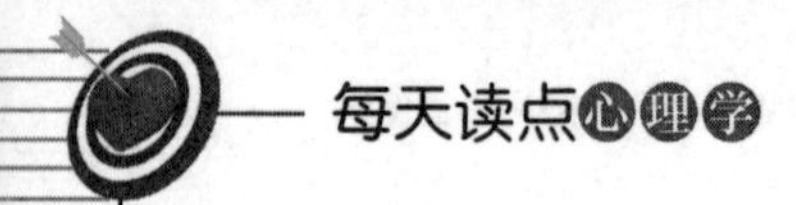

时，就能够在心意互动之余，促进善意的不停循环！

心理课堂：

初出娘胎，或许懵懂无知，那时候，我们只能接受父母的爱、师长的爱与同学的爱。等我们渐渐长大时，我们不能永远当个接受者，总有一天，我们也要学着当施予者，付出我们心中的爱。

有人说，唯有被爱过的人，才懂得爱人。因为被爱过，心中体会过那种被爱着的甜蜜，才会懂得付出爱。

如果爱情已成往事，就让它烟消云散吧；一朵花谢了，就再寻找另一朵。就算爱情没了，生活也一样在继续，幸福永远在将来，命运在你自己的手中。

了解恋爱曲线，让你不用患得患失

很多人在感情的路上风风雨雨走了好几年，可是渐渐地两人的关系却剑拔弩张，感情也经营惨淡。在伤怀之余，发出感叹：是自己老了，还是世界变了，怎么谈了这么多年的恋爱，突然发现不会谈恋爱了？

事实上，不是你老了，也不是世界变了，而是你对恋爱的认识不够，没有了解清楚恋爱中普遍的心理曲线，以至于你的爱人的所作所为让你不解，你觉得对方不爱你了，可是实际上却恰恰相反。所以，不必惆怅，当你明白了恋爱中的心理状况之后，你就会理解和明白对方。

慧伦和爱民牵手已经有大半年了，在这半年里，他们品尝到了爱情的甜蜜，也享受了幸福的浪漫。那段日子，他们每天都渴望见到对方，尽管两个人在同一个城市里，可是每天还是要打好几个电话才能罢休。用爱民的话说，

"听不到她的声音，我浑身不自在"。

可是，也不知道从什么时候起，他们不再在网上眉来眼去、卿卿我我了。每天发的短信、打的电话也越来越少了。

当慧伦质问爱民的时候，换来的是两人激烈的争吵。要是换做以前，爱民会紧紧地抱住慧伦，亲亲她的额头，动情地说："小坏蛋，我要缠着你，一生一世。"慧伦伤心极了，在争吵中，她吼出了分手的要求。回到家里，她不吃饭、不喝水，一个人伤心流泪。

慧伦有个嫂子，刚好这天在家，她和慧伦聊了起来。

嫂子得知事情的始末之后，笑着说："其实，两个人在一起，时间久了，会对对方产生反感，这时候正如你现在所感受到的一样，感觉对方不爱你了。实际上并非如此，只是情感的表达方式变了。以前你们需要用言语表达才能让彼此理解对方的情感。现在你们很熟了，一个眼神、一个动作都能明白对方的情谊。你要用心去感受他对你的好。"

慧伦不解地望着嫂子说："真的是这样的吗？"

嫂子笑着说："这个过程是谁也避免不了的，关键在你的选择。有的人选择了放弃，有的人选择了坚持。你要做怎样的选择自己想清楚。"

慧伦低下头不说话了。嫂子望着迷茫的慧伦说："要不这样吧，嫂子给你提个建议。如果爱民打电话过来向你道歉，说明他在乎你，爱着你，你就原谅他。如果他不打电话，那么就选择放弃，行吗？"慧伦点了点头。

半个小时过去了，爱民打来了电话，给她道歉。两人和好如初了。

故事中的慧伦不了解恋爱中的一些规律和心理曲线，和爱民争吵，当她通过嫂子得知了之后，原谅了爱民。在恋爱中，彼此的心在一步步靠近对方，双方的距离慢慢发生着变化，继而带来表达方式的变化。如果你不了解这些，那么你可能在爱情的路上栽跟头。

心理课堂：

那么，在爱情当中，有哪些心理曲线呢？

1. 先做朋友，慢慢地靠近

如果你喜欢对方，那么首先就要做对方的朋友，去慢慢地接近他，继而走近对方的内心深处。很多年轻人觉得喜欢对方，就要和对方像谈了几年的恋人一样好。事实上，这是不可能的事情，对方接受你也会有个过程的，你一下子站得太近，会让对方产生抵触。因此，不要为你的对象没有接受你而感到惆怅，实际上他需要时间来接受你。

2. 让对方有一个心理期待

很多恋爱高手总是在和恋人玩得最开心的时候，突然消失，让对方陷入一个期待之中，因为在这个时候，对方会焦急地想见你，越是想见，越是见不着。这样，对方的内心之中对你的渴望就会增加，对你的情感倾斜就会加快。所以，很多年轻人在恋爱的时候，天天黏在一起，但是却总是感觉对方不在乎自己，这时候不妨想办法让对你有一个心理期待。

3. 让自己成为对方的习惯

很多人在谈恋爱时感觉到对方根本不在乎自己，自己的出现与否对对方都没有任何的关系。事实上，不是对方心里没你，而是你还没有成为对方的习惯。别人感受不到没有你的不一样，自然不会在乎你。所以，要想让对方离不开你，那么就要想办法成为对方生活里的习惯。当有一天你没出现的时候，对方就会感觉到不习惯，这样就会更加在乎你。

4. 在对方最需要帮助时出现

一个人在最需要别人帮助的时候，内心深处是没有防备的。如果你在这时候及时地出现，那么无疑是告诉对方，不论遇到什么不好的情况，你都会第一时间出现，这样，对方对你就有了依赖，你让对方有了绝对的安全感。因此，如果你觉得你的爱人总是觉得没有安全感，那么不妨留意一些，在对方最需要你的时候出现。

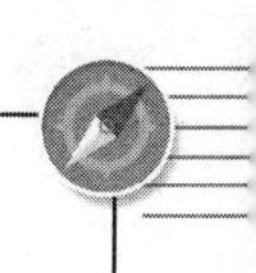

了解男人和女人不同的恋爱心理

在生活中，很多恋爱中的男女都会时不时发出这样的感慨：眼前的这个人真的是自己的所爱吗？如果是，为什么她一点也不温柔呢？如果是，他为什么不关心我，不照顾我呢？事实上，不是对方不爱你了，而是因为你们都更爱自己。

在男人的内心深处，总是渴望着女人能够柔情似水。而在女人的内心深处，总是希望男人百般呵护自己。在审视对方的时候，都会下意识地将对方拉近自己设置好的模型中，按着自己的要求去要求别人。事实上，别人不是你，怎么可能按照你的思维模式去迎合呢？

琪琪和海龙拍拖已经有两个多月了，可是在琪琪的心里，始终感觉不到那份温暖。她渴望着海龙能跟她熬电话粥，能听她无聊的絮絮叨叨。尽管他们经常见面，但是在琪琪的心里依然渴望这份感动。

可是，海龙很少给琪琪打电话，即使打通了电话也是像履行惯例一样，说些不咸不淡的话，然后就迫不及待地挂了。每次海龙打完电话，或者是两人约会后，琪琪总是感觉到非常的孤独。

而对于海龙来说，他更渴望琪琪能像只小猫咪一样，依偎在自己的怀里，更渴望琪琪温柔的关怀和深情的拥抱。可是每次琪琪都表现得那么强势，每次约会吃什么饭由她决定，去哪里玩也由她决定，根本不给海龙一个选择的机会。更让海龙受不了的是，琪琪从来没有向他妥协过。

为此，两人的感情一度亮起了红灯。琪琪说，海龙根本不爱她。而海龙的理由是两个人的性格或许并不合适。于是考虑再三之后，两人选择了分手。当时谁也没有感到有什么遗憾，并且坚定地觉得自己的决定是正确的。

可是刚刚过了一个星期，他们开始想念彼此，这时候他们才发现原来自己是爱对方的。就在海龙准备拨通琪琪的电话时，琪琪的短信发到了海龙的手机上，海龙拨通了琪琪的电话，在电话里琪琪什么话也没有说，只是一个劲地哭。

海龙问她在哪里，她什么也没有说。海龙说了声，“你等我”，然后挂了电话。当他赶到他们第一次约会的地方时，琪琪憔悴地坐在那里。看到海龙，琪琪跑过去紧紧地抱住了他。那天，她真的像一只听话的小猫咪一样依偎在海龙的怀里。后来，海龙依依不舍地把琪琪送回了家。那晚他给她打了电话，他们聊了整整三个小时。

故事里的海龙和琪琪不是不爱对方，事实上他们更爱自己。说简单点，是他们很自私，总是将自己的想法和意愿强加到对方的身上，希望对方怎样，可是从来没有想过对方希望自己怎么样。在恋爱中，男人总是希望女人能温柔一些，女人总是希望男人更关心自己一些。

心理课堂：

那么，了解了婚恋中男女的不同自私心理，究竟该如何去迎合才能使感情更加和谐和甜蜜呢？

1. 女人要懂得示弱

很多女性朋友能力很强，所以她们表现得也非常强势，在与男人相处的时候总是发号施令，咄咄逼人。长期下去，男人便会受不了了。因为在男人的心里，总是希望女人温柔一些，顺从一些，这样男人便会因为女人的温柔和顺从而感到由衷地高兴。因此，作为女人，一定要适当示弱，让男人找回面子和尊严。

2. 女人要懂得表达

很多女性朋友情感很丰富，但是不会表达。可是你不表达，男人怎么会明白你内心的情感呢？这给男人造成了假象，觉得这个女人性格太过刚烈和坚强，不需要自己的保护，这样男人便会失去对女人的呵护的欲望。要想激起男

人的保护欲，女人就要学会表达自己的情感，把你对爱人的所有情绪及时地表达出来。

3. 男人不妨多点心眼

男人的心比较粗，很多时候考虑得不周全，往往忽视了女人的一些细微的感受。这样，女人觉得男人对自己不够用心，不关心自己，不呵护自己，觉得男人不爱自己了。事实上，男人不善于表达情感，尽管热情似火，但是却无法让女人感受到。因此，作为男人，要想让你的女人疼你爱你，就要学会多个心眼，多考虑女人的一些细微的情感。

4. 对女人要有耐心

很多女人总是喜欢没完没了地说一些无关紧要的小事，这是她们发泄情绪的一种方式，一些不了解女人的男人会觉得很烦。这样，女人觉得男人不爱自己，对自己不够好，烦自己了，造成了两人的情感危机。事实上，如果你明白这是女人的一种情绪表达，你就会耐心一些，她们只是倾诉而已。

别怪女人多疑，男人要先正已身

与男人相比，女人的情感更丰富、更细腻，因而她们的感觉也很敏锐，男人稍微有个风吹草动，女人就会清晰地感觉得到。这就是女人所津津乐道的“第六感觉”。这种感觉可以没有任何事实依据，有时候却离奇地准确。

正所谓无风不起浪，女人的感觉不会是“空穴来风”“捕风捉影”。她们之所以有这样的感觉，是因为她们细腻的情感，感觉到了男人身上不一样的东西，然后再通过丰富的联想，得出她们的结论。

这天晚上，凯伦回家晚了整整两个小时。当妻子小海打电话询问的时候，凯伦说，自己正在公司里开会。而实际上是他的初恋情人从外地回来了，他应邀去吃了个晚餐。回家后，小海接过他脱下来的外套，挂在了衣架上，然后把做好的饭菜端了上来。

凯伦庆幸自己的谎言瞒过了妻子。可是渐渐地他感觉有些不对头，平日里性格开朗的小海，在吃饭的时候总是讲她们单位的一些繁琐小事，可是今天却表现得异常平静，低着头，一个劲地往自己嘴里扒饭。

凯伦关切地问："亲爱的，你今天是怎么了，怎么不说话了啊？"

小海抬起头，冷冷地看着凯伦，狠狠地将嘴里的饭菜咽了下去，一句话也没有说。她眼神非常毒，仿佛要给凯伦判刑一样。凯伦本来就说了谎，心里发慌，赶紧低下头吃自己的饭。此时，小海愤怒地站起身，将手里的碗砸在了地上，一声脆响，仿佛砸到了凯伦的心上。

他抬起头，小心翼翼地狡辩到："你这是怎么了吗？我真的是在公司开会，最近一个案子出了点问题，公司全体员工都在加班加点地赶呢。我是领导，不能搞特殊嘛！"

小海没有说话，两只眼睛直直地盯着凯伦，凯伦越发心虚。他从妻子的眼神中可以断定，她知道了事情的真相。他吞吞吐吐地说："你，你给公司打过电话了？"

小海依旧没有说话，眼睛一眨不眨地盯着凯伦。凯伦知道，她在等自己把整个事情说出来。于是他低着头，像个认错的小孩子一样，支支吾吾地说："其实公司没有加班，是小倩出国回来了。她说好几年没见了，一起去吃个饭。我心想，大家都是朋友，人家邀请我如果不去的话，显得我心太狭隘。之所以没告诉你，是担心你为此……"

还没等凯伦说完，小海走上前去，对着凯伦的脸狠狠地抽了一记耳光。在凯伦的印象中，小海下手从来没有这么狠过。由于没有防备，那一巴掌打得凯伦两眼直冒金星，这一下顿时激怒了凯伦，他咆哮着解释说："你这女人怎么这样呢？不就是吃了个饭吗？又能怎么样！"

小海也吼道："我这样怎么了？吃了个饭，你还想怎么样？你的谎也编得够圆的，你咋不说你去拯救国家了呢，啊？"

故事中的凯伦和初恋女友一起吃饭的事，小海并没有得到任何的信息。

但是她和凯伦每天生活在一起，对彼此的脾气性格以及生活习惯了解得非常清楚。所以，当凯伦说谎了之后，她就感觉到了。这就是女人的第六感觉，导致了她们的多疑。事实上，如果男人没有任何的猫腻，那么女人的多疑从何而来呢？所以，想让女人不再疑神疑鬼，男人就要先正己身。

心理课堂：

男人如何正身，才能打消女人的疑神疑鬼的念头呢？

1. 不要轻易对女人撒谎

女人天生敏感，对自己男人的每一句话都能听出个八九不离十来。但是很多男人总是抱有侥幸心理，觉得对方不知道，完全可以掩饰过去。殊不知女人善于捕风捉影，从你的一个眼神、一个动作上都能勾勒出一大堆情景来。可能没什么的事情，男人的一个谎言，让女人把事情想象得更加糟糕。所以，作为男人，最好不要对自己的女人撒谎。

2. 应酬不妨带着女人去

有时候男人确实需要应酬，但是女人总是疑神疑鬼，尤其是一些有女性参加的应酬，更是让女人坐立不安。因此，作为男人，如果你觉得可以，不妨带着你的妻子，让她一起参加，这样会打消她的疑虑。和其他女性接触的时候，也要让自己的女人在场，让她听到你所说的话，这样对方的疑心自然就会消失。

3. 和周围女性保持距离

当然，男人不可能不和女性接触，也不可能永远把妻子带在身边。那么，在和女性接触的时候，不妨保持足够的距离，用空间距离拉远心的距离。工作上的事情，尽量不要在私下里接触，这样就避免了女人的疑心病。当然，在私人空间里也最好别提与其他女人有关的事情，即使没什么，自己的女人也会疑神疑鬼的。

4. 对突发事情做合理解释

对于一些超出工作时间外的突发应酬，男人不妨做个合理的解释。当然这样的解释是为了打消女人的多疑心理。比如你真的有应酬，那么不妨告诉你的女人具体的地址，和什么人在一起。如果有可能，邀请女人一起参加，如果不方便，可以让女人在周围等。你表现得越真诚，女人才会越相信你。如果你什么都不说，女人便会多想。

婚恋中不可有太多的依赖心理

有些人谈了恋爱、结了婚便把自己的空间和时间压缩，完全像个狗皮膏药一样，粘在对方的身上，一天24小时，都要跟对方粘在一起。对于女人来说，这种情况尤其普遍，这往往压得男人喘不过气来。毕竟在个人的生活中，不仅只有恋人。

压挤男人的私人空间，只能让他们选择逃离。这时候，作为女人，不妨学会点“半糖主义”，除了经营爱情和婚姻之外，学着去经营和打理自己的生活。这样，慢慢地你就会发现，你的爱情越来越有滋味，你的生活也越来越有意义。

和俊逸结婚之后，艾菲的生活发生了翻天覆地的变化。昔日好友约她去逛街，她找借口推辞了；同事找她去聚餐，她一样找借口给推辞了。当然借口都是一样的，不是给俊逸做饭，就是去看望俊逸的爸爸妈妈。时间久了，她渐渐被朋友们淡出了视线。但艾菲并没有觉得有什么不好。总之，她的心思全在丈夫俊逸的身上。

对于妻子艾菲的热情，俊逸非常的感动。她放弃了自己的生活，在自己的生活里充当了一个配角。简单点说，俊逸觉得妻子艾菲爱他胜过了爱自己。事实上，确实也是这样的，在艾菲的眼里，俊逸就是她的全部。

可是时间久了，俊逸就觉得非常的压抑。上班期间，艾菲总是不停地给他

打电话，嘘寒问暖，吃饭的时候又不断地叮嘱他，就连下班了之后，艾菲也一个劲地催他回家。如果他没有按时回家，艾菲就三分钟一个电话，五分钟一个电话，询问他的位置。更让他烦恼的是，昔日的好朋友一起聚会，艾菲总是要参加。很多时候，因为她的存在，朋友们都不能尽兴。

后来，俊逸忍无可忍，跟艾菲狠狠吵了一架。直到那个时候，艾菲才意识到自己的爱太过沉重，已经到了让俊逸忍受不了的程度。她知道俊逸很爱她，几乎没有跟她发过脾气，可是这一次，俊逸非常愤怒。

明白了这一切之后的艾菲重新开始打理自己的生活。她主动给以前的朋友打电话，精心打理和安排自己的生活。慢慢地，她发现，自己的生活也可以多姿多彩。而正是因为少了很多对俊逸的关心，她反而得到了丈夫的关怀。

现在的艾菲再也不在家里等着俊逸回来了，而是一有时间就和朋友们、同事们逛街购物。她再也不会有事没事给俊逸打电话了，而是去关心她的亲戚朋友。两人的关系并没有因为彼此的忽视而疏远，相反正是因为忽视，才尊重了对方，给了对方自由，两人的感情更加甜蜜。

故事中的艾菲在结婚之后，把所有的精力都投入到了丈夫俊逸的身上，在贪婪的爱的同时，也给了俊逸极大的压力。后来，艾菲明白了爱情和婚姻要使用些“半糖主义”，要给对方空间。由此可见，爱情并不是你付出的越多就越好，在你付出的同时，也要考虑对方能否接受，也要给对方付出的机会。

心理课堂：

在婚恋中，如何做才能使用“半糖主义”，甩掉婚恋中的依赖心理呢？

1. 要有自己的生活

即使结了婚，夫妻也还是两个独立的人，所以，要学会精心设计和打理自己的生活，要有自己的朋友和社交圈子。这样，你在经营生活的同时，也能经营好爱情和婚姻。毕竟爱情和婚姻并不是一个人的全部。用婚姻这个笼子来把自己或者对方的生活完全隔离在两个人的世界里，无疑对谁都是不公平的，也是不健康的。

2. 付出一定要适度

有些人觉得自己恋爱了、结婚了，就要一心一意地、认真地去对待对方。当然这样的想法没有错。他们对爱情和婚姻的付出也是值得肯定的。但是，凡事都有个度，过犹不及。如果你的付出让你的另外一半感觉到快乐和幸福，那就是值得的。如果对方感觉到的是痛苦，那你就要有所收敛，因为对方承受不起。

3. 给对方独立空间

爱情和婚姻都不是占有。两人确定了关系，并走进了婚姻的殿堂，那说明你们彼此是对方生命中最重要的那个人，但是并不是对方的全部。对方还有朋友，还有亲人，还需要和社会上形形色色的人打交道。如果你不给对方足够的独立空间，对方就会因为你的爱而背负沉重的心理包袱。你的过度依赖会让别人窒息。

4. 尊重对方的隐私

在一起了，两个人之间就应该互相信任，但是信任并不代表对方在你的面前没有隐私。有些事或许不方便你知道，更有可能的是你不能知道。如果你觉得对方不告诉你就是不信任你，那么无疑你的注意力、你的生活完全会被对方左右，对方也会因忍受不了你的控制而选择逃离。

为什么你没有心理安全感

很多时候，我们听到恋爱中的人抱怨：我没有安全感。那么，究竟为什么呢？究其原因，主要是爱情的唯一性和排他性在作祟。因为是唯一，你选择对方，就要放弃别的选择；与此同时，也会要求对方做选择。但是，你却不能保证对方为了你愿意放弃，或者是为了你愿意将自己的选择坚持下去。

说得简单点，就是不相信对方，而彼此信任则是爱情、婚恋最起码的前提。因为怕被背叛，怕受伤害，所以不敢放手来爱，而在爱情上举棋不定，往往会让彼此之间的感觉大打折扣，而爱情少了感觉便会索然寡味。因此很多人在婚恋的路上总是迷茫，不知所措。

雯雯和靖宇是通过朋友介绍认识的。见面的那天晚上，两人有说有笑，并没有任何一点拘谨，气氛和谐，感觉蛮好。雯雯被靖宇的帅气和成熟深深地吸引了。而靖宇却钟情于雯雯的简单和真实。就这样，两人看对眼了。

没过多久，两人牵手，正式确定了恋爱关系。虽然两人一直在热恋中，但是靖宇却感觉不到一点儿幸福。他总是忧心忡忡，被别人伤害过之后，他不敢再放开手脚去爱，他怕对方突然间从他的身边离去。

说实话，他并不优秀，没有太多的钱，没有稳定的工作，这样的人在街上一抓一大把。而雯雯虽说不算漂亮，但是气质却非常好，而且家境也不错。在靖宇的心里，总觉得自己配不上雯雯，两人相处的时间越久，他的这种感觉越强烈。

对于雯雯来说，和靖宇走到一起实在不易。她的年龄已经远远超过谈婚论嫁的一般年龄段，可是始终碰不到那个让她心动的人。父母的催促让她压力倍增，可是她又不想随便把自己嫁掉。而靖宇帅气不说，而且很有才华，很有思想。在她快30岁的时候能找到这样一个男人，当然要紧紧地攥进手心里了。

但她也担心靖宇会离开她。因为靖宇的不落俗套和才华横溢，身边总是有很多漂亮时尚的女孩子出现，其中不乏一些各方面条件比自己都优秀的人。为此，她也总是很担忧，担心某一天，靖宇突然从她的身边消失。

尽管两人都在拼命努力，可是感情并没有增进多少。因为两人都缺乏安全感，不敢放手去爱，而把爱情当做模式或者是程序一样走完。以至于后来两人都厌倦了这种模式，他们都很迷茫：接下来怎么办？分手吧，有些不舍得，毕竟彼此爱着对方。可是继续呢？又觉得两人都小心谨慎，爱情没有意义。

故事中的雯雯和靖宇都很喜欢对方，但是由于缺乏安全感，所以不敢放手去爱，以至于让爱情完全变了味道，亮起了黄灯，走到了十字路口。究竟是该继续还是放弃呢？两人都很茫然。由此可见，安全感是爱情保鲜的防护墙。因为生活的变数实在太大，爱得深了，会伤害自己。而缺乏安全感，爱情便索然寡味了。

心理课堂：

如何才能在婚恋中让你的心有安全感呢？

1. 要相信自己，不要自卑

不可否认，爱情的目的是走向婚姻。可是在恋爱中，很多人往往太过注重实际的条件，觉得自己条件有限，配不上对方。殊不知爱情还是要靠感觉的。所以，要相信自己的实力，在两人之间的交往当中，千万不要自卑，你的自信更能让对方为你着迷。只要双方感情深厚，那些外在的条件也就变得微乎其微了。

2. 要相信爱情，放手去爱

由于形形色色的价值观、爱情观的出现，更多的人宁愿相信金钱，而不愿意相信爱情。这样，恋爱包括婚姻就变成了赤裸裸的交易。即使是有感情的双方，也会或多或少地考虑物质。因此，传统的爱情价值观受到了严重的挑战，这使得恋爱中的双方都不相信爱情，导致了两人畏首畏尾，不敢去爱。这也是严重的缺乏安全感的表现。

3. 要相信对方，勇敢付出

彼此信任是爱情的基石。可是现实生活存在的诱惑实在是太大，所以，即使是热恋中的人也总担心自己白白付出，总担心对方会离开自己。这样，便破坏了彼此之间的美好感觉。其实，大可不必为此而担忧，既然是恋爱，彼此选择，那么就要相信你的恋人，勇敢地付出，否则，恋爱便无法继续谈下去。

4. 不要害怕承受失败的痛苦

很多人之所以严重地缺乏安全感，是因为曾经或多或少地在爱情上受过伤害，所以总是担心再次被伤害。小心翼翼可以减轻甚至避免伤害，但是同样也让走向成功的路扑朔迷离。因为你缺乏安全感，便不敢去爱，不爱怎么会有爱情的结果呢？正应了那句老话：付出了不一定有收获，但是不努力绝对会失

败，会受伤。因此，受伤了，不要害怕，依然要全身心地投入去爱，因为只有这样你才能得到真正的爱情。

用撒娇勾起男人的保护欲

很多时候，我们发现，有些人，不论你是动之以情，还是晓之以理，好话说尽，就是不为所动。但是在女孩子撒撒娇之后，却放弃了坚持。究其原因，撒娇是向对方示弱，勾起了对方内心深处的同情心理和保护欲。

因而，在恋爱中，如果你发现你的另外一半滴水不进，那么不妨撒撒娇，把严肃的问题变得轻松一些，这样，在你的示弱当中，对方不知不觉地被你征服。也许你会说，撒娇是女人的专利，其实不然，男人也可以适当地撒撒娇，征服女人。

大夏和迦女是刚刚结婚的小两口。两人新婚燕尔，整天黏糊在一起，尽管两人上班的地方有一段距离，可是每天，大夏都会亲自把迦女送到单位再去上班。下班的时候还会亲自去接，两人时不时地还会来些浪漫。

这天下午，下班后，大夏刚走出办公室，主管把他叫住了。原来他之前负责的一个策划案出了问题，需要尽快修改。于是大夏给迦女打了电话，让她稍等片刻。可是等他把案子做好之后，已经是晚上九点多了。这时候他才突然想起迦女还在等他，打电话给她却没人接。

等他火急火燎地赶回家里之后，发现迦女一个人静静地坐在沙发上，神色沮丧。大夏走上前去，一个劲地赔礼道歉，使用各种办法哄她开心。但是迦女说她并没有生气。大夏知道，迦女嘴上说原谅了自己，可是心里还是在怪罪他。他对自己说："得想个办法把她逗笑，只要她开口笑了，心里便不好意思再生气了。"

想到这里，大夏悄悄地钻进了卧室。不一会儿，他来到了迦女的身边，可怜兮兮地学着蜡笔小新的声音说："神仙姐姐，小新肚肚好饿啊，麻烦你帮忙解决解决嘛。"

迦女瞪了一眼，没好气地说："走开，走开。"

大夏向前蹭了蹭，撒娇说："解决解决嘛，你摸摸肚肚好饿啊。"说着便拉着迦女的手往自己的肚子上放。

此时迦女已经不生丈夫的气了，再加上大夏的撒娇，迦女笑着用脚踹着说："走开，走开，你这讨厌的死小新。"

大夏故意装作哭的样子，撒娇到："神仙姐姐不爱小新了，小新好伤心，呜呜呜。"

迦女笑着迎上来，和大夏打闹在一起。

故事中的大夏伤了妻子的心后，采用撒娇的方式，淡化了问题的严肃程度，让一段不愉快的别扭在他嗲声嗲气的撒娇声中，化为乌有，在两人的打闹中增进了感情。由此可见，适度地撒撒娇可以柔化对方的心，化解矛盾和隔阂，增进感情。

心理课堂：

在用撒娇策略的时候要注意哪些方面的问题呢？

1. 撒娇时要把情感拿捏好

恋爱中的男女双方，利用撒娇的心理来俘获对方的内心时，一定要注意拿捏好情感。如果情绪不到位，而言语到位了，则会让人听着觉得滑稽可笑。反之言语不到位，情绪到位了，一样起不到相应的效果。因此，在撒娇的时候，一定要拿捏好情感，拿捏好语言，这样才能起到弱化对方内心的效果。

2. 女人撒娇不妨嗲声嗲气

很多女孩子善于撒娇，尤其是面对自己的男朋友的时候，更是嗲声嗲气，这样往往能激起男人的同情心和保护欲，增进恋人之间的情感。因此，女人要想征服男人的心，就要在撒娇的时候嗲声嗲气一些，这样更能酥软男人那颗坚

硬的心。即使是再心硬的男人也喜欢女人嗲声嗲气的撒娇。

3. 男人撒娇千万不要过度

很多人觉得撒娇是女人的专利，其实生活中很多时候，男人也在撒娇。只不过男人撒娇不像女人那样嗲，而是学小孩子，激发女人的柔软的母性。因此，在男人撒娇的时候，千万不要过度，要适可而止。如果对方真的爱你，那么男人不必用力撒娇就能征服女人的心，因为女人的心本身就很柔软。

4. 撒娇时带点恭维和自贬

在撒娇的时候，不妨带点恭维，在恭维别人的时候再来些自贬，这样形成鲜明的对比，让对方觉得自己很强，而爱人很弱。这样，对方的同情心和保护欲就会被你成功地激发出来，你的撒娇也能真正地柔化对方的心。否则你的表达只能是浪费表情，弄不好还会让对方对你产生厌恶之情。

第18章

幸福心理学——美丽人生要用“心”去活

保持“空杯心态”才能得到更多幸福

古时候一位佛学造诣很深的富家夫人，听说某个寺庙里有位德高望重的老禅师，便去拜访。老禅师的徒弟接待她时，她态度傲慢，心想：我是佛学造诣很深的人，你算老几？后来老禅师十分恭敬地接待了她，并为她沏茶。可在倒水时，明明杯子已经满了，老禅师还不停地倒。她不解地问：“大师，为什么杯子已经满了，还要往里倒？”大师说：“是啊，既然已满了，干吗还倒呢？”禅师的意思是，既然你已经很有学问了，干吗还要到我这里求教？来者急忙叩谢悔过。据说，这就是“空杯心态”的起源。

保持一种空杯心态对年轻女人的长期发展是非常重要的。空杯的心态就是一切从头再来，就像大海一样把自己放在最低点，来吸纳百川。在此以前，你可能有过很高的地位，也可能拥有过很多的财富，具有渊博的知识，但是当你决定要向下一个目标进取的时候，就一定要拥有空杯的心态。不能因为你曾经是千人企业的老板，就难以听从一个普通员工的指导；也不能因为你曾是一个人的上司或老师，就不去听取一个下属或学生的真诚规劝……人只有以空杯心态做事，才能快速成长，才能学到这个行业的技巧与方法。

每个人都掌握了一定的学识，有过一些成功的经历，就好比水杯中已经蓄了很多的水。而当你接受新的工作和挑战时，你能否成功，取决于你是否能倒空你杯中的水，潜下心来从头学习、从头做起。联想集团在招收新员工时总是对那些拥有较高学历的新人说：“先把杯子里的水倒掉。”只有把过去放下，从头再来，你才会荣辱两忘，放手一搏，发挥高水平。

把昨天的成功与辉煌放下，我们就不会成为那只背着重壳爬行的蜗牛；把过去的一切放下，我们才能够像天空中的鸟儿那样轻盈地飞翔。在成长的道路上，当我们用一种“空杯的心态”去面对眼前这个变化日益加快的世界时，就

会抱着一种学习的态度去适应新环境，接受新挑战，创造新的成就与辉煌。

哈佛大学校长来北京大学访问时，讲了一段自己的亲身经历。有一年，校长向学校请了三个月的假，然后告诉家人，“不要问我去什么地方，我每个星期都会给家里打个电话，报个平安。”

校长只身一人，去了美国南部的农村，尝试着过另一种全新的生活。在农村，他到农场去打工，去饭店刷盘子。在田地做工时，背着老板吸支烟，或和自己的工友偷偷说几句话，都让他有一种前所未有的愉悦。最有趣的是最后他在一家餐厅找到一份刷盘子的工作，干了四个小时后，老板把他叫来，跟他结账。老板对他说：“可怜的老头，你刷盘子太慢了，你被解雇了。”

“可怜的老头”重新回到哈佛，回到自己熟悉的工作环境后，却觉着以往再熟悉不过的东西都变得新鲜有趣起来，工作成为一种全新的享受。这三个月的经历，像一个淘气的孩子搞了一次恶作剧一样，新鲜而有趣。自己原本洋洋自得，甚至呼风唤雨的哈佛大学校长职位，自己原本认为的博学与多才，在新的环境中一文不值。更重要的是，回到一种原始状态以后，就如同儿童眼中的世界，也不自觉地清理了原来心中积攒多年的“垃圾”。

这个故事说明，我们只有时常为自己清除心灵的污染，才能更好地享受工作与生活。

在攀登者的心目中，下一座山峰才是最有魅力的。攀越的过程，最让人沉醉，因为这个过程充满了新奇和挑战，空杯心态将使你的人生不断渐入佳境。要把原来的成功当成是新的成功的起点，这样才会永远有新的目标，才能不断攀登新的高峰，才能享受到成功者无穷无尽的乐趣。

没有哪个人会甘于平庸，每个人都有追求，有梦想。然而，许多人都在迷惘，因为他们不知道怎样才能从平凡处到达卓越的彼岸。其实方法很简单，那就是不断地发现自己在思维、态度、方法、习惯以及性格等方面的缺陷，并且及时地改变这些不足，从而乘风破浪，不断地超越自己。在迈向成功的道路上，每当实现了一个近期目标，绝不应自满，而应迎接新的挑战，把原来的成功当成新的成功的起点，树立新的目标，攀登新的高峰，从而达到崭新的人生境界。

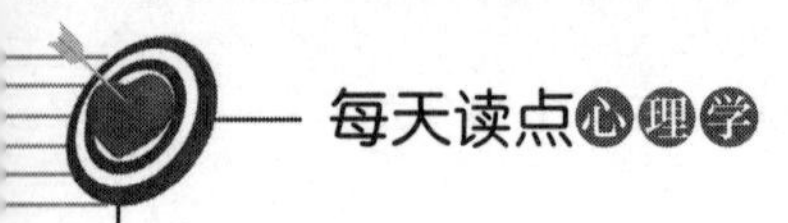

心理课堂：

对于生活中的我们来说，应该果断地扔掉那些心中的垃圾。希望每个人都能把最美好的东西留在心底，那些垃圾，倒掉吧！

聪明人要懂得控制不良情绪

在人的心灵深处，总有一种力量使他们茫然不安，让他们无法宁静，这种力量叫浮躁。浮躁就是心浮气躁，是成功、幸福和快乐最大的敌人。从某种意义上讲，浮躁不仅是人生最大的敌人，而且还是各种心理疾病的根源，它的表现形式呈现多样性，已渗透到我们的日常生活和工作中。可以这样说，人的一生是同浮躁斗争的一生。

有许多人能把情绪收放自如，这个时候，情绪已不仅是一种感情上的表达，而且成了攻防中使用的武器。生活中，每个人都难免会碰到这种擦枪走火的状况。但是，聪明人有将不良的情绪马上收回来的本事。情绪处理得好，可以将阻力化为助力，帮你解危化险、政通人和。情绪若处理得不好，便容易失去控制，产生一些非理性的言行举止，轻则误事受挫，重则违法乱纪。

克制，乃为人的一大智慧，它有助于人在攀登理想境界的征途中，消除情感世界不可避免的潜在危机。因而，对于一个成功的开拓者来说，它既是实现既定目标的保证，又是取得更大成功的起点。

有位年轻人在岸边钓鱼，邻旁坐着一位老人，也在钓鱼，两人坐得很近。奇怪的是，老人家不停有鱼上钩，而年轻人一整天都未有收获。

年轻人终于沉不住气，问老人：“我们两人的钓饵相同，地方一样，为何你轻易钓到鱼，我却一无所获？”

老人从容答道：“我钓鱼的时候，只知道有我，不知道有鱼；我不但手不动，眼不眨，连心也似乎静得没有跳动，鱼也不知道我的存在，所以，它们咬我的鱼饵。而你心里只想着鱼吃你的饵没有，一眼也不停地盯着鱼，见没有鱼上钩，内心急躁，情绪不断变化，心情烦乱不安，鱼不让你吓走才怪，又怎会钓到鱼呢？”

伊索说：“想匆匆忙忙地去完成一件事以期达到加快速度的目的，结果总是要失败的。”

有时候，做一件事情就好比钓鱼，时机未到，见不到成效。着急着起杆，只会吓走准备咬钩的“鱼儿”。想要成功，必先修身养性，心平气和地面对挫折。心浮气躁、急功冒进只会坏了大事。

怒气似乎是一种能量，如果不加控制，它会泛滥成灾；如果稍加控制，它的破坏性就会大减；如果合理控制，甚至可能有所收获。任何一个成功者都有着非凡的自制力。如果生气是一种习惯，那么不生气也是一种习惯。让不生气成为你的习惯吧！

人的确需要冷静，冷静使他们理智稳健，冷静使他们宽厚豁达，冷静使他们有条不紊，冷静使他们高瞻远瞩。在一个浮躁、善变、功利的环境中，尤其需要冷静地思考和把持住自己。冷静的习惯有助于人消除自己的浮躁心，可以让自己真正宁静下来后再投入社交，投入工作，投入事业。

洛克菲勒曾有一件很有趣的轶事：有一位不速之客突然闯入他的办公室，直奔他的写字台，并以拳头猛击台面，大发雷霆：“洛克菲勒，我恨你！我有绝对的理由恨你！”接着那人恣意谩骂他达10分钟之久。办公室所有职员都感到无比气愤，以为洛克菲勒一定会拾起墨水瓶向他掷去，或是吩咐保安员将他赶出去。然而，出乎意料的是，洛克菲勒并没有这样做。他停下手中的活，用和善的神气注视着这一位攻击者，那人越暴躁，他便显得越和善！

那无理之徒被弄得莫名其妙，渐渐地平息下来。因为一个人发怒时，遭不到反击，他是坚持不了多久的。于是，他咽了一口气。他是准备好了来此与洛克菲勒作斗争的，并想好了洛克菲勒将要怎样回击他，他再用想好的话语去反驳。但是，洛克菲勒就是不开口，所以他不知如何是好了。

末了，他又在洛克菲勒的桌子上敲了几下，仍然得不到回应，只得索然无味地离去。洛克菲勒呢？他就像根本没发生过任何事一样，重新拿起笔，继续他的工作。

如果你总跟自己的坏情绪较劲，并任由坏情绪控制自己的行动，那么，你的一时冲动可能会给你带来终生的悔恨。要做一个理智的聪明人，就要学会控制自己的坏情绪。不理睬他人对自己的无礼攻击，便是给他最严厉的迎头痛击！成功者每战必胜的原因，就是当对手急不可耐时，他们依然故我，显得相当冷静与沉着。

情绪时时刻刻都伴随着我们，我们虽然无法做到心如止水，没有丝毫情绪的波澜，但却应学会理性地控制自己的情绪，要时常在心里提醒自己不要被琐事所烦，控制好自己的情绪。人生短暂，聪明的人都不会浪费时间，去为一些无关紧要的小事而烦恼。当我们过于注意微不足道的一点点小事时，愤怒的情绪犹如人体中的一枚定时炸弹，随时都可能造成无法弥补的后果。在关键时刻不能让怒火左右自己的情绪，不然你会为此付出惨痛的代价。

人总会遇到各种各样的变化，如何在变化的过程中，理智地处理各种事情？做到不感情用事是至关重要的。追求幸福的人应当提高自己控制情绪的能力，能驾驭自己的情绪，才能真正驾驭自己。这对身体健康和事业发展都有着莫大的帮助。

心理课堂：

我们做事情很多时候都是半途而废，在开始的时候是一腔热血，然后热情消退，最后完全放弃。是什么原因让我们放弃呢？是浮躁的心理，是急于求成、不愿面对困难的浮躁心理。我们总是在想着事情的最后成果，急于看到我们所做的工作的成果，而这些却不是一天两天能看得出来的，所以我们就觉得这些工作是没有意义的，于是选择了放弃。如果我们能够坚持，真正地静下心来，认真地去学习、工作，我们做得会比现在好很多。只有拭去心灵深处的浮躁，才能找到幸福和快乐。

美丽的心灵是幸福最好的家

有一天，上帝把动物召集到一起开会。上帝对大家说：“各位听好，如果谁对自己的相貌、体形有意见的话，今天可以提出来。不过我只能满足一个人的愿望，你们可要想好了。”

因为猴子的位置最靠近上帝。上帝把目光投向了猴子，示意他先说。

猴子一点都不客气，振振有词：“我既有聪明的大脑，又有灵活的四肢，所以我对自己的相貌非常满意。不过我倒有一个建议，如果可能的话，能否使熊的长相变得秀气些。熊的长相也许太粗笨了。”

所有动物都把目光投向了熊，大腹便便的熊不好意思地搔了搔头，说：“我也十分满意自己的相貌。我虽然比较胖，可是却很富态。当然如果能改换面貌的话，我认为大象最应该改换面貌。你们瞧大象尾巴短短的，耳朵却大大的，身体非常笨拙，简直没有美感可言。所以您最好给大象做做美容。”

大象闻听此言，一点都不急，慢慢地说：“我虽然手大尾短，身壮腿粗，可是以我的审美观来看，海中的鲸要比我肥胖多了，您最好让他来改改面貌。”

上帝问了一圈，所有的动物都说自己是完美的，希望把机会留给别的动物。

其实，这个世界上没有一个完美的动物，更没有一个没有缺点的人，但只要拥有一颗既无私又美丽的心灵，你就可以与别人和睦相处，这个世界也会因此充满爱。因为你爱着别人，造福于他人，别人自然会爱着你。

小学一年级的美德课上，为了培养天真无邪的孩子们对美好事物的向往，培养他们的善良高尚的品德，老师对学生说：“为善的人死后会升上天堂，作恶的人死后会坠入地狱。”

孩子们睁大眼睛问："天堂在哪里？地狱又在哪里？"

老师并不急于回答，回身在黑板中间画了一条线，把黑板分成左右两半，右边写着"天堂"，左边写着"地狱"。然后对孩子们说："我要求你们每一个人在'天堂'和'地狱'里各写一些东西。"

孩子心目中的天堂就这样呈现出来：树木、笑、美丽、花朵、天空、自由、水果、光、白云、星星、音乐、朋友、蛋糕、灯、书本……

在黑板的左边，孩子也同时写出了他们心目中的地狱：黑暗、肮脏、哭泣、哀嚎、惊叫、残忍、恐怖、恨、流血、丑陋、臭、呕吐、毒气……

老师点点头，对孩子们说："当我们画上一条线之后，就会知道，天堂是具备了一切美好事物与美好心灵的地方，这个地方有人叫做天堂，有人称为天国，或者净土、极乐世界。而地狱呢？正好相反，是充斥一切丑恶事物与丑恶心灵的地方。"

老师接着问孩子们，"那么，有没有人知道人间在哪里呢？"

孩子们齐声回答说："人间是介于天堂与地狱中间的地方。"老师说："错了！"孩子们露出迷惑不解的神色。

老师告诉孩子："人间不是介于天堂与地狱之间。人间既是天堂，也是地狱。因为，当我们心里充满爱的时候就是身处天堂，当我们心里怀着怨恨的时候就是住在地狱！"

让自己拥有一颗美丽的内心吧！只要拥有一颗美丽的内心，你就会身处幸福的天堂中。

心理课堂：

每个人在骨子里拥有着一分善良和纯真，他们在任何时候都期盼着下一步就是幸福的终点站。

一个人不管追求什么，繁华落尽后总是不变的平凡，唯让心灵保持本真，真诚对待别人，感动别人，才能得到更多幸福的回馈。

塞翁失马，焉知非福

在生活中，常会听到有人感叹“塞翁失马，焉知非福”。有的人也许并不真正理解这句话的含义，但还是喜欢把它放在嘴边，遇到糟糕、倒霉的事情时，借以自慰。

老子说：“祸兮福之所倚，福兮祸之所伏”，这是对“塞翁失马，焉知非福”的另一种解释。幸福的人们理解世事的变幻无常，要明白因祸可以得福，坏事可以变为好事。

有这样一个故事：

从前，在一座豪华的宫殿里，住着一个国王和他的七个女儿，这七位美丽的公主是国王的骄傲。她们那一头乌黑亮丽的长发远近皆知，所以国王送给她们每人一百个漂亮的发夹。

有一天早上，大公主醒来，一如往常地用发夹整理她的秀发，却发现少了一个发夹，于是她偷偷地到了二公主的房里，拿走了一个发夹。二公主发现少了一个发夹，便到三公主房里拿走一个发夹；三公主发现少了一个发夹，也偷偷地拿走四公主的一个发夹；四公主如法炮制拿走了五公主的发夹；五公主一样拿走六公主的发夹；六公主只好拿走七公主的发夹。于是，七公主的发夹只剩下九十九个。隔天，邻国英俊的王子忽然来到皇宫，他对国王说：“昨天我养的百灵鸟叼回了一个发夹，我想这一定是属于公主们的，而这也真是一种奇妙的缘分，不晓得是哪位公主掉了发夹？”公主们听到了这件事，都在心里说：“是我掉的，是我掉的。”可是她们头上明明完整地别着一百个发夹，所以都很懊恼。只有七公主走出来说：“我掉了一个发夹。”话才说完，她一头漂亮的长发因为少了一个发夹，全部披散了下来，王子不由得看呆了。故事的结局，当然是王子与公主从此一起过着幸福快乐的日子。

七公主在失去一个发夹后没有像其他的公主那样去从别人那里拿，而是心甘情愿地接受这个事情，不沮丧、不懊恼，结果最终却因此而得福，获得了王子的倾心。

在现实生活中，如果我们缺乏力量去改变已经发生的事情，就不如平静地观望事态的发展，毛毛躁躁，乱了方寸，甚至贸然行事，有可能贻误时机，更可能适得其反。要明白，我们没有办法掌控生活中发生的一切，但是我们有能力决定自己的想法、判断，有能力去改变自己的心态。

祸并不一定都是绝对的祸，如果它不幸成了祸，那么只是你一相情愿的想法促成了灾祸的发生。当我们面对挫折的时候，一定要先当塞翁，保持良好的心态，然后再“转祸为福”，若能做到这样，生活中的苦恼将会减少很多。

艾科卡在54岁时被福特公司董事长免除了总裁的职务，但艾科卡并没有因此灰心丧气，而是把这件事看作人生中的一件平常事，没多久便来到克莱斯勒汽车公司。当时，这家公司已濒临破产边缘，但艾科卡却将其拯救过来，并因著有《反败为胜》一书而声名大噪。

张国安原本是中国台湾三阳工业创办人黄继俊的创业老臣，正当他的事业达到高峰的时候，突然被免去了总经理的职务。他虽然毫无心理准备，但也坦然面对，并且抱着积极的心态创立了丰群集团，经过不懈努力，到了后来，丰群集团的总营业额居然还超过了三阳工业。

张国安没有被一时的屈辱绊倒，反而看到了未来和希望，并因此奠定了一个成功的契机。

“塞翁失马，焉知非福”，人生中，有打击、挫折、失败，就会有帮助、成功和喜悦。对此，我们更应该以一颗理性之心来对待。也只有平静地接纳人生中的成功与失败，我们才能真正体会生命的苦辣酸甜！

心理课堂：

要知道，我们的人生时时都在改变，好与坏也只是暂时的，不必太在意，所需要的就是恒久的努力。当你陷入困境时，你可能认为世界万物都在同你作

对，你无法支撑下去，但是，如果坚持下去，你很快就能体会到“柳暗花明又一村”的喜悦。

上善若水，与人为善

在每一个人的心底，有着一抹永不褪去的色彩，那就是仁慈。仁慈是人类最好的品质之一，因为仁慈，人们善良、宽容、豁达。慈悲为怀，与人为善，这是一种无形的力量，是一种对待生活的豁达心态，更是魅力的源泉。

说到仁慈、善良，很多人首先想到的就是唐三藏。他没有孙悟空的法力，不及猪八戒的智慧，甚至连沙僧的力量都不如，但他却能够集合众人的力量，危难时刻，往往化险为夷。唐三藏之所以能够经历重重磨难，最终到达西天，取得真经，靠的就是他的慈悲心，他的慈悲心感化了三界。

当然，仁慈不是出家人的专利，救人于危难之中，是每个人的责任。人世间最宝贵的是什么？雨果说得好：与人为善。“与人为善是历史中稀有的珍珠，与人为善的人几乎优于伟大的人。”

古代朝鲜御膳厨房有一种惯例：凡是被赶出宫的内人永远不能再回到宫里任职。大长今就是一位受到仇人的迫害被发配到济州岛的上赞内人，她凭借与人为善的策略重新回到了宫里。

在济州岛，一位叫张德的医女告诉她，要想再回到宫里，只有勤学医术这一个办法，只要医术高明，就能被朝廷选拔为医女重新进宫。

大长今非常聪颖好学，在张德的帮助下，医术突飞猛进。

一晃三年过去了，大长今的医术已今非昔比。朝廷选拔医女的日子到了。大长今沉着应试，在前几轮医学知识考试中都得了第一。最后一轮是给患者看病的实践性考核了。

她非常自信，因为在之前她已经有了丰富的实践经验了。但是她做梦也没有想到，那名陷害她的仇人竟然是她要看的病人。那一刻，她动摇了。她不止一次想过，拒绝给他看病或者给他误诊，以报积郁在心中的深仇大恨。但是如果这样，她再次进宫的梦想就前功尽弃了。理智终于战胜了仇恨，她把他当作一名素昧平生的病人，体贴入微地为他诊治，亲自为他吸痰，甚至比给别人诊病更加周到耐心，在规定的时间内治好了他的病，使这个曾经迫害她的病人感动得泣不成声。大长今终于顺利通过了实践考试，以优异的成绩入选为内医院的医女。

大长今把仇人当成普通患者，给予无微不至的诊治，正是她的医术不断提升的关键。没有这样的胸襟，大长今就不能成为一名称职的医生。同样，没有这样与人为善的心态，也不会成为一个受人尊敬的人。

马克·吐温曾说，善良是一种世界通用的语言，它可以使盲人感到，聋子闻到。

在十几年前，小彤一家还住在城乡结合部，到晚上四处很荒凉。那天，为了省下坐车的钱，她和当老师的妈妈选择走小路。路坑坑洼洼的，也没有路灯。小彤的鞋子是姐姐穿过的，有些大。天已黑了，小彤耳边再次响起亲戚的话：“年底治安乱，今晚别赶回去了。”而母亲谢绝了。

借到钱，母女俩还是很高兴的，母亲甚至还说要给小彤买半斤巧克力，谈话气氛轻松。那件事发生时，她们离家还有半小时路程。随着一声凶巴巴的“站住别动！”，两个人像山一样挡住她们的路，事情发生得太突然，就像演电影。

那是两个年轻的男人，每人手里拿一根粗棍子。小彤急得要命，却又一筹莫展。她13岁，母亲35岁，一大一小两个女人怎么也敌不过两个壮年男人。

可怕的沉默之后，右边的男人说话了，带了丝颤音：“我只想要钱。”他们似乎也不轻松。母亲没吭声。他继续说：“我们真不想伤害你们，我们也是没办法。辛苦打工一年，老板带钱跑了，我们得拿钱回家过年。你们城里人好歹比我们容易。”

他语气倒还老实，可那根棍子凶神恶煞地杵在那里。

对峙片刻，母亲忽然叹气，从口袋里拿出蓝色手绢，手绢里包裹的是借来的200块钱。

男人看到钱，自然伸出他空着的手。

“慢！”她把钱往怀里一缩，“这钱不能让你们抢走。”那人的手愣在半空，小彤也不明白母亲要说什么。

“今天你们抢了我的钱，不管多少数额都是犯罪。我知道你们有难言之隐，但法律不管那么多，不光法律判你们有罪，你们内心也不会原谅自己。”

此时她竟然讲起课来，实在出人意料。不仅如此，随即她做了一件仿若天方夜谭的事。她说：“不如这样吧，我代你们写张借条，你们签字，不管多久还钱，5年也好10年也好，甚至你们没钱还也好，只要记住，今天你们没抢，你们是借我的钱。我希望，从今以后你们不要再抢了。”

母亲从口袋里摸出纸笔，在黑暗里凭感觉写了那张字据，和钱一起放到了那人手里，“上面有我的名字和地址，至于你的名字，如果害怕，随便签一个假名也行。”

这样匪夷所思的事情，歹徒大概也没碰到过，他们愣了片刻，相互看看，什么也没说拿上钱和借据就走了。

那个春节，尽管母亲还是买了巧克力，可小彤心里很难过。关于那张愚蠢的借据，她始终无法释怀，她想，这绝不是母亲平日嘴里说的勇敢。

让小彤意外的是，两年后的一天，她们收到一张汇款单，上面的数额是1000元，汇款人的名字却是陌生的，附言栏上写着：“谢谢您没让我们走错路。”

哲人说，每一匹害群之马背后都有个令人心酸的故事，不要随意地去定性一个人的好坏。人的善念是可以被唤醒的，任何人都有对高尚的追求，只是有时被蒙蔽了双眼。于是，需要有另外的善良的、仁爱的心去开启他们的善良之门。那些善良的人往往不善于自卫和抗争，那些外表的天真背后，却隐藏着一股感化万物的强大力量。

与人为善绝不是一种简单的同情心，它是一种无形的相助，一种博大的爱，是一股矫正世俗的春风。道家的始祖老子说得好：“上善如水”。“水溶万物而不争”，与人为善者与水一样能溶解万事万物，化解人间恩仇；“海纳百川，有容乃大”，与人为善者能包容一切，胸怀博大；“水质透明，清澈见底”，与人为善者白日为善，夜来省己，心如明镜……

一个人处处与人为善，严以责己，宽以待人，就能建立与人和睦相处的基础。卡耐基说：“你怎么对待别人，别人就会怎么对待你。”这就教育人们，要待人如待己。很多时候，你的善行会衍生出另一个善行。

心理课堂：

在婚姻中，与人为善就是善待自己，让慈悲的雨露浸润彼此的心田。就如孟子所说的那样，“君子莫大乎与人为善”。那些懂得付出却不求回报的人，往往更容易获得幸福。

生活，要有激情相伴

卡耐基曾说：“岁月使你皮肤起皱；但是失去了激情，就损伤了灵魂。”

爱情是生活中的大餐，它能满足我们的各种欲望。但除了爱情，生活还有很多方面仍旧需要我们以激情来驱动，比如梦想。很多怀有梦想的人缺乏行动的魄力和韧劲，甚至永远也未能迈开前进的脚步。俗话说，醉过方知酒浓，爱过方知情重。什么事情都需要尝试过之后，方知个中的苦痛和成败。没有激情，留下的反而是退却。

很多人在追求心中的梦想时，哪怕只是实现一个小小目标的过程中都会碰到诸多的困难，深感理想与现实有着巨大的差距，甚至经常让自己处于举步维艰的境遇。

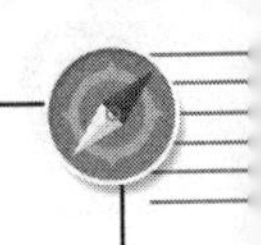

当酸楚涌上心头，感到美好的憧憬同现实的无情与残酷发生猛烈的撞击时，很多人的身心就变得那般无力、那般无奈、那般脆弱、那般不堪一击。昔日的理想如同明日黄花，往日的激情恍若消逝流水，一去不返了。于是，他们就逐渐颓唐、悲观、怨天尤人，抑或是安于现状、得过且过，再或是被生活与岁月磨得无棱无角，看惯了平庸，习惯了世俗。总之，那曾经拥有的热情与梦想、昂扬与纯真、品位和修养都变得无影无踪；再没有了对梦想的激情，人就在这已经逝去和即将逝去的日子里迷失了自己的希望和方向。

梵高说：“生活对我来说就是一次艰难的航行，但是我又怎么知道潮水会不会涨，及至淹没嘴唇，甚至会涨得更高呢？但我将奋斗，我将生活得有价值，我将努力战胜，并赢得生活。”是啊，生命对于每个人来说都是一次艰难的跋涉，但这不是重点，重点是当我们前行的时候，能有激情相伴。

也许你仍在苦闷的生活中挣扎，既然不愿相信宿命，就要用实际行动去对抗宿命；既然不愿听从命运的安排，就要敢于把命运发来的险球给它扣回去；既然不认为自己会注定平庸，就要试着把自己投入到铸就辉煌的惊心动魄之中。给自己注入激情的养料，把不满表达成上进，把委屈升华为不屈，把失意改写成冷峻，从一时的压抑中酝酿出一生的执着，从一时的失意中迸发出一生的激情。

无论生活怎样平凡与苦闷，无论人生怎样失意与压抑，都不要轻言没有了希望，都不要轻易放弃了努力，都不应随意抛弃梦想。人生就是一段执着追求的旅程，也许它并没有终点，只有路程，但正是这份追求，才使得生活有滋有味。

心理课堂：

我们想拥抱眼前的安逸，更也不能抛弃前方的繁华。既然有蓝天的呼唤，就不能让奋飞的翅膀在安逸中退化；有大海的呼唤，就不能让搏击的勇气在风浪前却步；既然注定要走向远方，就不能让寻觅的信念在走不出的苦闷中消沉。

人生，要有梦想的支撑；生活，要有激情常相伴。当你给生活一份激情，它会还给你双倍的快乐。

人生苦短，不如笑看云卷云舒

人生在世，要经历多少风风雨雨。没有谁的人生会尽如人意，无风无浪，也没有谁的一生会波澜不惊，平平淡淡。豁达的人以“不以物喜，不以己悲”的态度看淡人生，更以微笑来对待生活中的种种遭遇。

人生这两个字真的太复杂，说不尽，道不完。有的人苦于人生短暂，几十年如白驹过隙，弹指一挥间，就要了却此生，悲从中来，再加上生活中有接二连三的不如意，难免失落不已，感觉生活暗淡无光。苟活于世，徒增烦恼，乃至轻言生死。这种消极的心态导致他们原本充满欢笑、快乐、幸福的人生之路变得单调、乏味，人生也就此走向下坡路。

从前，有位女士觉得自己的人生太悲惨、太沉重，她终于忍受不住了，跑到一座山顶上，准备跳下去一了百了。

一位守山的老人听到了她的哭诉，走过来对她说：“你说你的人生太悲惨，说来听听，看看我们两个到底谁更悲惨。”

这位女士说：“我从小没有母亲，父亲从不管我。我没有考上大学，读了一个中专，到现在还没有找到工作。男朋友和我分手了。现在我无依无靠，租的房子也到期了……你说我这样还不够悲惨吗？”

老人听了哈哈大笑起来：“年轻人，你的人生多么幸福啊！”

这位女士很恼怒老人在这个时候还有心情开玩笑。

老人接着说：“你从小没有母亲，我连自己的父母是谁都不知道。你没有考上大学，我幼儿园都没有读。你和男朋友分手了，我的生命快要结束了，可我始终独身一人。你还有钱租房子，我只能住在山洞里……你说，我们两个到底谁更悲惨？”这位女士很惊讶地说：“想不到还有比我更悲惨的人，如果我是你那样还不如死了算了。”老人又笑了：“如果大家都像你这样想，人类早

就死光了！”

这位女士不解地问：“你的遭遇如此悲惨，为什么还那么开心呢？”

“因为还有比我更悲惨的人。因为我还活着。”

很多时候，人们对生活的感受是可以从多方面来看待的，特别是在和不同的人比较之时，感受更是大为不同。就如那位老人说的，还有比你更悲惨的人，你还活着，所以你应该庆幸，你总不是最悲惨的那一个，何必认为已经走投无路呢？你应该笑着面对未来的生活。

威廉是英国的一位著名作家，他在成名之前，曾经窘迫得连一双袜子都买不起。他的妻子终于不堪忍受寂寞和凄苦离开了他，带走了他唯一的精神支柱。有一段时间，他几乎快要绝望了。投出去的三部小说已经快半年了，仍然没有消息。没有钱买食物了，他只好去山上采摘野果充饥。

这天，散步回来的威廉收到一封出版社的来信，说真的，威廉高兴了一阵，他还以为是出版社要出版他的小说了呢。结果拆开一看，既不是出版通知，也不是退稿信，而是一封道歉信。信上说，出版社不小心把他的小说原稿弄丢了，特此致歉。威廉看到后几乎要疯了，因为他根本没有留底稿，为了尽快出版，他一写完就把原稿寄出去了。那一刻，他瘫软在地，觉得整个世界都完了，命运对他太残酷了。

后来朋友劝他放弃写作，并为他找了一份工作。威廉拒绝了，他说：“只要我还活着，我就不会放弃！任何人都不可以叫我放弃！”威廉借了朋友一笔钱，又开始了艰苦的创作。

终于有一天，曾经道歉的那个出版社来信告诉他，他的小说找到了，并愿意以50000美元的价格买下它的版权，还承诺，以后威廉的任何一部作品他们都愿意出版。

就这样，威廉红遍了英国，成了著名的作家，但他从未忘记自己穷困潦倒时候的日子。从威廉的经历中我们看到，人生就是这样充满变数，命运总是喜怒无常。即使我们谋划好明天要做的事，也无法确定明天会发生什么。但我们要始终坚信，不管身处多么痛苦的境遇，都会有峰回路转的时候，不必让自己陷入绝望的境地。

心理课堂：

人生欢喜多少事，笑看人生几多愁。生命是有限的，青春是有限的，我们不要把时间花费在哀愁、沮丧还有迷茫中。哀也是一天，乐也是一天，为何不快快乐乐，反而忧郁沮丧呢？人生中的大喜大悲、大起大落、苦辣酸甜，一切都可以付诸谈笑间。不是我们不在乎，而是要以笑来告别不幸，以笑来迎接希望，来善待自己。

参考文献

[1]张新国.每天学点心理学[M].北京：线装书局，2015.

[2]徐谦.微表情心理学[M].北京：北京理工大学出版社，2012.

[3]孙科炎.情绪心理学[M].北京：华文出版社，2012.

[4]隋岩.心理学世界：心理学与说话技巧[M].北京：中国法制出版社，2014.

[5]邢一麟.行为心理学[M].北京：中国华侨出版社，2013.